シマフクロウのすべて
All About Blakiston's Fish Owl

山本純郎
Sumio Yamamoto

北海道新聞社

[凡例]
本書28ページ以降、[1]〜[78]の符合が添えられた写真は、外部協力者による提供写真です。巻末503ページに提供者名と上記通し番号＋掲載ページの一覧を収録しました。それら以外の写真は全点、著者撮影のものです。

シマフクロウのすべて＊目次

はじめに　7
シマフクロウとは　10

第1章　フクロウ類の特徴　15

1　頭部（回転）　17
2　顔盤　18
3　眼、視覚　20
4　耳、聴覚　26
5　嘴　27
6　脚、趾、爪　30
7　翼、風切羽　33
8　尾羽　35
9　羽角　36
10　羽色、模様　43
11　相互羽繕いと羽繕い　45

第2章　ウオミズク類とウオクイフクロウ類　49

1　アジアウオミミズク類とアフリカウオクイフクロウ類の共通点と相違点　52
2　生息環境および生息数　84
　①シマフクロウの本来の生息環境　84
　②生息数　105
3　北海道のシマフクロウ　106

第3章　形態と行動　111

1　形態と骨格　114
　①形態　114
　②骨格　115
　③体重　118
2　行動　120
　①鳴き声　120
　②食性　130

③テリトリー　148

④塒　155

⑤擬態と威嚇、擬傷そして攻撃　165

⑥ミンク、猛禽類に対する行動　181

⑦餌の争奪　182

⑧同種との闘争　185

⑨モビング（疑似攻撃）　187

⑩飛翔　191

⑪飛翔ディスプレー　202

⑫日光浴　202

⑬水浴　203

⑭凌ぐ　207

⑮歩行　210

⑯氷割り　212

⑰天候による行動変化　212

⑱眠る　213

⑲遊び　214

⑳アクシデント　216

　Episode 1　カラスの物まね　218

3　ハンティング　218

第4章　求愛〜産卵　　249

1　求愛給餌　252

2　交尾　257

3　巣　266

4　産卵　273

5　抱卵　279

6　孵化　284

　Episode 2　キツネ対策　290

第5章　子育て〜幼鳥の成長過程　　293

1　孵化から巣立ちまでの育雛　296

2　幼鳥の成長過程と幼鳥への給餌　314

3　亜成鳥の分散　334

①分散開始が早い場合　　334
　　②分散時期が遅い場合　　335
　4　雌雄による分散時期の相違　　337
　5　幼鳥に対する親鳥の行動の特異な事例　　337
　6　亜成鳥の分散後の定着　　341
　7　亜成鳥が分散、定着後にリターンした例　　345
　8　亜成鳥（雄）が分散後に別つがいのテリトリーに入り定着　　346
　9　つがい形成と繁殖年齢　　347
　10　営巣中つがいの片方が入れ替わり子育て参加　　350
　11　親子関係　　354
　12　亜成鳥が幼鳥に行う行動　　356
　13　成鳥が亜成鳥に行う行動　　356
　14　非繁殖期のつがいの行動　　357
　15　仮親の子育て　　358
　16　特異な行動　　366
　17　人家に接近した営巣場所　　366
　18　保護個体の自然復帰例と親子関係　　370
　　①巣立ち直後の収容　　371
　　②巣立ち後約1ヵ月目で収容　　372
　　③巣立ち後2ヵ月以降、飛行可能な時期　　373
　　④分散間近な幼鳥＝亜成鳥　　373
　　⑤仮親から孵化した個体　　374
　19　親鳥の元への復帰　　374

第6章　換羽　野外識別　事故　寿命　　377

　1　換羽　　380
　2　野外識別　　384
　3　年齢の識別　　385
　4　死亡原因と病気　　388
　5　事故の原因　　388
　6　寿命　　395
　　Episode 3　交通事故はなぜ起こるのか　　399

第7章 環境と保護、増殖 ……… 401

1 保護と増殖　404
2 野生下での増殖　406
3 飼育下での増殖と自然復帰　407
4 シマフクロウ研究の歴史　412

第8章 人とフクロウ ……… 417

1 人との関わり　419
2 コタンクルカムイ・イオマンテ（シマフクロウ送り）の起源　428
3 図説（しまふくろふ）　431
　Episode 4　ヒグマとの遭遇　433

第9章 世界のフクロウと日本のフクロウ ……… 435

1 世界のフクロウ　438
2 日本のフクロウ　453
3 絶滅の危機にあるフクロウ類　473
4 世界のフクロウリスト　479

参考・引用文献　489
索引　493
写真提供者一覧　503
あとがき　504

はじめに

　1999年に北海道新聞社より自身の著書として『シマフクロウ』が出版されて、すでに二十余年が過ぎた。20年は早いものでシマフクロウの個体数は当時の予想に反して考えられないくらい増えてくれた。そして一般の人にも知れわたり、保護の意識も定着しつつある。

　しかし一方では、過去には起こり得なかった事故死が後を絶たない。自然界で起こる事故ならば致し方ないが、交通事故や感電死などは防ぐことは可能なことである。また生息地の保護保全を叫んでいるが、やはり経済優先が根底にあり、守り切れていないのが現状である。さらに保護の精神を踏みにじる行為をする人も後を絶たない。こういったことは以前からもあったことだが、今はデジタルカメラの普及で誰でも気軽に撮影できる。そのため多くの人が殺到し、鳥の状況を把握せず繁殖の失敗や事故にもつながってしまう。相手は生き物なのだから、単なる被写体とみるのではなく、それなりの敬意を払ってほしいものだ。

　フクロウを愛する人にとどまらず、自然の大切さを広く一般に浸透させることができれば、あちこちでシマフクロウの声が聞かれるようになるだろう。それに向けて関係者のみならず官民協力してみんなの力で成し遂げないといけない。そういった行動を目の当たりにすればさらに自然に対する意識も向上するだろう。ある鳥類学者は「人類の経済活動も人々の豊かな暮らしも、健全な生態系なしには成り立たない。フクロウはその生態系の一部なのである。フクロウ、ひいては人類を救うために私たちができる最も重要な保全活動は、人口の増加を抑制し、自然のために地球上にできるだけたくさんのスペースを残すことである。そうすれば私たちは未来の世代に感謝されるはずだ」と話している。

32年間共にした雄のシマフクロウ

　本書の出版に当たっては、前回出版させてもらった『シマフクロウ』を私自身ここはもう少し詳しく、そして新たに得た知見を加筆したい

と思っていたところ、新たに出版しないかと同新聞社の三浦氏から話を頂いた。

　本書では筆者の最も興味ある日常の行動をメインに書かせてもらった。また前回出版から変更のない部分はそのまま使用し、二十数年経過した今のシマフクロウと比較して、その違いを感じとってもらえたら幸いだ。

　本文中の写真の差し替え、特に昼間の行動は大幅に追加した。これはシマフクロウの行動に夜と昼の違いはほとんど見られず、少しでも周辺の状況が分かるようにと思い使用した。すべて調査中の見たままを写したもので、アートには程遠いが了承願いたい。さらにフクロウ類の飼育を始めた半世紀以上前の写真も使用させてもらった。

　世界のフクロウの項ではたくさんの人の協力を得て、多くの種類を掲載することができた。これだけでも私自身満足している。

　最近の分類はDNAの使用が主流になっている。しかしまだ声や形態の違いに頼っているところも多い。最も多くの種類に分類している*Mikkola 2013*を引用させてもらった。

　私はこの半世紀はシマフクロウにどっぷりの日々であったが、自身はフクロウ類すべてが好きで、今でもその気持ちは変わらずにいる。特にシマフクロウの属するウオミミズクの仲間は、写真を見るだけで現地に行ったような錯覚に陥る。シマフクロウを知るには、ウオミミズク類を知ること。ウオミミズク類を知るにはそれに近いフクロウ類を知る必要がある。それらを知るにはフクロウ類全般を知ることが必要になり、広くは鳥類全般を知り……。きりがなくなるが、せめてフクロウ類の特徴くらいは知ることは必須だ。そうすればさらにシマフクロウの魅力が引き出されると思う。そういった意味も含め、第1章にはフクロウ類の特徴を書かせてもらった。

　生き物の生と死、毎年うれしい思い、悲しい思いを直に感じ生命の尊さ、生きる喜びを感じさせてくれた。そんなフクロウたちと共に歩むことができたことを幸せに思う。私は「1羽のフクロウも満足に救えないで、どうして全体が守れる？」との考えを基に、一つの生命を大切にして保護に取り組んできたつもりである。

　本書で少しでもシマフクロウ本来の姿を感じ取っていただけたらうれしく、そしてシマフクロウの保護、保全に関わる踏み台にでもなれたら幸いだ。

シマフクロウを観察する子供

シマフクロウとは

　ここで紹介することは本文と重複する部分がある。また本文中でもたびたび重複部分が出てくるが、全ての事象はリンクしており、ご了承いただきたい。

　シマフクロウとはフクロウ目、フクロウ科、ウオミミズク属、シマフクロウ種で、北海道、国後島、ロシア・サハリン島に生息している。別亜種のマンシュウシマフクロウ（タイリクシマフクロウ）は極東ロシア、中国東北部に生息している。いずれもレッドリストに絶滅危惧１A（CR）と指定されている。

　シマフクロウは250種以上いるフクロウ類の中で最大級の大きさだ。全長約70cm、翼開長は180cmにもなる。その大きさに畳１枚が飛んでいると表現する人もいるくらいである。そして夜な夜な太い声で鳴きながら、雌雄そろって行動している。また独特の生態面も持っている。その一つにシマフクロウは他のフクロウ類に比べ、幼鳥は親鳥と生活を共にする期間が長い。他のフクロウ類は長くても孵化後半年くらいである。

表１　シマフクロウの子育て期間

	1月	2月	3月	4月	5月	6月	7月	8月	9月	10月	11月	12月	1月	2月	3月
つがい▶		交尾	産卵	子育て〜餌運び		幼鳥への給餌		→			幼鳥への給餌は無くなる			繁殖準備	産卵
幼　鳥▶			卵	孵化	巣内	巣立ち	親鳥から餌の獲り方を教わる			ほぼ一人立ち		→			親鳥の縄張りから出る

Table 1.
The chick-rearing period of Blakiston's Fish Owl.

　表１で見るシマフクロウの生活サイクルは、一般に言われているものである。中には数年間親鳥と過ごす若鳥もいるし、また１歳から２歳違いの若鳥（すでに成鳥）が、１年以上一緒に過ごすことも少なくない。これはおそらく親鳥は幼鳥の成長具合を見て判断し、幼鳥は自分の能力に応じて早く親元から離れ移動、分散（親鳥の縄張りを出ること※第５章で解説）を開始する。逆に長く居座っているのではないだろうか。そして同じつがいでも年によって幼鳥に対する行動に違いが生じている。このようなことからシマフクロウの能力は、カラスやオウムに匹敵するとまでは言わないが、それに近いものを持っているような気がする。以前はあまり賢くないと言われていたが……。

　シマフクロウが棲んでいる所は、原生林中と言われていた。事実そうであったと思われる。しかし今棲んでいる所は原生林にはほど遠い

ところが多い。今では昔の生息環境を知ることはできない。その環境に生息するシマフクロウを想像するしかない。

その生息環境とは延々と続く原生林の奥深くではなく、河川に近い原生林を背景にした河畔林（氾濫原）を棲みかとしていたと想像している。

1970年から80年代は最も数を減らした頃で、まさに苦難の時期だった。明治から始まった北海道の開拓、そして高度成長期へと続く開発。さらに森林伐採や道路網、河川改修、砂防ダムなどの建設ラッシュが続いた。日本の台所と呼ばれる北海道はこうして様変わりしていった。

シマフクロウは2次林や3次林でも棲むことは可能だが、彼らが巣を営む樹洞は、最低でも胸高直径が1ｍ近い巨木が必要である。そういった巨木がないため、仮に地上で営巣したら卵や雛（ひな）はキツネなどの捕食者の犠牲になり、生息数の減少に拍車をかけたと思われる。現在は樹洞の代わりに巣箱を設置して応急処置をしている。その成果もあり2023年には推定100つがい（環境省発表）という数字をはじき出し、2024年現在なおも増えつつある。おそらく自然保護が叫ばれて月日が流れ、さらに森自体の回復もあったものと思われる。しかしいくら棲める場所、繁殖できる場所があっても「食べ物」がなければ卵も産めない。

シマフクロウは魚食性といわれている。英名も Fish Owl と名付けられているが、1年を通して魚を食べているわけではない。かと言ってネズミやカエルばかり食べているわけでもない。つまりシマフクロウが棲んでいる河畔林や湿地帯の近くに棲む動物を主に獲（と）っているのである。魚の多い時期は魚の捕食がメインで、カエルが多い時期はカエル、冬季はネズミや鳥を食べている。食性は哺乳類、鳥類、爬虫類（はちゅう）、両生類、魚類、甲殻類、昆虫類など幅広い。この幅広い食性が生きながらえた理由でもある。砂防ダムなどで河川を遡上（そじょう）する魚に致命的な打撃を与えたが、細々と生きながらえた。また海への進出もある。筆者は刺し網のウキで羽を休めるシマフクロウを何回か目撃している。海は川より何倍も生物の保養力があるので、海岸に近い場所にテリトリーを持つ個体にとっては当然のことだろう。このことは他の鳥類でも同じで、海で魚を獲るカワセミを観察したことがある。

シマフクロウが絶滅危惧種1Aになったのは「食、住」が同時に奪われたことにほかならない。その責任者のわれわれは償わなければいけない。最大の問題点は移動経路の寸断である。広範囲に開発された

択伐された森を塒(ねぐら)にする親子

二次林内の塒

土地を復元することは難しく、実行すれば少なからず人間社会にしわ寄せがくる。これをいかにクリアするかで、未来の人間社会、そして本来のシマフクロウの姿が見えてくると思われる。

三次林の塒

巨木がよく似合う

　その昔　シマフクロウは環境、食物連鎖の指標になり得る存在であったが、現在はまだその途中である。いつかその日がくることを願わずにはいられない。

秋の若鳥

シマフクロウの顔（実物大）

第1章
フクロウ類の特徴

フクロウ類は、食性の関係でワシタカ類と形態など類似する箇所が多いが、分類では離れた位置にある。多岐にわたる研究で分類は二転三転し、ワシタカ類からヨタカ類と変わり、現在はハヤブサ類とかオウム類が比較的近縁だと言われている。これらは遺伝子レベルの解析により分かってきたことだ。ワシタカ類と似ているのは収斂(しゅうれん)進化である。近縁と言われるオウム類の趾型(ゆびがた)、嘴(くちばし)などを見るとそれがうかがえる。ニュージーランドにはカカポ（*Strigops habroptilus*）というフクロウによく似た飛べないオウムがいる。和名もフクロウオウムという。飛べない種類がいるのも類似性があると思われる。現在フクロウ類には飛べない種類はいないが、過去には非常に大きな飛べない種も存在していた。しかしすべて絶滅してしまった。進化の過程で消滅していった種もあるが、人が直接、間接的に関与し絶滅した種が多い。

　フクロウ類の持つ特徴を挙げ、他の鳥類と比較し共通点、相違点を見比べてみる。
① 直立姿勢で止まること
　　＊全種類のフクロウ類に共通する。
　　＊ペンギン、ウミガラスなど他の鳥類にもいる。
② 頭部の回転がしなやかで240度ぐらいの回転は常に行い、顔を中心に上下180度以上反転させる。
　　＊全種類のフクロウ類に共通する。
　　　鳥類全般に頭部の回転はしなやかで、自力では回転させないが、360度回転させてもねじ切れない。
③ 眼(め)は大きく前面に並び動かすことはできない。
　　＊全種類のフクロウ類に共通する。
　　＊フクロウ類以外で眼が前面に並ぶ鳥類はいない。
④ 耳はよく発達し左右非対称である。
　　＊多くのフクロウ類に共通している。
⑤ 羽毛は全体に柔らかく翼の外縁の風切羽には鋸刃状(のこば)の消音装置がついている。
　　＊全種類のフクロウ類に共通するが、消音装置が未発達の種類もいる。

⑥ 夜行性
　＊一部の鳥類にも見られる。
　＊フクロウ類は多くの種類に共通するが、行動する時間帯は異なる。主に朝夕に活動し、夜間はほとんど活動しない。夜昼関係なく活動する。活動は夜間だけで日中はほとんど動かない種類もある。
⑦ 消化器系
　＊腸から枝分かれした大きな盲腸が二つ存在する。糞の排泄時に一部が盲腸に戻り窒素、脂肪酸をエネルギー源として体内に吸収し再利用されているようである。
　＊胃の上にある食料を一時貯蔵する嗉嚢は持たない。従って食いだめはできない。

　以上がフクロウ類の大きな特徴だが、鳥類には多くの目があり、その目、科ごとの進化が著しい。フクロウ類は暗闇の中でも行動できるように体の各部が進化したものだが、その進化から逆行するような進化がみられる種もある。

1　頭部（回転）

　鳥類には手がないため、その役目は嘴で担わなければならない。そのために頭部を支える頸椎はしなやかに動かす必要がある。頸椎はセキセイインコでは12個、フクロウ類には14個もあり、人の2倍の数である。この多さが首をしなやかに動かしている。さらに頭部を支える最上部の椎骨は環椎と呼ばれ、頭蓋骨をつなぐ後頭顆という回転軸が一つなのだ。哺乳類にはこれが二つあり、そのため人は頭を上下左右に約180度の範囲しか動かすことができない。フクロウ類は360度可能だ。しかし自分ではそんなには回転させることはなく、よく回転させても270度ぐらいである。また上下を反転させることもできる。またヘッドウエービング、ヘッドターニングと呼ばれる、足を動かさず頭部を上下左右に動かす動作を行う。さらに一点を見つめ円を描くように顔を回すこともある。その時、体全体を上下左右に動かすこともある。これは若い鳥ほど頻繁に行う。それは見ている物体までの位置、耳から入ってくる音情報にどう対応するのかを学習しているのだ。

頭を後方に向けるシマフクロウのつがい。左が雄

左へ235度くらい頭を回転させているシマフクロウ

2　顔盤

　顔盤とは眼の周りの平らな面のことをいい、やや硬めの羽毛が何枚も重なり眼の周囲に放射状に生えている。これが集音効果を上げ耳に送りこむ役割をしている。また発達した筋肉で顔盤の形状を変化させることもできる。この顔盤の発達は種類によって大差がある。よく発達している種類は、メンフクロウ属（*Tyto*）、トラフズク属（*Asio*）、フクロウ属（*Strix*）である。未発達な種類は、アオバズク属（*Ninox*）、コキンメフクロウ属（*Athene*）などである。狩りを行う場合、獲物の動きをキャッチするのに主に眼を使うか耳を使うか、またはその両方を駆使するのかで顔盤の作りが異なっている。カラフトフクロウ

エゾフクロウ。顔盤は大きく発達し眼と耳を駆使して獲物を狩る

シマフクロウの顔盤はあまり目立たない

(*S. nebulosa*) は集音が最も優れていると言われている。雪中を動くネズミも捕獲することができる。また他のフクロウ属に比べ眼が小さく見えるのは、この大きな顔盤のせいで、実際の眼の大きさはフクロウ (*S. uralensis*) とさほど変わらない。

(左) カラフトフクロウ。顔盤が発達し非常に大きな顔をしている

(右) アオバズク。顔盤は未発達でハンティングは主に眼を使う

(左) アメリカワシミミズク。はっきりとした縁取りがある

(右) ハート型をしたメンフクロウの顔盤

3　眼、視覚

　鳥類の眼(め)は、人のように大きく動かすことはできない。特にフクロウ類には眼球を動かす筋肉がない。他の鳥類が側面にあることが多いのに対して、フクロウ類の眼は前面に並び、よって視野は鳥の種ごとに異なる。フクロウ類の視野は約110度、両眼視野は約70度しかないので、前方の視野を妨げないように嘴(くちばし)は前方ではなく下方に湾曲している。さらに夜間に眼を利かせるために多くの光を集める必要があるので、眼は非常に大きい。フクロウ類の眼は小骨片10枚から18枚、厚さ1mm程度の骨（大型種）で構成された強膜骨環(きょうまくこっかん)(強膜輪(きょうまくりん))が眼球を支えている。その結果、眼球は眼窩に固定されて、眼球を動かすこ

とができない。従って筋肉は必要ないのである。この視野の狭い融通の利かない眼をカバーするために、非常にしなやかに頭部を動かすことのできる頸椎を持っている。シロフクロウ（*B. scandiacus*）はシマフクロウ（*K. blakistoni*）より小型だが、強膜骨環はシマフクロウの2倍ほどの長さのものを持つ。アメリカフクロウ（*S. varia*）、アメリカワシミミズク（*B. virginianus*）もシマフクロウよりかなり小型であるが、シマフクロウより長い。シマフクロウ以外のフクロウ類は焦点距離の長い眼を持っていることになる。さらに小型のキンメフクロウは頭蓋骨の比率から見るとアメリカフクロウより長い強膜骨環を持っている。シロフクロウはフクロウ中最も長い強膜骨環を持っており、カメラに例えると望遠レンズと同じで、像を大きくしている。シロフクロウの生息地はツンドラ地帯で広々した場所で獲物を探す。獲物を発見すると飛行しながら追尾して捕らえることが多いので、こういった眼が必要な

参考	視野の比較		
人	視野180度	両眼視野	120度
ハト類	視野310度	両眼視野	22.5度
ヤマシギ	視野360度	両眼視野	4.5度

のだろう。一方　シマフクロウをはじめとする多くのフクロウ類はツンドラのような広々としたところには生息せず、さらに獲物を追って飛行することは少なく、獲物が出現するのを待って捕獲することが多い。例外はメンフクロウ属（*Tyto*）コミミズク（*Asio flammeus*）、トラフズク（*A. otus*）で、これらは飛行しながら餌を探す。しかし追尾飛行はあまり行わない。獲物の捕獲方法により強膜骨環の長さは異なっている。シロフクロウもシマフクロウも同じ系統から進化した。古くはワシミミズク属（*Bubo*）だが、元は同じ系統の*Bubo*属から進化した。生息環境、獲物の種類により捕獲方法に大きな変化が生じている。しかし他のフクロウもシマフクロウと同じようなハンティング方法なのに、なぜシマフクロウだけ短いのだろうか。他のウオミミズク類は未確認だが、シマフクロウと同程度の強膜骨環と想像できる。これは餌種が関係していると思われる。ウオミミズク類の主食は魚類などの水棲動物だが、魚類は単独でいるより群れでいることが多い、さらに甲殻類、カエル類を捕らえる時はかなり獲物に接近し捕らえるので、それらの動きをキャッチするためには、望遠レンズより標準レンズの方が全てにピントが合わせやすいので、強膜骨環が短いのではないだろうか。

　虹彩の色は大きく分けて暗褐色、黄色、オレンジ色の3色がある。暗褐色は暗闇に適し、黄色は昼間、オレンジ色は薄明薄暮に適するといわれている。北方系のフクロウや昼間よく動く種類の虹彩の色はす

べて黄色または金色をしている。暗褐色は純夜行性でその中間系がオレンジ色をしているということである。メンフクロウ科（Tytonidae）はすべて暗褐色である。コノハズク属（*Otus*）は3タイプ、ワシミミズク属も3タイプ、フクロウ属は1種を除き他は暗褐色、アオバズク属（*Ninox*）の大半は黄色をしている。その他の属も黄色が圧倒的に多いが、その濃さはいろいろだ。シマフクロウは黄色だが、幼鳥の時はやや濃い色をしている。しかし成長とともに薄くなる。また幼鳥時さらに濃い色の個体もいる。このように色の濃さに違いが出るのは食べ物が影響していると思われるが、食性が共通している同一地域の個体でも違いがある。

　網膜には、色彩を区別する錐状体（コーン）より、明暗を感知する桿状体（ロッド）が多く備わっている。しかし昼行性のオオスズメフクロウ（*Taenioglaux cuculoides*）が暗闇ではうまく飛行できないのは、これらのバランスが他のフクロウ類と異なっているのかもしれない。これは飼育個体で確認したものである。視覚は人の35倍感度があるといわれているが、種類によってかなり違いがあるようだ。感度は前述の虹彩の色と関連性がある。また色彩もある程度は識別できるようである。さらに網膜のところに櫛膜という櫛の歯のようなものが並んでいる。これが動体視力を上げるのに役立っている。

　鳥類は第3のまぶたといわれる瞬膜を持っている。フクロウ類にも当然瞬膜はあるが、透明からやや半透明の青白色をしている。瞬膜を下ろし飛行しているフクロウ類は見たことがないが、一般に言われていることは、飛行中には瞬膜を閉じて眼の乾きや塵を防ぐ役目をしている。しかしそれだけではないようだ。シマフクロウが飛行中に一度だけ瞬膜を下ろしているところを目撃したが、まばたき程度のもので連続には閉じていなかった。この瞬膜は着木時や獲物を捕獲時はほとんど下ろしており、眼の保護とクリーニングのために使用していることは確か。フクロウ類には眼を負傷している個体が意外と多い。これは夜間の活動に加え、聴力だけでハンティングができる種もあり、ブッシュや雪中の獲物に飛びかかることも少なくない。眼を負傷していても生存できるのは聴力を生かしてハンティングしているからだが、シマフクロウは眼を主体にハンティングしているので、眼を負傷すれば生存は厳しいと思われる。しかし片眼を負傷しているシマフクロウを3羽確認したが、すべて生存している。そのうち1羽は何年も生存し繁殖もしている。しかしハンティングは非常に下手で、何回もチャ

レンジするが失敗も多い。片眼を失った原因は同種との闘争や交通事故のようだ。

　鳥類は下のまぶたを上げてまばたきするが、フクロウ類は上のまぶたを下ろしてまばたきをする。しかし眠る時は、他の鳥類と同じように下のまぶたを上げて眠る。またシマフクロウは逆光でも水中の魚の動きを見ることができるようだが、偏光レンズに似たものが備わっているのかもしれない。

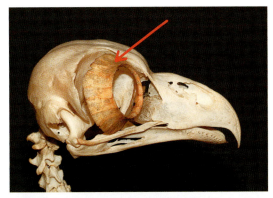 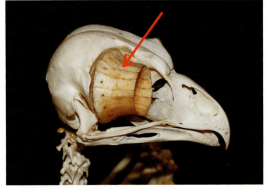

（上左）シマフクロウの頭骨。矢印は強膜骨環

（上右）シロフクロウの頭骨

大きさの比較。シマフクロウとシロフクロウの骨格で、左がシロフクロウ。羅臼町郷土資料館蔵

アメリカフクロウの頭骨（レプリカ）

シマフクロウの瞬膜

飛行中瞬膜を下ろす

(下左)片眼だけ瞬膜を下ろす

(下右)まばたき

幼鳥。虹彩の色の違い。平均的な色あい

幼鳥。非常に色が濃い

成鳥。幼鳥時よりやや淡くなる

第1章 フクロウ類の特徴

4　耳、聴覚

　耳は顔の両側にあり、眼と離れて位置し、通常大きさや形が左右で異なる。また耳孔を閉じることもできる。これらによって獲物から発せられる音が入ってくる時間差を作り、より正確に音源を突き止めることができる。また発達した顔盤は集音器の役割を果たし、全くの暗闇でも獲物を捕らえることができる。カラフトフクロウ（*S. nebulosa*）、メンフクロウ（*T. alba*）、フクロウ（*S. uralensis*）などが代表されるが、全種類が持つ特技ではない。

　顔盤の発達している属はフクロウ属、メンフクロウ属、キンメフクロウ属など。ほとんどしていないのがワシミミズク属の一部、アオバズク属、発達していない種は視覚を主体にハンティングを行っているが、対象の獲物が出す音には敏感に反応している。アオバズク（*N. japonica*）は昆虫の羽音や鳴き声などを聞き分ける。餌の豊富な場所に生息するアオバズクは獲物を見付けるとそれに向かって飛行かなり近づいてから直翅目（バッタ類）であれば捕獲し、鱗翅目（ガ類）であればUターンして捕獲を中止している。これは獲物にかなり接近しなければ、はっきりと識別できないということだろう。

キンメフクロウの成鳥の耳孔

　シマフクロウの聴力は他のフクロウ類より劣るといわれているが、もちろん集音器型の顔盤や左右非対称の耳も持ってないため、それなりには劣っているかもしれない。音だけで位置を特定することもできない。しかし機敏に反応するのは水に関する音で、ほとんど流れがなく些細な水音の小川でも獲物を発見することができる。魚の跳ねる音、カエルの飛び込む音などには敏感に反応する。例えば川岸から100mほど離れた林中で塒をとっていても、浅瀬を移動する魚の立てる音に反応し、すぐに飛来した。風に木々の枯葉が擦れる音がしたり、エゾシカの声がしたりと決して静寂な日中ではなかった。その他、同種の鳴き声や幼鳥のフードコールにも素早く反応している。つまり自分たちが必要としている音源には敏感に反応し、他の音に関してはあまり重要視していないので反応しないのか、または無関心を装っているだけなのだろうか。これらは機器を使って精査しなければ断定できない。

シマフクロウの幼鳥の耳孔

雪面にネズミ類の足跡がないため、エゾフクロウが雪中のネズミの立てる音を頼りにアタックしたのだろう

5　嘴

　鳥類の 嘴(くちばし) の形は食べ物の種類によってさまざまな形をしている。一般に猛禽(もうきん)類は鋭く湾曲した嘴を持っているが、主食とする獲物やハンティング方法によって異なっている。ワシ類は大きな嘴を持ち、ハヤブサ類（*Falco*）は比較的短く湾曲し、ハゲワシ類（*Gyps*）は大きくて長く先端が湾曲している。オウギワシ（*Harpia harpyja*）やフィリピンワシ（*Pithecophaga jefferyi*）は大きく、眼先の上嘴の幅が極端に狭い。これは視界を遮らないためで、生粋のハンターと言える。

　フクロウ類も短く下方に湾曲し鋭いが、ワシ類に比べ小さい。また長い髭(ひげ)が嘴を包むように生えているので実際より小さく見える。この

比較的短い嘴は前面に位置した眼の視界を遮ることはない。鼻孔はやや柔らかい蝋膜が形づくり、傷つきやすい。長い髭（糸状羽）は、近いところにはピントが合わないため、貯蔵した餌の位置を探る触角の役目をすると言われているが、全てのフクロウ類には当てはまらないと思われる。シマフクロウでは眼先10cmの位置にある2cm足らずの餌を髭で探ることなく、眼で見てくわえている。しかし親鳥は幼鳥に給餌する時、眼を閉じていることが多い。また幼鳥も給餌を受ける時は閉じていることもあり、嘴が眼に当たるのを保護するために、この髭が必要なのかもしれない。特に幼鳥の髭が成鳥に比べ長いのは、給餌時に餌の位置をいち早く察知するのに役立っているのかもしれない。

　ビル・スナッピングまたはクラッタリングと呼ばれる「カチカチ」とか「パチパチ」という音を鳴らす。これは下嘴を上嘴の前に出し、素早く戻し打ちつけるとこのような音がでる。主に威嚇行動に使用する。幼鳥も巣内にいる時に親鳥の羽が当たったり、軽く踏まれるなどすると行っているが、これは怒っているのだろう。この行為は全てのフクロウ類が行う。

　噛む力は強く、小型のフクロウでもネズミの頭骨をひと噛みで砕いている。また獲物を食べ終えると嘴を枝などに擦りつけ、嘴をきれいにするワイピングを行う。

シマフクロウ

オウギワシ

フィリピンワシ 1

シマフクロウの成鳥（若鳥）

シマフクロウの髭（幼鳥）

6　脚、趾、爪

① 跗蹠

　フクロウ類の跗蹠には趾の付け根部分まで羽毛のある種類とない種類、趾も含め羽毛で覆われている種類がある。またアオバズク属（*Ninox*）、コキンメフクロウ属（*Athene*）などは、羽毛ではなく剛毛が生えている種類もいる。南方系のウオミミズク類には跗蹠の中ほどまで羽毛が存在している種類と全くない種類がいる。北方系のシマフクロウ（*K. blakistoni*）には跗蹠にびっしり生えている。非常に密に生えていることから防寒用といわれているが、水にぬれると逆効果になる。しかし冬期間は魚類の捕食は減少することから、やはり防寒用なのだろうか。オオコノハズク（*Otus semitorques*）は北方系には爪の付け根まで羽毛があるが、南方系の趾には羽毛はない。別種のシロフクロウの趾は羽毛が爪を隠すほど長く、防寒、滑り止めの効果もある。やはり防寒用ととれるが、羽毛の有無はさらに別の理由があると考える。それはウオミミズクが食べる種は哺乳類が極めて少ない。しかしシマフクロウにとって哺乳類は冬期間の重要な餌の種類の一つとなっている。以前はエゾユキウサギ（*Lepus timidus ainu*）などの大型哺乳類をかなり捕食している（表8参照）。その獲物の反撃防御のために、跗蹠の羽毛が存在すると考える。ワシタカ類のイヌワシ（*Aquila chrysaetos*）やクマタカ（*Spizaetus nipalensis*）には跗蹠に羽毛があるが、趾にはない。同じ寒冷地に棲むオジロワシ、オオワシなどの海ワシ類（*Haliaeetus*）の跗蹠、趾には羽毛はない。これらのことを含め防寒だけではないということを示唆している。脚の羽毛の有無や剛毛の有無は餌種（水棲、昆虫、鳥類、哺乳類）と密接な関係があると思われる。

② 趾の形

　ほとんどの鳥類は、前方に3趾、後方に1趾の形で木に止まったり歩いたりするが、シマフクロウをはじめ全てのフクロウ類は前方2趾、後方2趾である。この対に分かれた趾は木に止まったり歩いたりするときに前後のバランスを保つ働きがある。インコ類がこの形をしており、嘴と趾を巧みに使って枝などを移動する。インコ目（Psittaciformes）は対趾足である。しかしフクロウ類は外趾（第4趾）は前方に向けることができる可変対趾足だ。この外趾（4趾）は握ると前方に向き、開くと後方に向く。歩いたり止まったりする時は趾を開くので、必ず2対2の型になる。右の足跡はKの字を形作る。イン

孵化後約50日の幼鳥の趾裏側、実物大。1趾3趾間の対角は90mm、成鳥はさらに大きくなり130mmに達する

足跡。左シマフクロウ、右ミンク

脚（附蹠と趾）

第1章　フクロウ類の特徴

趾の形。握ったところ

趾の形。開いたところ

コ類のように1趾と4趾、2趾と3趾がくっつくことはない。ワシタカ類は通常は3対1の形であるが、外趾はかなり外側を向いている。フクロウ類の趾に最も似ているのはミサゴ（*Pandion haliaetus*）、ハヤブサ類（*Falco*）である。フクロウ類のこの形は大小の獲物を確実に捕獲できる形状となっている。

ウオミミズク類　ウオクイフクロウ類の趾の裏には、トゲに似た突起物が趾裏全体に付いている。また趾球（しきゅう）も発達している。これらは餌の種が関係しており魚類やカエルなどのように体表面がヌルヌルしたものを捕まえるのに滑り止めとして役立っている。

③　爪

大型小型を問わずいずれも鋭利な鉤爪（かぎづめ）をしている。小型のフクロウは細くて釣り針のようなので、簡単に獲物の皮膚に突き刺さる。

シマフクロウの爪は、同程度の体長のワシミミズクと大きさはほぼ

同じ。鋭利さには欠けるが、より太い爪をしている。第2趾の爪が最も長く40mmほどある。

シマフクロウの爪色は灰黒色から汚白色をしている。成鳥は第1趾だけが汚白色で、年齢とともに第4趾も汚白色になる。ワシミミズクは幼鳥、成鳥も灰黒色である。

上記のサイズからワシミミズクの爪はシマフクロウより湾曲し、細くて鋭利ということが見て取れる。

爪の大きさ	
シマフクロウ ＝	爪付け根から先端　　上部39mm　　下部32mm 付け根　　高さ10.3mm
ワシミミズク ＝	爪付け根から先端　　上部39mm　　下部27mm 付け根　　高さ 8.8mm

（左）シマフクロウ

（右）ワシミミズク（標本）

7　翼、風切羽

翼は初列風切羽10枚、次列風切羽10枚と三列風切羽数枚から成り立っている。フクロウ類の各羽の先端は比較的丸みを帯び、他の鳥類に比べて柔らかい。そして風切羽の外側の1枚から2枚には外縁が鋸刃状に発達し、後縁は房状になっている。種によって発達の度合いは異なるが、この外縁と後縁の構造で空気の流れをスムーズにして消音効果を上げている。このためフクロウ類の大半は、飛行時の羽音を人間の耳では聞き取ることができない。しかし中には例外もあり、明るい時間帯に活動する種類と魚食性のフクロウ類はかなり羽音を立てる。シマフクロウは羽ばたき飛行時はもちろんのこと、滑空時でも「ゴー」との表現がぴったりするほどの飛行音を立てる。無音に近いタイプはメンフクロウ属（*Tyto*）、フクロウ属（*Strix*）、ワシミミズク属（*Bubo*）など大半のフクロウ類。昼行性のオオスズメフクロウ属（*Taenioglaux*）の一部、ウオミミズク類、ウオクイフクロウ類は羽音を立てる。コミミズクは夜昼関係なく活動するが、羽音はほとんどしない。このことは前記の消音装置と風切羽の上面、下面の柔らかさで成り立っている。風切羽全体の柔らかさを布に例えるとワシミミズク（*B. bubo*）は最上級のベルベットのように非常になめらかで、羽音を立てるウオクイフクロウ、ウオミミズクなどは、一部を除く昼行性の猛禽よりは柔らかだが、コーデュロイのようである。ワシタカ類のノスリ（*Buteo buteo*）はシマフクロウよりしなやかだ。

フクロウ類は自分の体重くらいの重さの獲物をつかみ、飛行するこ

とができる。シマフクロウは3kgに近い魚をつかんで飛ぶ。しかし急な上昇はできず、30mほどは高度1m前後で上下し、徐々に高度を上げる。ただしこれは成鳥であり、亜成鳥は2kgに満たない獲物でも数メートル程度の飛行しかできない。これは胸筋が未発達のためだ。小型のフクロウは自分より重い獲物をつかみ飛行することができる。翼面荷重が小さいほど重いものをつかんで飛べる。それと胸筋の発達の度合いである。スズメフクロウは0.26g/cm²、ワシミミズクは0.71g/cm²である。シマフクロウは計測されていないが、翼の大きさから考えてワシミミズクと同程度と思われる。ほとんどのフクロウは自分の体重

（左）風切羽。右はワシミミズクで左のシマフクロウとの違いが消音装置にある

（右）3種類の風切羽の違い。左からワシミミズク、カッショクウオミミズク、フクロウ。ワシミミズクとフクロウは似ているが、カッショクウオミミズクは広範囲の移動を行わない種類の特徴、ウオミミズク類に共通している

くらいの獲物をつかんで飛行できると思われる。オオワシやオジロワシ（*Haliaeetus*）属はありったけの食べ物を嗉嚢にため、あまりにも重すぎて飛び立てないことがある。特に若鳥にはよくある。シマフクロウの亜成鳥でも飛び立てないでいる個体を、一時収容したことがある。フクロウ類は嗉嚢を持たず、胃内容の食べ物だけなのでそれほど食べすぎとは思われない。このときは雨で全身がずぶぬれ状態だった。翼を羽ばたく筋力がまだ発達しておらず、ぬれた翼の重みが影響したのだろう。明け方にはスイスイと飛んで行った。このことから翼の撥水はあまり良くないようである。水に絶えず入る種類なのに、どうしてだろうか。

＊翼面荷重（g/cm²）＝ 体重を翼面積で割った値

　翼面荷重が小さいほど消費エネルギーが少なくてすむ。胸筋の差もあるが、普通は体重より重いものをつかんで飛行することができる。

雪面を飛行、3kg近いサケをつかみ引きずりながら飛行した跡。シマフクロウの羽型とサケを雪面に擦った跡

フクロウ目（Strigiformes）中、メンフクロウ（*T. alba*）が最も小さく $0.21g/cm^2$ しかない。筆者は飛行しながらハンティングをするメンフクロウを観察したが、空中に浮いているような感じで飛んでおり、まるで体重がないようだった。翼面荷重は個体の体重によって変わってくるので、多くの個体を測定しなければならない。

8 尾羽

尾羽は風切羽と同様に比較的柔らかであるが、小型フクロウ類はやや硬めの羽軸をしている。キツツキ類（Picidae）は木に垂直に止まった時、尾羽で身体を支えているが、小型のフクロウ類もこれと同じ使い方をしている。

ウオミミズク類の尾羽は他のフクロウ類に比べ、緩い曲線を描いているが、はっきりとした理由は分かっていない。シマフクロウの尾羽は、同じ大きさのワシミミズクよりやや短い。

フクロウ類の尾羽の枚数は12枚。ただしユビナガフクロウ（*Margarobyas lawrencii*）は10枚。種類によって体の比率から長い種類と短い種類がいるが、これは生息環境やハンティング方法の違いによる。長い種類は名前通りオナガフクロウ（*Surnia ulula*）、カラフトフクロウ（*Strix nebulosa*）などに見られる。フクロウ（*S. uralensis*）も比較的長い。時々枚数が多い個体が見つかることもあり、シマフクロウでは13枚の記録がある。これは換羽しても同じ枚数なのか未調査である。

幼鳥の尾羽にある先端の細く白い羽毛は孵化(ふか)当時に生えていた羽毛で、尾羽は抜け替わるのではなく、それが伸びて尾羽となる。

（左）尾羽の曲線、緩い曲線を描いている。ウオミミズク類の特徴

（右）尾羽。幼鳥（換羽中）先端の細い羽毛は孵化当時生えていたもの

9　羽角

フクロウ類特有の頭部に突き出した羽毛のことを羽角(うかく)というが、耳のように見えることから耳羽または飾り羽と呼ばれることもある。また羽角がなぜ存在するのかも、はっきり分かっていない。一般に言われている理由は、❶夜間に自分の存在を明らかにする　❷威嚇攻撃時に他の動物に似せる（主に哺乳類）❸擬態(ぎたい)時により周りの環境に溶け込む　❹敵を脅す時に羽角を立てる——この四つが通説になっている。これらはすべてのフクロウ類が必要に応じて行う行動だ。しかし250種余りのフクロウ類のうち半数以上は羽角を持っていない。❶に関しては、夜間は羽角を寝かせていることが多く、ほとんど目立たない。自分の存在を明らかにするのなら羽角より鳴き声の方が有効で、鳴けば喉の白色も目立つ。❹の脅し行動は全ての羽毛を膨らませ自分を大きく見せるので、羽角自体あまり目立たなくなる。筆者は❷と❸が最有力と考える。顔盤の筋肉は発達しており、感情の起伏で形が変化するのではないだろうか（写真「シマフクロウの羽角の変化」40ページ〜参照）。それでは羽角を持たない種類はどうなのだろう。一部のキンメフクロウ属（*Aegolius*）、ニセメンフクロウ属（*Phodilus*）は顔盤を変形させ疑似羽角を作りあげる。オオスズメフクロウ属（*Taenioglaux*）の顔盤には同心円状の輪が何重もあるが、これも擬態に役立っていると思われる。小型種のスズメフクロウ属（*Glaucidium*）は後頭部、後頸部(こうけい)の模様（眼(め)や顔を連想させる）で対応しているが、多くの小型種にあるこの模様は擬態より後方から侵入する外敵に対する警告を意味して

いる。中型、大型種の擬態については、丸い顔盤を変形させ（多少は疑似羽角にも見えなくもない）、体を細くする程度である。それは体全面の色模様が横じま、縦じま、うろこ状など変化に富み、背面はスポット斑か横じまが入っている。生息している環境に合わせて対応しているのではないだろうか。

　羽角はすべて同じ形をしていると思われているが、種類によってさまざまで、その仕様も異なっている。大別すると二つのタイプに分かれ、一つはワシミミズク（*B. bubo*）やトラフズク（*Asio otus*）のタイプと、同じワシミミズク属のマレーワシミミズク（*B. sumatranus*）のタイプに分けられる。ワシミミズクは眼の上の顔盤の後ろ側の前頭部に垂直及び後方に伸び、マレーワシミミズクは眼の上の顔盤の斜め後ろ側から横後方に伸びるタイプである。羽角は垂直から横方向、後方には、どの種類でも自在に動かすことができる。ただし内側にはそれほど曲げられないようだ。アジアウオミミズク類はマレーワシミミズクタイプに入る。羽角の作りが似ているのは同系列の種から進化したことを物語っている。これはDNAによって解明されている。

　ワシミミズクの擬態では真上にまっすぐに上げる。上まぶたから顔盤にかけて羽角に通じる濃い黒褐色のラインがあるため、より羽角が長く見える。これはより枝葉などに似せるためなのか、それとも哺乳類にある耳、または角を思わせるためなのか、また体全体のラインをぼやかすためなのか、このようなことを想像しながらフクロウを観察すると楽しみが倍増する。コノハズク属（*Otus*）は全ての種に羽角があり、作りはワシミミズクタイプとマレーワシミミズクタイプの中間に属する。ミミナガフクロウ＝カンムリズク＝（*Lophostrix cristata*）は特に長い羽角を持つ。その色は体羽と異なり、羽角の前面部分は白色をしている。この羽角は眉斑の白色と一体化しさらに長く見える。そして状況に応じて自在に形を変化させる。これにはどうしても枯れ葉を連想してしまう。またアフリカにはミミナガフクロウに似たタテガミズク（*Jubula lettii*）がいる。長く幅広い羽角と耳横から後頚部にかけての長い羽毛がたてがみのようだ。

　羽角はどのようにして自然淘汰され、一部の種に発達したのか、その理由も分かっていない。ただ羽角のある種類は体羽が樹木の幹に似た色や模様をしている種が多く、羽角のない種類の体羽はそれほど樹皮に似ていない。ただし例外もあり、カラフトフクロウ、インドモリフクロウ（*S. ocellata*）は羽色が生息環境に合わせた模様で擬態を行う

には最適である。

　羽角の形はワシミミズクに限らず、擬態を行なう時は大きく変化する。また羽角の有無を問わず擬態をする時には全身の羽毛をぴったりと寝かせ全身を極限まで細くし、姿形を変化させる。本来の姿から想像できないほどだ。その時、羽角のある種類は羽角を真上に立てて樹皮や枯れ葉に、より似せようとしている。つまり羽角は擬態をより発展させたものと考えられる。羽角のない種類はそのままで完璧に擬態ができているか、また仮に羽角があっても棲んでいる環境の違いであまり効果がないのかもしれない。シロフクロウには痕跡程度に羽角が残っている。さらに羽角のない種類で顔盤を変化させ、羽角のように見せる種類がいる。羽角のある種類と同様の理由だ。それでも発見されると、今度は逆に眼を大きく見開いて別の動物のような顔になる。その顔は樹上性のテンなどの捕食動物に似ており、その顔に天敵がひるんだ隙に逃れるのではないだろうか。前述のキンメフクロウ属、ニセメンフクロウ属が代表される。スズメフクロウ属（$Glaucidium$）の仲間は頭部の形を変えることがある。これは緊張の度合いによるものと思われるが、その用途は分かっていない。

　羽角の小さい種類はシロフクロウ、コミミズクなどがあるが、いずれも開けた環境に生息しており、羽角があっても効果があまり見られないため退化しつつあるのかもしれない。コミミズクには羽角がはっきり分かる個体と分かりづらい個体がいる。メンフクロウ科に羽角を持つ種は存在しない。

　シマフクロウの羽角は、90mm以上もある羽毛が二十数枚集まり形成される。
　擬態を行う時は他の種類と同じく体を細くしてほぼ真上に立てる。その立て方の最初は羽角を形成する羽毛を全て束ねて立てるが、最高潮に達すると花が開いたように広げて立てる。その時の体の幅は2分の1くらいに細くなり、顔盤の羽毛も寝かすため、顔は小さく見え眼はほとんど閉じている。また羽角は緊張の度合いを示し、リラックス時、就寝時、ハンティング時、鳴く時など、微妙に変化させている。
　鳴き声を発する時の羽角は、擬態時の最高潮の時の形に似ている。しかし体は細めることなくやや前傾姿勢にして、羽角は60度くらいに保っている。
　警戒時、威嚇時は羽角をやや後ろ斜め方向に上げて羽毛を束ねる。

ウオミミズク

(中央左) アメリカワシミミズク

(中央右) オオコノハズク

マレーワシミミズク
羽角の形態は異なるが、マレーワシミミズクとウオミミズクは似ている

威嚇は自分を大きく見せようとするため、頭部、顔をはじめ全ての羽毛を逆立てる。翼は半開きにする。小型のフクロウ類がするように両翼をほぼいっぱいに広げ、体を左右に動かすことはない。大型のワシミミズクもシマフクロウに近い形で行う。攻撃時は、顔盤の羽毛を寝かせ羽角を上げるため、頭部は小さく見え表情は一変する。この表情は鳥ではなく哺乳類、特にオオカミのようである。

日中羽角を上げ、耳の斜め上から眼の上の羽毛を逆立て、頭部中央を除きほぼ頭部全体の羽毛を逆立て羽角と一体化させる。ちょうどライオンのたてがみのように見える時がある。これの用途は見当がつかないが、怒っているのかもしれない。その他、真横に倒して束ね、先端が垂れるような形にすることがあるが、これは比較的リラックスしている時が多い。このように羽角のさまざまな形は感情の起伏が表れているのではないだろうか。

羽角の変化は幼鳥も同じで、羽角を形成する幼羽が伸びきれば識別できる。ただ幼羽が形作っているので分かりづらいところもある。羽角の羽毛も毎年換羽時期に抜け替わる。

羽角の大きさ
(ほぼ同じ大きさのワシミミズクと比較)

	シマフクロウ	ワシミミズク
羽毛数	21枚程度	11枚程度
長さ	95-100mm	90mm
羽毛1枚の幅	25mm	18-20mm

シマフクロウの羽角の変化 (40〜43ページ)

やや警戒(カラスの声に反応)

警戒（カラスの姿を確認）

（下左）警戒

（下右）警戒後面

（上左）警戒正面

（上右）最高潮の警戒（カラスが上空を飛び交う）

たてがみ状

第1章　フクロウ類の特徴

羽角は分からない（日中のハンティング）

（下左）羽角の流れ（ほぼ後方に寝かす）

（下右）羽角を寝かす（上げていた羽角を寝かす）

（上左）立てる（何かの気配を感じる）

（上右）片方だけ上げる（時々見られる程度）

興奮状態（攻撃姿勢を取っている）

幼鳥（真横に上げる）

換羽中の羽角（羽毛の数が少ない）

10　羽色、模様

　フクロウ類の羽色は一般的に地味な色合いが多いが、熱帯地域に生息する種類は比較的カラフルな色合いをしている。これは常緑樹から漏れる強烈な光に合わせていると考えられる。北方に生息する種類にも背部や雨覆にスポット的に白斑があるのは、やはり木漏れ日に紛れるためと考えられる。フクロウ類は夜行性がほとんどで、昼行性の猛禽類より、モビングなどをされることが多く、周りの環境に溶け込む必要があるのでそのような羽色をしていると思われる。

　また同一種で体色が褐色系と灰色系の2型ある種類がいる。コノハズク属（*Otus*）に多く見られ、日本産のコノハズク（*O. japonica*）にはそれぞれの中間系も存在する。

第1章　フクロウ類の特徴　43

（上左）風切羽の模様の違い。右の1枚が正常羽

（上中）尾羽の模様の違い。右が正常羽

（上右）左は黒化型のキュウシュウフクロウ（*S. u. fuscescens*）腹部の羽毛。風切羽にはフクロウ（*S. uralensis*）と同じ模様が入る。右のキタフクロウ（*S. u. nikolskii*）は大型だ＝山階鳥類研究所所蔵

風切羽。先端が虫食い状、マンシュウシマフクロウ（タイリクシマフクロウ）に似ている

＊1 白化現象
メラニンの生合成に必要な酵素の、一部あるいは全てが欠乏していることで、白い体羽になる

＊2 黒化現象
メラニンが過剰に生合成されることで、極めて暗い色あるいは黒色の羽色になる

　シマフクロウでは羽色の変化はほとんど見られないが、巣立ち頃の幼羽で、体全体が著しく淡く砂色に近い個体がいる。しかし成鳥になる1回目の換羽が終わると、通常の羽色になる。また一部の成鳥に風切羽の模様のコントラストがはっきりしている個体がいる。淡いクリーム色は白色に近く、こげ茶色部分は暗こげ茶色だ。さらに風切羽、尾羽の模様が虫食い模様の個体も確認されている。これは地域差というより個体差であると思われる。

　他のフクロウ類では報告されている白化現象(*1)や黒化現象(*2)はシマフクロウでは確認されていない。ロシアのワシミミズクで両翼の風切羽数枚が部分白化している標本を見たことがある。また以前保護したオオタカ（*Accipiter gentilis*）は白化タイプだったが、風切羽、尾羽は正常個体にある黒帯模様はクリーム色をしていた。

11　相互羽繕いと羽繕い

　相互羽繕いは雌雄間の絆を深めるための行動で、鳥以外の哺乳類でもほとんどの種においてみられる。フクロウ類もよく行うが、シマフクロウに限って1年を通してほとんど行わない。雌雄が並んで止まることは少なく、たとえ並んで止まっても雌雄間は20cm以上の間隔をとって止まっている。若鳥が親鳥に、またつがい相手に近づいて羽繕いを行いかけると、少し移動して間隔を空ける。やはり相互羽繕いは必要ないのだろう。相互羽繕いをよく行う種類は、繁殖が終わると別々になる種類が多い。シマフクロウは1年を通して一緒にいることがほとんどで、あらためて行う必要もないのだろう。

　個々の羽繕いは頻繁に行っている。また同じ木や近隣に親子4羽で止まっていると、1羽が羽繕いを始めると伝染するかのように次々と行い、4羽そろって羽繕いを行っていることがある。風切羽、尾羽だけにとどまらず、ほぼ体全体を行い15分以上行うことも少なくない。また水浴び後も必ず念入りに羽繕いを行う。さらに何かの気配を感じたり、人などに発見されると、羽繕いを始めることが多い。これはリラックス時の羽繕いとは異なり、発見された時の緊張の転位、自身を落ち着かせるためと思われる。全ての個体が必ず行うものではないが、こういった時に羽繕いを始める個体は意外と多い。

（下左）親子3羽（下2羽が幼鳥）で羽繕い

（下右）成鳥の羽繕い

（上左）下尾筒の羽繕い。幼鳥

（上右）成鳥

つがいで羽繕い

（下左）趾(ゆび)の手入れ

（下右）成鳥の頭かき

（上左）あくび。成鳥

（上右）あくび。成鳥

（中左）成鳥の伸び

（中右）幼鳥の伸び

（下左）幼鳥の伸び

（下右）相互羽繕い

第1章 フクロウ類の特徴

台湾ウオミミズクの調査スタッフ

昼間のマレーウオミミズク。羽角がよく分かる。バングラデシュ [2]

第2章
ウオミズク類とウオクイフクロウ類

1　アジアウオミミズク類とアフリカウオクイフクロウ類の共通点と相違点

アジアウオミミズク類（*Ketupa*）属　Fish Owl
- ●シマフクロウ（*K. blakistoni*）　Blakiston's Fish Owl
- ●ウオミミズク（*K. flavipes*）　Tawny Fish Owl
- ●マレーウオミミズク（*K. ketupa*）　Buffy Fish Owl（Malay Fish Owl）
- ●カッショクウオミミズク［ミナミシマフクロウ］（*K. zeylonensis*）　Brown Fish Owl

アフリカウオクイフクロウ類（*Scotopelia*）属　Fishing Owl
- ●ウオクイフクロウ（*S. peli*）Pel's Fishing Owl
- ●タテジマウオクイフクロウ（*S. bouvieri*）Vermiculated Fishing Owl
- ●アカウオクイフクロウ（*S. ussheri*）　Rufous Fishing Owl

＊カッショクウオミミズクは現在ミナミシマフクロウという和名である。しかし亜種マンシュウシマフクロウ（タイリクシマフクロウ）の英名はNorthern Fish Owl、直訳すると「キタシマフクロウ」となる。シマフクロウやミナミシマフクロウと混同されることがあり、本書ではカッショクウオミミズクを使用した。また一部の分類でアフリカウオクイフクロウ類を（*Bubo*）属、アジアウオミミズク類を（*Ketupa*）属と（*Bubo*）属で分けているが、本書ではアジアウオミミズク類はすべて（*Ketupa*）属、アフリカウオクイフクロウは（*Scotopelia*）属に統一した。

翼および風切羽の形と尾羽（33ページ「翼、風切羽」および61ページ写真参照）
翼は長くて幅はやや狭い（長方形）。風切羽１枚の幅は狭い。尾羽もやや短い（いずれもワシミミズクと比較）。
脚、趾、爪
　　跗蹠、趾は長い　趾裏には趾球が発達しており、付着器も大きい。
脚、趾、爪（趾の項［30ページ］参照）
　シマフクロウの爪は同じ程度の体長のワシミミズクと同じくらいの長さだが、やや太くて先端は少し鈍い。この特徴は、広範囲で獲物を捕らえるのではなく、一定の狭い食物環境に対して適応したもの。こ

の特徴はウオクイフクロウ属にも共通する。

　アジアウオミミズク類に4種類、アフリカウオクイフクロウ類に3種類が分類されている。

　アジアウオミミズク類の分布は広く、東は東南アジア、極東、西はトルコまで広がっている。東経35度から150度、北緯5度から60度の間に分布している。

　アフリカウオクイフクロウ類の分布はアフリカ大陸だけで、西経20度から東経40度、北緯20度から南緯30度の間である。

　南北アメリカには魚を主食とするフクロウ類は生息していないが、その代わり中米から南アメリカにかけて、魚を主食とする夜行性の動物が生息する。それは、鳥類ではなく哺乳類のウオクイコウモリ属（*Noctilio*）で、2種類が生息している。北アメリカには、夜行性で飛行する魚食性の強い猛禽類、哺乳類は生息しておらず、時々アメリカフクロウ（*Strix varia*）が魚を食べている。またアメリカワシミミズク（*B. virginianus*）は水棲昆虫も捕らえている。中央アメリカから南アメリカにかけては、常食ではないが魚を食べるメガネフクロウ属（*Pulsatrix*）が生息している。また甲殻類は比較的多くのフクロウ類が食べている。

　現在知られていることは、アジアウオミミズク類はアフリカウオクイフクロウ類に比べ食性の面で多くの種類の獲物を食べているようで、水棲動物はほとんど食べている。また昆虫類から両生類、爬虫類、鳥類、哺乳類まで広い範囲で捕食している。その中で魚類の捕獲率が高い。

　アジアウオミミズク類では、シマフクロウとカッショクウオミミズクの2種類が、より多くの種類の獲物を捕らえているようだ。カッショクウオミミズクが広い分布を実現し、シマフクロウが魚食性では不利な亜寒帯性気候の地域に生息できているのも、こういった餌種の多様性が可能にしていると思われる。

　アフリカウオクイフクロウ類は、アジアウオミミズク類よりさらに魚食性が強いようである。この仲間は翼の形、脚の長さが特徴で、ウオミミズク類と比較して翼は幅が広く、脚も長く、跗蹠には全く羽毛がない。これらの形態は、少しでも深いところの獲物を捕らえようとする結果で、大きな翼は後ろ側に伸ばすことで水の抵抗を少なくし、翼を広げることによって、大型の魚類に水中に引き込まれないように

なっている。従ってウオミミズク類より大型の魚類を捕らえることができると思われる。ウオクイフクロウは貝類＝和名イガイ＝(Mytilus)属も食べている。

　ウオミミズク類の生息している環境は河川や湖、海岸近くの森が多い。さらに水田などの近隣の林、マングローブの林にも棲むことができる。本来の生息地は低地だが、中には山間部に生息するものもいる。マレーウオミミズクやウオミミズクは標高1,500mの高山地帯に生息圏を広げ、カッショクウオミミズクでは3,000mの高地の記録もある。標高の高い地帯への分布は、おそらく低地が開発などで生息地が破壊されたことによる移動とも考えるが、低地の少ない地方では垂直方向しか生息圏を広げることができないためとも思われる。また中国本土ではウオミミズクが北方に分布を広げているが、その要因は不明だ。

　シマフクロウの垂直分布（繁殖地）は、現在のところ標高800mが最も高い繁殖地である。これは気温より積雪量が影響していると考える。過去の記録では標高2,000mでも確認されているが、営巣は未確認だ。

　アフリカウオクイフクロウ類も低地が主な生息地である。アフリカ大陸に広く分布しているが、雨期と乾期のはっきりしたところに生息している。ウオクイフクロウを除く2種類は、中央アフリカの一部の熱帯雨林にだけ生息している。

　ウオクイフクロウの繁殖期のテリトリーは狭く、ボツワナの河川沿い約60kmの区間に23つがいが繁殖し、巣と巣の間の距離が最も近いのは250～300mと報告されている（クルーガー国立公園）。これほど狭い範囲のテリトリーは他のウオミミズク類には見られない。餌が豊富な環境なのかもしれない。

　ウオクイフクロウのハンティングスタイルは、ウオミミズク類と同様だ。ウオクイフクロウは約2kgの魚をつかみ飛行することができる（シマフクロウのハンティング方法［218ページ］参照）。

　アカウオクイフクロウ、タテジマウオクイフクロウの生態に関することはあまり知られていないが、生息数は少なくはないようだ。またアカウオクイフクロウは全長に比べ、嘴と爪が巨大で、これは獲物に関係していると思われる。例えばハシビロコウ（Balaeniceps rex）はハイギョ（Protopterus）属を主食にしているように、特定の餌を好んで捕食しているのかもしれない。

　営巣環境はアジアウオミミズク類、アフリカウオクイフクロウ類ともに共通しており、天然の樹洞、木の股、河岸段丘の崖、大型猛禽類

の古巣などが報告されている。巣箱の利用は今のところシマフクロウだけである。台湾でウオミミズク用の巣箱が設置されたが、いまだ使用は確認されていない。営巣に適した環境下に営巣可能な木がなければ、巣箱を設置すれば必ず利用するものと思われる。

筆者は、カッショクウオミミズクをつがいで10年以上飼育したことがあり、産卵できる場所として棚、地上、岩、そして巣箱を入れたが、産卵は常に巣箱を利用していた。ただし巣箱の形状は半オープンタイプのものだった。

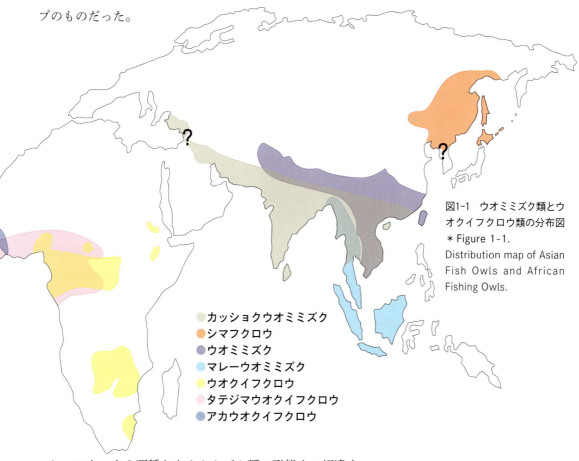

図1-1 ウオミミズク類とウオクイフクロウ類の分布図
＊Figure 1-1. Distribution map of Asian Fish Owls and African Fishing Owls.

■ カッショクウオミミズク
■ シマフクロウ
■ ウオミミズク
■ マレーウオミミズク
■ ウオクイフクロウ
■ タテジマウオクイフクロウ
■ アカウオクイフクロウ

シマフクロウ2亜種とウオミミズク類の形態上の相違点

比較項目

1．羽角　2．嘴峰（しほう）　3．虹彩　4．顔盤
5．背、胸　6．初列風切羽の模様　7．次列風切羽の模様
8．三列風切羽の模様　9．尾羽の模様　10．上尾筒の模様
11．下尾筒　12．跗蹠（羽毛）　13．趾
14．全長
15．体羽の色と模様
16．後頭部の白色羽毛

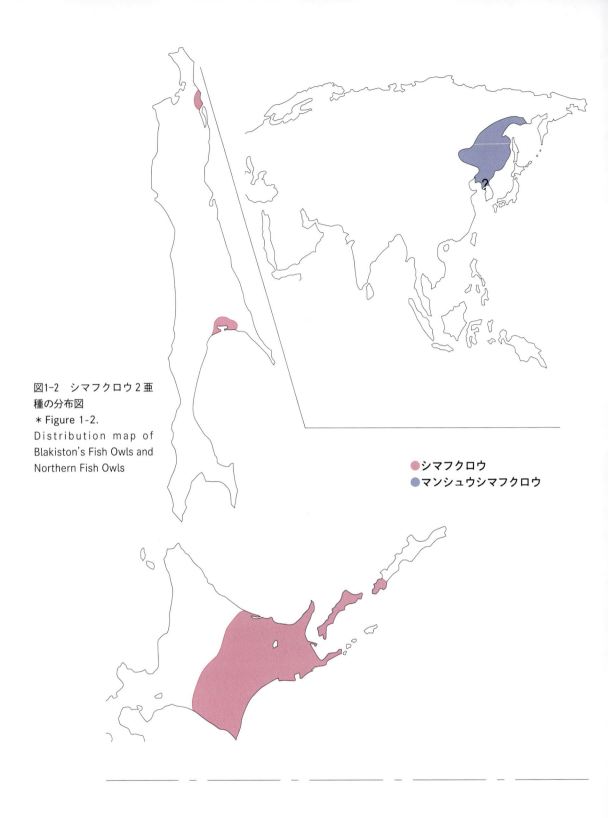

図1-2 シマフクロウ2亜種の分布図
＊Figure 1-2. Distribution map of Blakiston's Fish Owls and Northern Fish Owls

● シマフクロウ
● マンシュウシマフクロウ

ワシミミズク（*B. bubo*）　12、14が共通で他は異なる。

マレーウオミミズク（*K. ketupa*）　5、6、7、8、9、12、14、15、16が異なる。

カッショクウオミミズク（*K. zeylonensis*）　12、14、16が異なる。15は模様が似る。色は極似している亜種がいる。

ウオミミズク（*K. flavipes*）　12は約半分近くに羽毛あり。14、15が異なる。16は後頭部に白色の羽毛がある。マンシュウシマフクロウ（タイリクシマフクロウ）と似ているがシマフクロウをはじめカッショクウオミミズク、マレーウオミミズクにはない。ウオミミズクとマンシュウシマフクロウ（タイリクシマフクロウ）に存在する頭部の白色の羽毛は、幼鳥時には幼羽が形づくっているのでパッチ状に見えるが、成鳥羽に換羽すると頭部の長い羽毛の半分くらいまで白色のため、存在する位置がやや後頭部に移る。

　ウオミミズク3種とシマフクロウの跗蹠の長さの比較では、シマフクロウの方が体長が大きいものの、3種より跗蹠はやや短い。またウオミミズク類は共に長い羽角を持っている。カッショクウオミミズク4亜種中、スリランカカッショクウオミミズク(*1)（*K. z. zeylonensis*）の体長はやや小さく、他の亜種に比べ羽角も小さい。以上が形態上の相違点だ。

　声については、ウオミミズクの鳴き声は雌雄とも同じ鳴き方だが、マンシュウシマフクロウ（タイリクシマフクロウ）の雄と酷似している。カッショクウオミミズクの鳴き方も雌雄とも同じで、シマフクロウの雄と極似している。鳴き声と頭部の白色羽毛の存在で、ウオミミズクとマンシュウシマフクロウ（タイリクシマフクロウ）は近縁で、体羽と鳴き声が似ているシマフクロウとカッショクウオミミズクが近縁と思われる。また近年トルコ南部で確認されたサバクカッショクウオミミズク(*2)（*K. z. semenowi*）の体羽の色は淡く、シマフクロウに似ている。これは通常の褐色系の地域差によるものと言われている。(*3)

　近年のDNAミトコンドリア（Omote K. 2016）の解析によると、シマフクロウ2亜種と共通点が多いカッショクウオミミズクやウオミミズクより、シマフクロウ2亜種はマレーウオミミズクの方が近い関係にある。シマフクロウとカッショクウオミミズク並びにマンシュウシマフクロウ（タイリクシマフクロウ）とウオミミズクの類似関係は平行進化によるものかもしれない。しかしこのシマフクロウ2亜種とウオミミズク2種の共通点は何か別の要因があるような気がしてならない。また西アフリカに生息するヨコジマワシミミズク（*B. shelleyi*）にも後頭部に白色羽毛があることに、ロシアの鳥類学者（Pukinskii Y. B.）は注目している。

*1　「スリランカカッショクウオミミズク」は正式和名がないため仮名を与えた

*2　「サバクカッショクウオミミズク」は正式和名がないため仮名を与えた

*3　グロージャの規則　恒温動物において温暖、湿潤地域に生息する種より寒冷地、乾燥地帯に生息する種はメラニン色素が少なくなり明るい色調になる傾向がある

表2　アジアウオミミズク類とアフリカウオクイフクロウ類

ウオミミズク類

	カッショクウオミミズク	マレーウオミミズク	ウオミミズク
	K. zeylonensis semenowi	*K. ketupa ketupa*	*K. flavipes* Monotypic
	K. zeylonensis zeylonensis	*K. ketupa aagaardi*	
	K. zeylonensis orientalis	*K. ketupa minor*	
	K. zeylonensis leschenault	*K. ketupa pageli*	
体長	480〜560mm	380〜440mm	♂510〜600mm　♀543〜585mm
体重	1300〜1900g	800g	♂2095〜2285g　♀2100〜2650g
鳴き声	ボーボー	ブブブブッ…	♂♀　ゴッ　ホー
	200〜250Hz	ガッガッガッ…	ピィーッ　ピュー　幼鳥
	キーキー　幼鳥	カウークワァー　キィー　幼鳥	
繁殖期	インド　2月〜5月	9月〜6月	12月〜5月
	マレーシア　12月〜5月		台湾　3月〜5月
巣	樹洞　河岸段丘　崖	同	同
	大型鳥類の古巣	同	同
産卵数	1〜2個　　　白色無斑	1個　　　　白色無斑	1〜2個　　　白色無斑
卵サイズ	58.7×48.0mm　*zeylonensis*	57.4×47.0mm　N＝8　W　Java	57.1×46.9mm　N＝10
	61.3×50.0mm　*leschenaut*	54.9×44.5mm　Malay Peninsula	
	58.4×48.9mm　N＝10　飼育個体		
抱卵日数	33〜35日	同	同
頭部白色斑			一部　有
跗蹠	羽毛なし	羽毛なし	一部　有

ウオクイフクロウ類

	ウオクイフクロウ	アカウオクイフクロウ	タテジマウオクイフクロウ
	Sscotopelia peli	*Scotopelia ussheri*	*Scotopelia bouvieri*
体長	530〜630mm	460〜510mm	460〜510mm
体重	2055〜2325g　N＝4	743g	
鳴き声	クウークウー　ウッフー	ウッフー　ウッフー	クルーックルーッ　ウッウッウッ
繁殖期	2月〜6月	9月〜10月	5月〜9月　ザイール　11月〜12月
巣	樹洞　河岸段丘　崖	同	同
産卵数	1〜2個	1個　？	1個　？
	63.0×52.0mm		
抱卵日数	約32日		
	68日〜70日　巣立ち		約50日　巣立ち
	約9ヵ月で分散	約6ヵ月で分散	
跗蹠	羽毛なし	羽毛なし	羽毛なし

シマフクロウ	タイリクシマフクロウ
K. blakistoni blakistoni	K. blakistoni doerriesi
660〜685mm　N = 7	600〜710mm
♂3150〜3450g　♀3360〜4600g	
♂ボーボー　♀ボーオッ	♂ゴッ　ホー　♀ホーホー
ピィーッヒュゥー　幼鳥	同
2月〜4月	同
同	同
同	同
1〜2個　飼育下4個	1〜2個　稀　3個
63.7×50.9mm　N = 22	
34〜40日	35日
	一部　有
有	有

Table 2. Asian Fish Owls and African Fishing Owls.

表3-1　シマフクロウとマンシュウシマフクロウの各部サイズ

マンシュウシマフクロウ（タイリクシマフクロウ）	シマフクロウ
嘴峰	34〜38mm
全嘴峰	57〜63mm
翼長　510〜560mm	498〜534mm
尾羽　285〜290mm	243〜286mm
跗蹠	81〜102mm
Claus K. Fridhelm W. and an-Hendrix B.　1999	
	清棲　1978

シマフクロウとマンシュウシマフクロウ（タイリクシマフクロウ）に大きさに大差はないが、後者がやや大きい

Table 3-1. Sizes of body parts of Blakiston's fish owl (K. blakistoni) and Northern fish owl (K. doerriesi)

表3-2　シマフクロウの各部サイズ

性別	全長	翼開長	自然翼長	最大翼長	
雄	695mm	1700mm	510mm	520mm	成鳥
	700mm	1610mm	505mm	512mm	幼鳥
	715mm	1700mm	490mm	509mm	亜成鳥
	683mm	1570mm	502mm	535mm	成鳥
	730mm	1680mm	495mm	510mm	亜成鳥
	669mm	1620mm	535mm	540mm	成鳥
	720mm	1720mm	520mm	532mm	成鳥
	705mm	1580mm	510mm	525mm	亜成鳥
	695mm	1550mm	485mm	520mm	亜成鳥
	705mm	1660mm	476mm	498mm	幼鳥
	673mm	1460mm	450mm	510mm	成鳥
	740mm	1840mm	474mm	507mm	成鳥
	720mm	1660mm	460mm	500mm	幼鳥
雌	690mm	1780mm	495mm	518mm	成鳥
	710mm	1860mm	510mm	525mm	成鳥
	689mm	1550mm	500mm	515mm	成鳥
	620mm	1540mm	475mm	504mm	成鳥
	720mm	1360mm	480mm	525mm	成鳥
	680mm	1690mm	500mm	524mm	成鳥
	735mm	1530mm	510mm	530mm	亜成鳥

体重				
雄	2874 - 3700g	成鳥	5	
雌	3051 - 4540g	成鳥	4	
雌	4620g	当歳	1	

Table 3-2. Sizes of body parts of Blakiston's fish owl (*K. blakistoni*)

環境省　2022

　マンシュウシマフクロウ（タイリクシマフクロウ）の特徴は頭部にある白色の斑だが、この白色の羽毛がない成鳥も存在している。おそらく老成鳥と思われるが、はっきりとした理由は分かっていない。またウオミミズクにも全個体ではないが、後頭部に白色羽毛が数枚存在する個体がいる。これは成鳥、幼鳥も後頭部にある。シマフクロウとマンシュウシマフクロウ（タイリクシマフクロウ）は前記の体羽、鳴き方、DNAの解析の結果を含め、この２亜種は別種として扱う方がよいのではと考える。

シマフクロウの翼下面

マンシュウ（タイリク）シマフクロウの翼下面

（下左）シマフクロウの尾羽

（下右）マンシュウ（タイリク）シマフクロウ尾羽

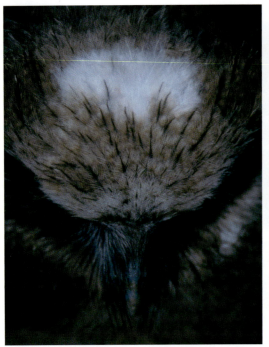

(上左) マンシュウ (タイリク) シマフクロウの頭部の白色羽毛、上面

(上右) 同じく正面

ウオミミズクの後頭部の白色。左が成鳥、右が亜成鳥（標本）。台中博物館所蔵

【①マレーウオミミズク　*Ketupa k. aagaardi*】

少し警戒している。バングラデシュ4

羽毛はすっかり生え変わり成鳥になる。嘴(くちばし)の色は幼鳥時と同色。飼育

幼羽から成鳥羽への換羽中。飼育

第2章　ウオミミズク類とウオクイフクロウ類　63

地上で日光浴をする。飼育

(下左) 夜間に餌を探す。バングラデシュ 5

(下右) 夜間の休息。バングラデシュ 6

【②カッショクウオミミズク　*Ketupa zeylonensis*】

つがいの鳴き交わし。左、雄。(*K. z. leschenault*)、飼育

(中左) 幼羽、成鳥羽への換羽が始まる。
(*K. z. leschenault*)、飼育

(中右) 雌親
(*K. z. zeylonensis*)。スリランカ 7

(下左) 比較的若い雄
(*K. z. zeylonensis*)。スリランカ 8

(下右) 孵化後30日ぐらいの雛と雌親(*B. z. zeylonensis*)。スリランカ 9

第2章　ウオミミズク類とウオクイフクロウ類　65

シマフクロウとよく似ている（K. z. leschenault）。また翼下面の初列風切羽と次列風切羽の境目辺りが赤みを帯びるのもシマフクロウと共通している。飼育

巣立ちが近い幼鳥と雌 (*K. z. zeylonensis*)。スリランカ 10

【③ウオミミズク　*Ketupa flavipes*】

つがいのウオミミズク、鳴き交わし。台湾⑪

抱卵中の雌親。台湾⑫

第2章　ウオミミズク類とウオクイフクロウ類　69

巣内の孵化後30日ほどの2羽の雛。台湾 13

電柱に止まる。時々感電事故が起こっている。台湾 14

寄生植物の上で営巣。台湾 15

養魚場でハンティング。モデル立ちするウオミミズク。その後 小魚とヒキガエルを捕食した。台湾 16

単独のウオミミズク。台湾

【④マンシュウシマフクロウ（タイリクシマフクロウ）　*Ketupa b. doerriesi*】

孵化後2、3日の雛と孵化直前の卵。ロシア・沿海地方 18

孵化後5〜6週間の幼鳥。巣内。ロシア・沿海地方 19

小型の魚を捕らえる（成鳥）。ロシア・沿海地方 [20]

一部頭部の白色が見える（成鳥）。ロシア・沿海地方 [21]

（上左）雌の成鳥。ロシア・沿海地方 22

（上右）巣立ちの頃、標識調査中。ロシア・沿海地方 23

（下）氾濫原で見つけた巣立ち後約1カ月の幼鳥。ロシア・沿海地方

【⑤シマフクロウ　*Ketupa b. blakistoni*】

シマフクロウの雌親と幼鳥2羽で崖上から餌を狙う。右上が雌。北海道

巣立ち直後の幼鳥。休息中。北海道

餌を求め飛び立つ雌。北海道

雪上の成鳥、雄。北海道

親鳥の腹部から顔を出す雛(ひな)。孵化(ふか)後24日。北海道。飼育

鳴き交わし(下が雄)。北海道

移動中、一時的に廃屋を塒(ねぐら)にした若鳥。北海道

【⑥ウオクイフクロウ　*Scotopelia peli*】

ウオクイフクロウ類3種には羽角はない。ボツワナ 24

ウオクイフクロウとタテジマウオクイフクロウの虹彩は暗褐色だが、アカウオクイフクロウは黄色味を帯びた褐色。ボツワナ 25

餌を狙うウオクイフクロウ。ボツワナ 26

シマフクロウの家族　左　雄親、エゾマツ内　左から3年目若鳥、同若鳥、雌親、2年目亜成鳥

2　生息環境および生息数

①シマフクロウの本来の生息環境

北海道

シマフクロウの棲んでいる地域の気温は、年間の最高気温が30度、最低がマイナス30度くらいの所で、内陸部の最高気温は、もう少し高い。年間の温度差は60度程度ある。海域に近い根室地方では、年間の温度差は最大でも50度ほどだ。

最低気温がマイナス20度となると、川の流れが速いか、湧水が豊富でないと河川の結氷は免れない。また積雪量も影響し、積雪数メートルにもなるような地域には、ほとんど生息していない。耐えられる積雪量は1m程度と思われる。理由は巣の項で述べたが、さらに冬季の主要な餌としての小型哺乳類（ネズミ類）の活動も関係してくる。積雪量が多くなるとネズミ類は雪中を移動し、雪上には姿を現さなくなり、これらを捕獲できなくなる。こういったことも理由の一つであろう。

現在、北海道で知られているシマフクロウの生息地で、生息密度が最も高い地域は知床半島である。道内全個体の約3分の1がここに棲んでいる。知床半島に多く棲んでいるのは、第一に森林や河川といった自然環境が、他の地域に比べ数段優れているからだ。さらに国立公園に指定、世界自然遺産にも登録されており、開発行為に規制がかかるため、今のような数が残っていると思われる。過去においては開発が一番遅れたのも理由の一つだろう。

しかし、この数は以前から変動がなかったのではなく、道内全域が減少に向かった時は、やはり減少しており、想像ではあるが、1970～80年代が最も少なかったように思われる。1980年代半ばになって保護増殖事業が環境省（当時は環境庁）によって行われるようになり、現在は増加の傾向にある。とはいえ、この事業の成果というよりシマフクロウ自身の環境への順応、つまり海岸への進出が大きいと考えられる。海岸では港などの整備により波が消され、外灯によって魚類が集まり、さらに人家近くはドブネズミ（*Rattus norvegicus*）が多い。これらによって以前に比べ冬期間の餌の供給がたやすくなったのである。最も重要な時期である繁殖期に餌が供給されることで繁殖率が向上した。海は河川以上に餌が豊富であり、海岸に近い所の巣箱の利用率が

高いことが、このことを物語っている。また砂防ダムは建設当時は魚の遡上を遮断し悪影響を与えたが、年月の経過でダム上流側に土砂が堆積し河床を平らにした。それによって流れが緩やかとなり、ハンティングを容易にした。川にはオショロコマ（*Salvelinus malma*）という河川で一生涯暮らす魚がおり、その存在はシマフクロウにとって大きい。この魚が生息していなければ、ダムの建設は逆に大きなマイナスになり、現在のシマフクロウの姿はないだろう。一見、知床のシマフクロウは自然に生きていると思われているが、知床は、さまざまな要因がつくり出した特殊な地域である。そして人との共存（間接的な関わり）に成功している最もよい例だ。世界自然遺産内の砂防ダムは撤去または魚道の設置が行なわれ、より多くの魚類が遡上し本来の自然環境が復活する日もそう遠くないと思われる。

　これを裏付ける事実に、50年前の知床の河川には今以上のオショロコマがいたが、それにもかかわらずシマフクロウの繁殖率は低かった。またシマフクロウが生息していない河川もかなりみられた。これは知床だけに限らない。根室地域でも調査によると他の河川とは比較にならないくらい魚類が豊富でありながら、シマフクロウの繁殖率は低かった河川がある。やはりこれも冬期間の餌が関係しており、魚類だけがいくら多く生息していても決して棲みよい環境とは言えない。知床や根室以外の地域でも、シマフクロウが生息している所は、人との共存が比較的うまくいっている所だ。例えばロシア・沿海地方のイマン川では、集落の近くの方につがい数が多いとロシア研究者スルマチ博士は指摘している。その要因については触れていないが、おそらく適度の人家の存在、農耕地が冬期間の餌（ネズミ類）を獲るのを容易にしているのであろう。

冬季、上流域の河川はほぼ結氷している

それらのことは逆に、地域全体の生態系が崩れかけていることを示唆している。それは、今まで通りの行動では生活が難しくなり、シマフクロウが生活様式を変えてきたため一時的にせよ以前より餌が獲りやすくなっているに過ぎないからである。この状態を保っていけば生息数に変動は現れないと思われるが、開発が進めば減少していくだろう。

　人とシマフクロウが近い位置にいると、どうしてもさまざまな事故が起こる。原因はどうであれ、このような状況をつくりだした人間がその対策を講じることは当然であろう。

　かつてアイヌの人々はもっとシマフクロウに近い位置にいたが、精神面、環境面が異なっている。

　現在、北海道では、人の影響を受けずに生きているシマフクロウはごくわずかである。

　ロシアの研究者によれば、調査対象としている地域のシマフクロウ（ほとんど人の影響を受けていない）9つがいが全てすべて繁殖を行わなかった年がある。これにはいろんなことが原因と考えられるが、同一つがいの毎年の繁殖は少ないことから、豊かな自然イコール厳しさとも言える。北海道と比較し数段シマフクロウの生息に適した地域と思われる所でこの状態だ。

　北海道のシマフクロウも繁殖については、数年に1度の割合で繁殖しているところも多く、ロシアの個体と比較しても現在の北海道のシマフクロウは極端に繁殖率が低いとは言えない。

雪解けの河川上流域

春の河川中流域。近くに成鳥の雄と亜成鳥

夏の河川中流域

夏の河川下流域

第2章　ウオミミズク類とウオクイフクロウ類　87

夏の河川中流域。川に張り出した枝から餌を狙う雄の成鳥

秋、長雨で増水した氾濫原。河川中流域

秋の氾濫。潮の干満で下流域は氾濫しやすい。夏の下流域と同一場所

秋、河畔の木は色づく。十勝地方の河川中流域

知床の河川中流付近

知床の河川下流域

タンチョウの若鳥。シマフクロウの生息地（森と湖）

国後島、色丹島

　国後島北部の保護区内にあるセオイ川、オンネンベツ川、ノチカ川などの爺々岳裾野の環境を見てみると、北海道東部の根釧地域とよく似ている。特にセオイ川の河口部はかなり開けた半湿地帯を形成し、河畔はオオバヤナギ（*Slix cardiophylla*）の巨木が所々に点在する。上流に向かうとさらにオオバヤナギが群生し、胸高直径１m近い巨木も数多く現れる。その巨木には樹洞をもつ木も少なくない。氾濫原はほぼオオバヤナギが占め、林床はアキタブキ（*Petasites japonicus*）が密生、河岸段丘からダケカンバが出現し段丘上からは針葉樹が現われ、タイガへと続いている。

　セオイ川の流域はそれほど広くなく、河川総延長は20kmにも満たない。そんな狭い流域に３つがいが生息している。それは本流に注ぐ支流は本流に匹敵するほどの流域があり、さらに同様の支流がもう１河川ある。おそらくシマフクロウは各支流に１つがい、本流に１つがいとテリトリーを使い分けていると思われる。

　国後島南部の保護区も根釧地域に似ている。それに加え保護区ではない中部地区の環境も類似している。人の生活圏でもなく、多くのシマフクロウが生息していると思われる。ただクロテン（*Martes zibellina*）も多数生息しており、その被害も多数発生していると想像できる。国後島は面積1,489km²で、沖縄本島より大きい。

　2019年６月、国後島北部のクリルスキー自然保護区の爺々岳山麓西側で、繁殖中の足環付きシマフクロウが確認された。足環の色から北海道で付けられたのは間違いなく、さらに知床半島羅臼側の個体であることが濃厚だった。一体どのようにして移動したのだろうか。これまでは海峡を越えた移動は確認されていない。ただシマフクロウの生態から考えると、前年度に生まれた亜成鳥は２年目の２月ごろより移動を開始する。知床で２月といえば流氷が入り接岸する日が多く、これが風向きにより一晩で国後島に流れ着く。仮に羅臼辺りで流氷に乗って餌を狙っていたとしたら、翌朝には国後島に着いている。また水面の穏やかな日であれば表面効果（191ページ「飛翔」の項参照）を利用して飛行すれば長距離移動も可能だと考える。またレンジャーの話では、地元漁師の船の甲板に大きなフクロウが止まったという情報もある。

　色丹島でシマフクロウは、過去において日本人鳥類学者は生息していないとしていた。

（左上）セオイ川の下流域

（左下）同じ中流域。流れは比較的緩やか

（上右）営巣木の巣をチェックするレンジャー。中流域

　面積約248km²の色丹島（鹿児島県・徳之島とほぼ同面積）は樹木が少なくシマフクロウが生息するには厳しい環境と思われる。事実、1980年代に行われた調査では、シマフクロウを確認することはできなかった（Dykhan M. B.）。しかし2000〜04年の調査では複数の箇所で鳴き声の確認及び幼鳥の死体が拾得されて、生息していることが確実となった（Grigoriev E. M.）。餌が豊富にあれば樹洞がなくても崖、地上などでの営巣も考えられ、個体数は現在も維持されていると思われる。

　前記の北海道知床半島から国後島への移動のことを考えると、根室市の納沙布岬から島伝いに移動すれば色丹島への分散は十分考えられる。

　サハリンではかつて、少数が生息していたが、現在はその確認がなく絶滅が心配される。日本人鳥類学者が調査した1930年代には比較的多くいたようだ。しかし開発により環境は様変わりしている。まだ生息できる環境が残されているのなら、国後島産の個体を放鳥してもよいと考える。さらに北海道産もその候補の一つだ。

オンネベツ川の中流域。水量は多い

ルヤベツ川の下流域

ノチカ川の中流域

氾濫原にある営巣木。中流域

樹洞内の幼鳥（オンネベツ川中流）

色丹島。島全体樹木は非常に少ない崖地の営巣があるかもしれない 27

色丹島。樹木は斜面に残る程度しかない 28

ロシア・沿海地方

マンシュウシマフクロウ（タイリクシマフクロウ）が生息するロシア・沿海地方のイマン川とビキン川を見てみると、それぞれ大地を蛇行して流れ、幾本もの支流が合流し、比較的ゆっくりとした流れを形成している。全長数百キロに及ぶ本流はやがて中国国境のウスリー川に合流する。この両河川はシホテアリニ山脈を源とする。河川の大半は緩い傾斜地を流れ、中流域では高層湿原も形成している。河川沿いには所々集落があり、そのほとんどが支流との合流付近にある。河川の氾濫も頻繁に起こり、水位が数メートル上昇することもしばしばある。

河川にはイトウ（*Hucho perryi*）をはじめサケ、マス科の魚類やカワカマス（*Esox Lucius*）も多く見られる。支流は、やや泥質の河床で、カワシンジュガイ（*Margaritifera laevis*）が無数に見られる。さらにカエル類も多く、特にヒキガエル（*Bufo*）属が多く生息する。

本流の中流域は分水され、多くの島を作る。その島は大きいものは長さ数キロに及ぶ。またその島内にも水路が網の目のように入っている。島や氾濫原の植生はハルニレ（*Ulmus*）属、クルミ（*Juglans*）属の巨木の森とヤナギ（*Salix*）属で形成されている。場所によって多少異なるが、ニレなどの巨木林は樹齢数百年と思われ、胸高直径も1m級で樹高は30m以上に達している。加えてそれらの木々のなかに、樹高13mほどの中低木からなる森があり、高木と中低木の二段層の森となっている。林床は、シダ類（Articulatae）が密生し、水辺のほとんどはヤナギが覆っている。流域の丘にはハルニレ、クルミ、ミズナラに混じってチョウセンゴヨウ（*Pinus koraiensis*）などの針葉樹が所々に見られる。夏と冬の気温差は60度以上になる。夏には温帯性の鳥類が飛来し繁殖している。冬は降雪量が1m以上となり、支流の一部を除き本流はすべて結氷する。このような所にマンシュウシマフクロウ（タイリクシマフクロウ）は棲んでいる。

これと類似した環境は、今の北海道では見ることができないが、かつての根釧原野（根釧台地）がこれに近かったと思われる。今やパイロットファーム、パイロットフォレストと化し見る影もない。したがってシマフクロウ本来の生息環境は北海道には残されておらず、ある意味でシマフクロウはすでに絶滅したと言える。今シマフクロウが棲んでいる環境は、彼らにとっては決して棲みやすい所ではなく、むし

ろシマフクロウという種の存続をかけて自分たちの生態を変えて棲んでいるのである。

　マンシュウシマフクロウ（タイリクシマフクロウ）は沿海地方のシホテアリニ山脈の東部（日本海側）にも多く生息している。環境や規模は異なるが道東の標津地域と似ている。

中流域付近の河畔林。林床はシダ類が密生する

営巣木のチョウセングルミ。本流と支流の合流付近の段丘の斜面にある営巣木。氾濫原にはこのような樹洞を持った木はたくさんあるが、使用していない。おそらく夏季の水位の上昇が激しいためと思われる。巣穴は地上高13mにある

イマン川の支流。支流といっても延長数十キロもある

イマン川上流域

イマン川上流域

中流域の島内はハルニレの
巨木が立ち並ぶ

船で移動する研究者

イマン川中流の島々。島内にも網の目のように水路が入り込む。地形、樹種ともに根釧地方に類似している。ロシア

ウスリー川支流のビキン川中流域。イマン川に匹敵する流域面積がある

河畔で見つけたカヤネズミ

　シマフクロウの好む環境は、塒(ねぐら)の項で述べているが、さらに河川の傾斜度、形態はどういったものか探ってみる。
　シマフクロウが繁殖している10河川で、1年を通してシマフクロウが河川のどの付近に一番よく認められるかを調査した。営巣中の3〜6月は、シマフクロウの塒に変動がないため、この期間は目撃回数に

関係なく1回とした。他の月は平均して調査し、一河川50回以上の目撃から判断した。結果は、一番多く目撃した場所の河川形態は、大きくカーブした本流付近で、瀬、淵がはっきりしており、200m以内に必ず支流の合流地点があった。目撃場所を中心に河川上下に500mずつの1km間の高低差は10m以内だった。そして巣立ち後は営巣した場所から遠ざかる傾向にあった。これらはすべて天然の樹洞で繁殖している所である。これは幼鳥が飛行できるようになると、親子でより餌の豊富な場所へ移動しているためである。このことから今ある天然の営巣木は、シマフクロウにとって決して良い位置にあるとは言えない。大木が減った今、良い環境に営巣可能な木が現存すること自体難しい。巣箱と給餌でこの行動を探ってみると、給餌場にできるだけ近い巣箱を利用し、幼鳥が巣立った後も給餌場を中心に半径500m以内で90％以上の確率で目撃できることで証明される。

　シマフクロウの求める環境は、蛇行する河川で、多くの支流が流入し、流れも比較的緩やかで、瀬、淵をはっきり作っており、ほぼ1年を通して魚類の豊富な河川、なおかつ河畔は広葉樹が占め河川に張り出した巨木が幾本もあり、河岸段丘の広葉林帯には営巣可能な巨木がある。これが本来の生息環境であろう。

　②生息数
沿海地方、南千島、サハリン、北海道
　シマフクロウは他のウオミミズク類とは異なり熱帯地域には生息せず、比較的寒冷な気候の亜寒帯性気候の地域に分布している。ロシア極東の北はマガダンから南はアムール川流域、ウスリー地方、サハリン、ウラジオストクの南部、中国との国境から中国北東部、北朝鮮及び北海道、国後島。択捉島からの報告はあるが、韓国での生息情報はいまだない。

　サハリンについてはごく少数が確認されていたが、最近の目撃例はない。また北朝鮮での現在の状況は不明だ。中国においても最近の報告はないが、広範囲に分布していることから、まだいくらかは生息していると思われる。

　ロシアではレナ川の上流部でも確認され、これまでよりは広い範囲で生息しており、Surmach S. GとSlaght J. Cの2020年の調査では最大で約4,000羽が生息していると推定している。国後島ではDykhan M. B.が70〜80羽と推定している（『極東の鳥類』1995年）。またGrigoriev E.M.の

2000～04年の調査結果で、南千島全体で70～80羽としている（極東鳥類研究会　2015年）。北海道では165羽という数字が環境省から2017年に出されている。

　シマフクロウの生息数は亜種も含め5,000羽にも満たず、絶滅が危惧される。特に国後島、北海道に生息する亜種は合わせて300羽もいない。さらに大陸産とは異なるところが多くあり、別種として扱われてもいいほどであり、そうなればさらに絶滅の危険度が増すことになる。

3　北海道のシマフクロウ

　イギリス大英博物館に一体のシマフクロウの標本が保存されている。そのラベルには「1882年12月、函館北12マイル」と記されている。おそらく大沼あたりで採集されたものが、来日中のブラキストンの手に渡りイギリスに送られたのであろう。そして博物学者シーボームによって*B. b. blakistoni*（*Seebohm*）1884と命名された。これが基となるタイプ標本である[*4]。最初はワシミミズク属に分類されていた。日本では長くこの学名が使われたが、ロシアや中国の学者は、早くからウオミミズク属に近いと指摘しており、マンシュウシマフクロウ＝タイリクフクロウ＝（*K. b. doerriesi*）はカッショクウオミミズク（*K. zeylonensis*）の亜種として扱っていた。その後種に変更され、日本もウオミミズク属に改変された。現在もウオミミズク属で支持されている。しかしDNAの解析によると一部の分類ではウオミミズク属から再度ワシミミズク属に変更されている。ワシミミズク属と類縁関係は少なからずあるが、さらに類縁が近い位置にある他のウオミミズク類は「Owls of the World 2015　Duncan J.著」によるとシマフクロウだけワシミミズク属に含まれている。またインドの学者はウオミミズクもワシミミズク属に分類している。これは頭骨の違いによるものらしいが、これらはさらなる精査によって今後も変更される可能性がある。

　シマフクロウは明治の初めごろには北海道に広く分布していたと思われるが、地域によってかなり密度差があったようにも思われる。残されている文献や生態から推測してみると道東地域が最も密度が高く、道北地方と日本海側は少なかったようだ。それに標高の高い地域も少なかったようだ。過去にどのくらいのシマフクロウが生息していたか知る由もないが、当時の森林の状態などから算出した結果1,000～1,500羽だったと考えられる。これは決して多い数ではなく、何か異変が起きたらたちまち絶滅する数だ。しかし大型種で特殊化した鳥が限ら

*4
タイプ標本＝研究者がその標本を基に調べ上げ命名された標本

山桜とシマフクロウ

た面積でこれ以上多くなれば、逆に種の存続が難しくなると思われる。

　現在の数は、つがい数から割り出すと70つがい、総数は165羽と推定されているが、過去の推定数の約10分の1だ。これでも最も減少していた時期に比べ2倍に回復している。しかしその百数十羽そこそこが一団となっているのではなく点在しているのである。今のところ点在しているもの同士の行き来がほとんどなく、この状態では遺伝的なことも考えると徐々に衰退するのではと心配される。環境保護、保全に尽力を注ぎ込めば、この不安は払拭できるものと期待する。

　現在確認されている分布範囲は、東経42度〜44度30分、北緯141度30分〜145度40分の間で、過去には標高2,000m付近でも確認されているが、現在は標高0〜1,000mの範囲である。これら大別して8地域に小個体群が存在していることになるが、群と呼べる所が少ないのが現状だ。そして北海道を日高山脈で東西に分けると8割以上が東側に分布している。かつては根釧原野と呼ばれた地域には数百羽が生息していたと思われるが、現在はほとんど消滅してしまった。

シマフクロウ2亜種の比較

　シマフクロウは過去には、4亜種に分類されていたことがある。しかし「The Birds of the Palearctic Fauna」(Vaurie 1965)で2亜種、シマフクロウ（*K. b. blakistoni*）とマンシュウシマフクロウ＝タイリクシマフクロウ＝（*K. b. doerriesi*）に分類され、それ以後の変更はなく現在も2亜種で統一されている。これは比較標本数が少ないうえ、形態上の違いが個体差、地域差の範囲のもので、4亜種とはっきりと区別する

ことが難しいためと思われるが、これについて詳細なことは不明である。以前から日本の鳥学者も北海道産とサハリン産を比較して、尾羽の模様について記載しているが、決定的な違いとなっていない（個体差の範囲）。また中国の興安嶺(こうあんれい)付近産はロシア・沿海地方産に比べ、淡色で地色は白色に近いとされている（山階 1941年）。この白色に近い個体は現在でも見ることができる。それは純広葉林帯に生息する2年目の亜成鳥で、換羽前の個体に限り著しく白色を帯びた砂色で前面部だけでなく頭部から背まで淡色である。また老成鳥の雄（年齢30歳以上）も白色を帯びている。特に胸から腹部は白色に近い。※形態の項参照

　以前の4亜種は次の通りである。

1	シマフクロウ	*B. blakistoni blakistoni* Seebohm, 1884	｝シマフクロウ
2	カラフトシマフクロウ	*B. b. karafutonis* Kuroda, 1931	
3	チョウセンシマフクロウ	*B. b. doerriesi* Seebohm, 1895	｝マンシュウシマフクロウ
4	マンシュウシマフクロウ	*B. b. piaoivorus* Meise, 1933	（タイリクシマフクロウ）

分布地域
1　北海道、南千島
2　サハリンのタイム川から南
3　マガダン南からハバロフスク、ウラジオストク
4　中国東北地方中部

　　2亜種となってから *B. b. doerriesi* の和名はマンシュウシマフクロウ（タイリクシマフクロウ）となる。

　現在分類されている2亜種、マンシュウシマフクロウ（タイリクシマフクロウ）とシマフクロウを比較した。前項でも触れているが、シマフクロウ2亜種とウオミミズク2種の形態上の相違点は表2を参照してほしい。結果、鳴き声および風切羽の模様、尾羽の模様がかなり異なり、マンシュウシマフクロウには幼鳥の頭頂部に白色の羽毛があり、成鳥にも頭頂部から後頭部にかけて、この白色の羽毛がある。そして鳴き方の違いが、2亜種間の大きな相違点であることが分かった。マンシュウシマフクロウ（タイリクシマフクロウ）にあるこの白色の羽毛は単なる幼羽であれば、成鳥羽に換羽すると消滅するはずだが、繁殖個体にも幼鳥と同じ大きさのものが存在している。小型フクロウ類にある後頭部や襟の模様のように後方からの外敵に対する防衛策になるが、白色の羽毛は目立ち、どう見ても眼(め)や顔をイメージできない。

そして半ばオープンの巣で繁殖すれば余計にその存在が明らかになり、カラスなどに見つかりやすく、防衛策の意味がなくなる。さらに食物連鎖のトップに位置する鳥に、その必要性があるのかということである。年齢差ということで触れているが、果たして個体間でそれが必要なのだろうか。成長とともに羽色に変化が生じる種類は多くいるが、亜種間で成長過程の異なる種類は見当たらない。おそらくもっと別の要因が関係しているものと思われ、さらなる精査が必要だ。この両亜種はおよそ50万年前に枝分かれしていたことが、DNAの解析で明らかになっている。

以上のことで、この両亜種にはかなりの違いがあることが分かる。おそらく大陸と島しょ（北海道や南千島、サハリン）が陸続きであった頃に大陸より分布を広げ、南千島までシマフクロウは到達した。この移動経路は不明だが、これまで言われていた移動コースは大陸からサハリンを経由して北海道に入りそして南千島へとたどり着いた。氷河期の終わりとともに海水面が上昇し大陸と海峡によって隔てられて島となってからは、大陸と島との交流がなくなったものと思われていた。氷河期の終わる1.5万～2万年前のことであろう。これらを知る上で最も重要なサハリン産の標本や生態調査の文献が少ないのだが、標本や現在知られている限りの研究結果では鳴き声、形態とも北海道産に酷似している。また国後島産についてもサハリン産と同様である。これらのことから宗谷海峡、根室海峡の渡りは、島々が大陸から孤立した後からもあったものと想像される。

事実2019年には北海道でカラーリングを装着された個体が国後島で確認されている。逆に大陸とサハリン島とを隔てる間宮海峡は大陸からの移動を妨げ、大陸系亜種を維持できるだけの数が渡りを行わなかったのだろうと考える。また別のルートとして考えられるのは、朝鮮半島、さらにはもっと南方から日本列島に入り、北上してサハリン、千島列島までたどり着いたのかもしれない。

Movin N. 2022 Using bioacoustics tools to clarify species delimitation within the Blakiston's Fish Owl (*Bubo blakistoni*) complex. Avian Research では、鳴き声、形態、及びDNAを詳細に分析して、この2亜種を別種にすることを提唱している。

逃げるオシドリとコガモ

ヤマメをくわえる

第3章
形態と行動

夕方、川岸の木に姿を現した親子。左から幼鳥、雄、雌

1 形態と骨格

①形態

シマフクロウの羽色は、雌雄による違いはみられず、体色は全体に灰褐色をしている。

額、頭頂（こうけい）、後頸の各羽毛は灰褐色で、幅の広い濃い灰褐色の長い軸斑があり、羽縁は淡色をしている。眼（め）、嘴（くちばし）の基には白色の羽毛があり、各羽軸は黒色で毛状。羽角の長さは90mmほどあり、後頭部と同じ色をしている。

顔盤の発達は、多くのワシミミズク属のように顔盤が濃い色で縁取りがないためにはっきりせず、顔盤は体色よりやや濃い灰褐色をしている程度。喉は白色、背は褐色で各羽には黒褐色の幅広い軸斑があり、腰、上尾筒にも同色で淡黄褐色の小斑が見られる。胸、腹、脇は、白色に近い淡灰褐色で、各羽には褐色の幅の狭い軸斑と多数の淡褐色の横じまがある。下尾筒はクリーム色で暗色の斑が見られる。

多数の個体の風切羽は、濃褐色で淡褐色の横じまが9条ほどあり、それは弱い虫食い状の模様だ。しかし一部の個体には尾羽を含め極度の虫食い状の模様になっている。大多数の個体の尾羽は、褐色地にクリーム色の横帯が7、8条ある。雨覆羽（あまおおい）は褐色で、各羽に黒褐色の幅広の軸斑と黄色がかった淡い赤さび色をした横斑とがある。

雌雄同色だが、条件と時期によって体色が著しく淡色になることがある。この現象は3月から5月の繁殖中の雄と、2年目の亜成鳥に見られる。これは生息地全域が広葉樹林帯であることが前提。それは常に日光にさらされ羽色があせたもので、針葉樹の多い場所に生息する個体には顕著に表れない。6月から換羽に入り、9月ごろには雌雄の体色は同じになる。

嘴の色は年齢とほぼ比例し、年を取るほど黒色の部分が多くなり、つやがなくなる（老成鳥）。黒色の入り方は個体によって異なる。これは他のウオミミズク類3種にも当てはまる。

②骨格
シマフクロウ

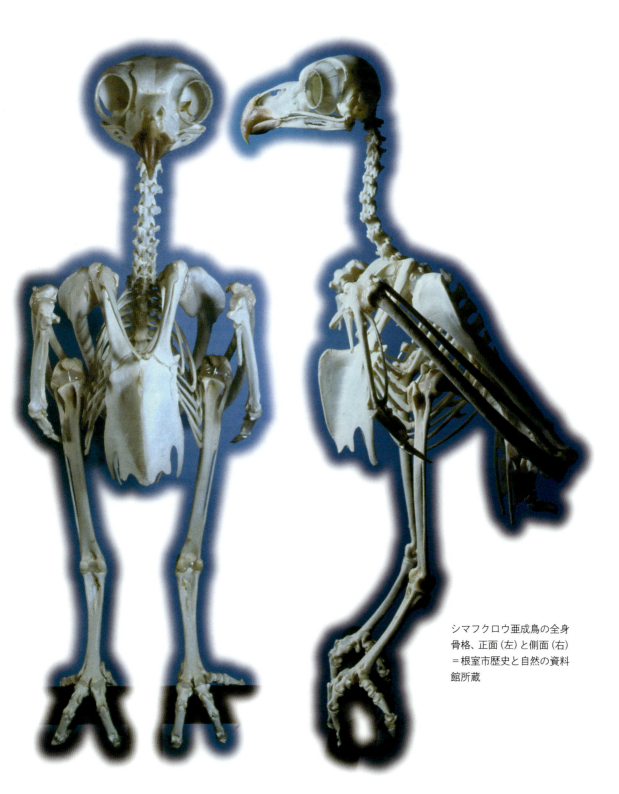

シマフクロウ亜成鳥の全身骨格、正面（左）と側面（右）＝根室市歴史と自然の資料館所蔵

第3章　形態と行動

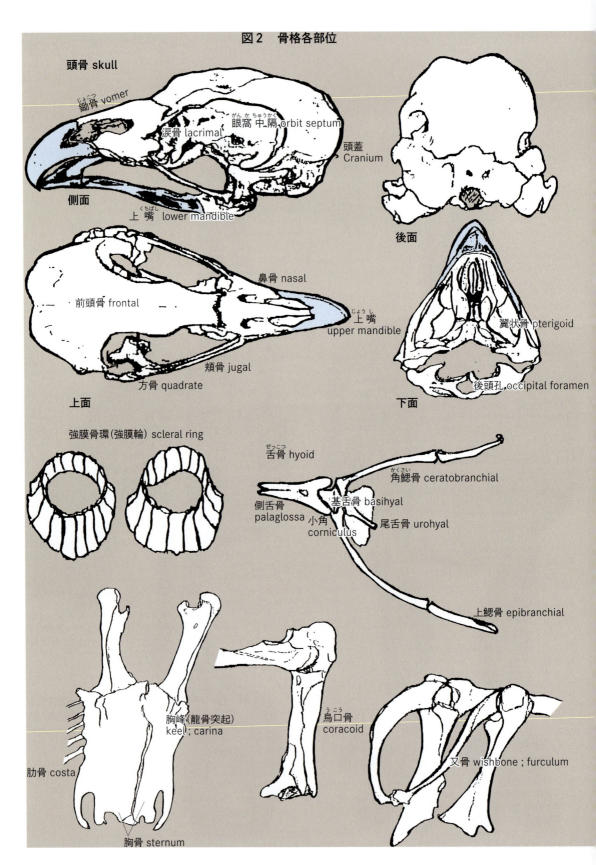

図2　骨格各部位

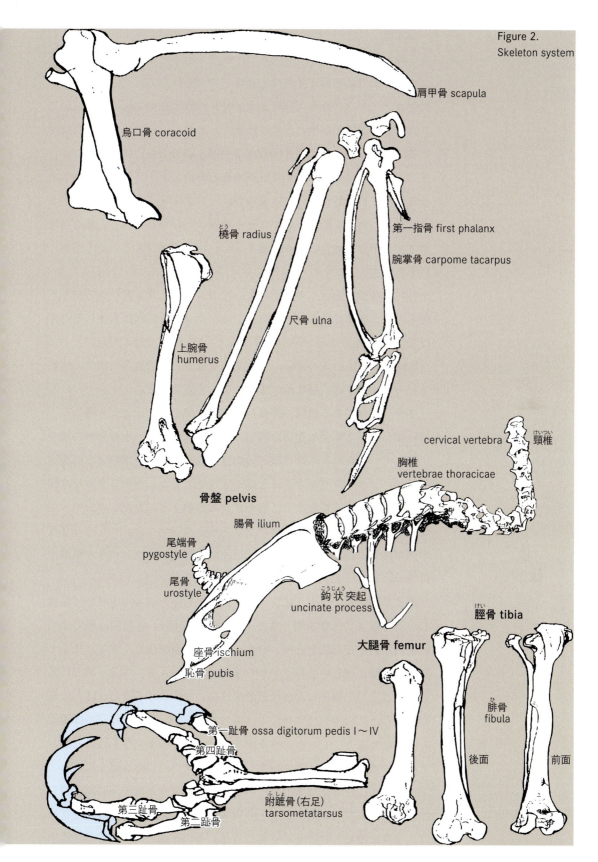

Figure 2. Skeleton system

第3章 形態と行動

③体重

　一般に猛禽類は雌の方が大きい。雄の2倍ほどある種類もいるが、フクロウ類では各部サイズはそれほど大差はない。例外として、タスマニアメンフクロウ（*Tyto castanops*）の雌は雄の2倍ほどある。フクロウ類で雌雄差が現れるのは体重だ。これについてはいろんな説がある。その一つに雌は大きい方が巣や卵、雛を守るのに適しており、雄が小さいのは俊敏に動くことができるためという。特に雛が小さいうちは小さ目の餌が向いているので、ハンティングなどを有利にするといわれている。雛が大きくなると抱雛の必要がなくなり、雌もハンティングを行い大きい餌も捕獲する。シマフクロウもそのようだが、以下の理由も考えられる。

　鳥類の体重は測定した季節によって大きく異なり、晩秋から初冬が最も重く、春季に最も軽くなる。シマフクロウも同様に変化しその差は500～1,500gもある。平均体重は雌で4,100g、雄では3,200g。

　繁殖を行っているつがいの体重変動をみると、雌雄共に初冬に体重はピークに達する。特に雌の体重は著しく変化する。

　冬季は主食である魚類の捕食が、河川や湖沼の結氷により難しく、哺乳類、鳥類に餌種の変更を強いられる。体の構造が水棲動物の捕食に適しているため、ネズミなどの捕食は他のフクロウ類のように聴覚だけでハンティングをすることはできない。しかしシマフクロウは餌を求めて移動することなく、なわばりに固執する。ただしロシア・沿海地方のマンシュウシマフクロウ（タイリクシマフクロウ）の一部は季節移動すると報告されている（Slaght 2018年）。ただし大きな移動ではない。

　多くの動物が行うようにシマフクロウの越冬方法も初冬までに飽食し脂肪を蓄え、体重を増やすことだ（表4参照）。冬期間は極力体力の消耗を避ける方法をとり、できるだけ食事量を少なくする。加えて雌は厳寒期に等しい2月下旬から産卵し抱卵に入る。一見不利な行動と思われるが、抱卵に入れば運動量は極めて低下するため、体力は温存される。この時期（3月）の体重は不明だが、4月には雌の体重は3,400gまで減少している。その後5月下旬に雛の巣立ちを迎えるが、その時期に入っても体重は減少している。すでに自らも盛んにハンティングして、食事量は増加している。雛の巣立ちとほぼ同時期に自らの換羽が始まり、エネルギーを消費するため、体重の増はほとんどなく、上昇を始めるのは6月下旬ごろだ。その後徐々に増えるが上昇率

は低い。7月、8月、9月の1カ月間の上昇は100g程度、10月、11月、12月の上昇率は著しく、12月下旬ごろにピークに達する（4,500〜4,800g）。

雌の体重の変動は著しいが、雄は1年を通してあまり変化がなく、3,000〜3,200gを維持する。また雌でも変動の少ない個体もおり、通年3,500g前後を維持している。その差は200〜300g程度。これらは単なる個体差によるものかもしれないが、雌雄における体重差は越冬、そして早期の繁殖に適していると考える。検体数が少なく今後の精査を必要とする。

表4-1. シマフクロウの体重　1985〜2016年

Table 4-1. Weight history of Blakiston's Fish Owl. 1985-2016

性別	体重	測定月	備考
雄	3,260g	4月	成鳥単独
雄	2,126g	7月	分散中　亜成鳥
雄	3,460g	3月	分散中　亜成鳥
雄	2,874g	7月	繁殖中
雄	3,405g	12月	亜成鳥
雄	3,150g	3月	繁殖中
雄	2,840g	3月	分散中　亜成鳥
雄	3,422g	11月	亜成鳥
雌	2,883g	8月	幼鳥　巣立ち後2カ月
雌	2,790g	7月	幼鳥　巣立ち後1カ月
雌	2,920g	9月	分散中　亜成鳥
雌	3,051g	7月	子育て中
雌	3,640g	9月	幼鳥　巣立ち後3カ月
雌	2,120g	7月	幼鳥　巣立ち後　病死
雌	3,450g	12月	亜成鳥
雄	3,150g	2月	成鳥単独
雄	3,200g	10月	つがい
雄	3,450g	10月	つがい
雌	3,430g	5月	抱雛中

その他5,000gを超えている2個体（雌雄）がいるが、死亡しており、いずれも水を含んでいたため除外した。

Table 4-2.
Monthly weight changes of adult female Blakiston's Fish Owl. 1984

表4-2　月別　雌の体重変化　同一個体 1984年

雌	4,400g	1月	つがい
雌	4,360g	2月	つがい
抱卵中の為	計測データなし	3月	抱卵中
雌	3,400g	4月	抱雛中
雌	3,360g	5月	抱雛中
雌	3,400g	6月	子育て中
雌	3,500g	7月	子育て中
雌	3,550g	8月	子育て中
雌	3,700g	9月	子育て中
雌	4,500g	10月	初旬　子育て中
雌	4,600g	10月	下旬　子育て中
雌	4,550g	11月	子育て中
雌	4,800g	12月	子育てから解放

2　行動

①鳴き声

　鳥類にとって鳴くということは、生活していく上で重要なことの一つである。特にフクロウ類のように雌雄同色、体長に差が少なく森林に棲む夜行性の種類では、鳴き声の有無は子孫を残すという行為をも左右している。鳴き声を発することにより、性別や幼鳥を区別し、たとえ成熟していても沈黙することによって難を免れることが可能となっている。

　フクロウ類の場合、他の鳥類に見られる地鳴きとさえずりの区別がはっきりしていない。さえずりは、雄のテリトリー宣言と雌にその存在を示すものだが、多くのフクロウ類は、雌雄とも同じ声で鳴き、さらに1年を通して雌雄とも同じ鳴き方をしている。しかし雌雄で微妙に声質が異なるような種類は、必ず雌雄で鳴き交わす行動を取っており、繁殖期にはその回数が他のシーズンに比べ増加している。このようなタイプの鳥類は、フクロウ類以外にも見られる。

　シマフクロウは雌雄ともほぼ同じ鳴き方をすることができるが、雌雄で鳴き交わす時にははっきりとその違いが出ている。同類のカッショクウオミミズクは、鳴き交わしの時も雌雄とも同じだが、声質、高低に違いがみられる。

夜間、雌への餌運びが終わり休息をとる雄

一つの鳴き方でテリトリー宣言、雌雄のコミュニケーション、移動、仲裁、警戒、脅しなどさまざまな使い方をしているので、声の持つ意味の解釈は非常に難しい。

表5　シマフクロウの単独時の鳴き方

Table 5. Variety of calls of Blakiston's Fish Owl.

	雄	雌
1	ボーボー	ボーボー
2	ボーボー　ボォーフッ	ボォーフッ（ボォーォッ）
3	ボッボッ	ボッボッボッ
4	ボーフーウー	ゴッゴツー
5	ボーフッ	ボォッ
6	ピィーヒュー	ピィーヒュー
7	ピィーシィーシィー‥‥	ピィーシィーシィ‥‥
8	キャアウッ	キャアウッ
9	未確認	ピィーュッ
10	カァハッ	カァハッ

	幼鳥	亜成鳥
1	ピィーヒュー	1
2	ピィーヒュヒュヒュ‥‥	2　♂ボーボッ　ボーボー
3	キュア	3　♀ボォー　ボォーォッ
4	ヒァヒァヒァ‥‥	4
5	ピィーヒューーキョッキョッ‥‥	5　未確認

第3章　形態と行動

鳴き声を文字で表現すると、聞く人によってかなりの違いが現れる。現在、活字となっているものを挙げてみる。

A．ウォー、ウォー　　　B．ウォーッ、ウォーッ
C．オーッ、オー　　　　D．ホー、ホー、ホー
E．ホウ、ホウ、ウォォウ　F．ボボ、ボー
G．ボーボー、ウー　　　H．ボーボー、ボォーフッ

前記8タイプのうちAからCは、単独個体または雄だけの声で、DからHは雌雄の鳴き交わしと思われる。最初の2音節が雄で、後の1音節または2音節が雌だ。

表5の雄の鳴き声1から5、雌の鳴き声1と5、亜成鳥の2と3は喉を大きく膨らませ共鳴させて鳴く方法で、嘴(くちばし)は閉じて鳴く。雄6から10、雌6から10、幼鳥1から5は共鳴させず嘴を開けて鳴く方法だ。雄の声の1と2は1年を通じて聞かれるが、2のタイプの声は非常に少なく1カ月に数回ほど。単独、つがいどちらの場合でもこの声は発する。雄の3から5は非常にまれで、繁殖期のみこれらの声が聞かれた。雄6と7も繁殖期が多く求愛給餌や交尾の前には、頻繁に聞かれる。また全ての期を通じて幼鳥に給餌する時には、雄も雌も6と7の声を発する。

雌1の声はつがいの場合は非常にまれで、テリトリー内で雄とはぐれた時と、近隣にいても雄を目視できない時に発している。雌2の声は、つがいの鳴き交わしの時のもので、単独ではある程度のテリトリーをつくっているか、雄の声を確認した時に発している。また何年間も雌だけでいると1の声で鳴くことがある。野外確認は1例だけだが、飼育下においては何回か確認されている。

雌雄の8と10は警戒時、危険を察知した時に発する。イヌ、キツネ、人が近くに現れた時、特に幼鳥の近くに現れた時に聞かれる。しかしネコ、タヌキが出現した時は発したことがない。またブッシュ内を移動するシカにもこの声を発したことがあるが、姿を確認するとそれ以後は発しなくなっている。イヌ、キツネ、人以外は基本的に安全と理解しているようだ。9の声は、幼鳥に給餌した後に時々聞かれる。幼鳥に早く食べるように促しているようである。この声はおそらく雄も発すると思われる。

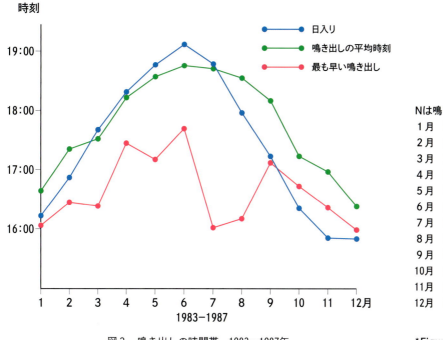
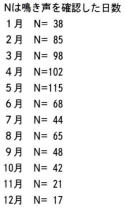

図3　鳴き出しの時間帯　1983〜1987年

*Figure 3. Time of first calling. 1983-1987

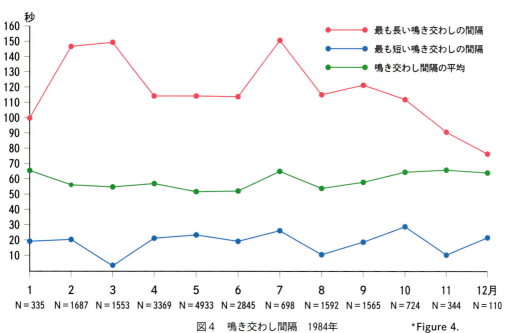

図4　鳴き交わし間隔　1984年
Nは鳴き声を確認した日数

*Figure 4. Calling interval of antiphonal duet. 1984

第3章　形態と行動

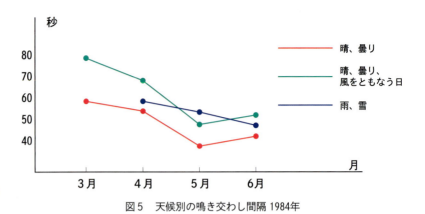

*Figure 5. Calling interval on three types of weather. 1984

図5　天候別の鳴き交わし間隔 1984年

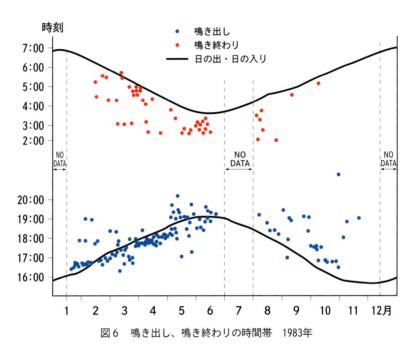

*Figure 6. Time of first calling and last calling of each day. 1983

図6　鳴き出し、鳴き終わりの時間帯　1983年

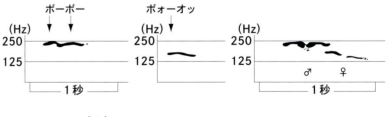

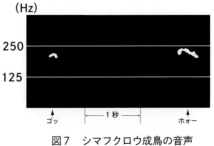

Figure 7. Sonagrams of adult Blakiston's Fish Owl calls.

図7　シマフクロウ成鳥の音声

鳴き声の周波数

声質は個体により多少異なるが、おおむね次のような結果が出ている。

● 北海道産

　雄……ボーボー　　240Hz前後
　雌……ボーォッ　　160〜180Hz、終点が下がる
　幼鳥…ピィヒュー　4.11〜2.75kHzと変調

　　　　　　　　　　　　　　佐々木雅修・藤巻裕蔵　1995年

● 大陸産

　雄……ゴッ、ホォー　204〜231Hz

A　北海道産シマフクロウ（*B. b. blakistoni*）　収録地：根室
B　北海道のシマフクロウの主要な音声
　佐々木雅彦・藤巻裕蔵　帯広畜産大学研究報告　自然科学第19巻2号
C　マンシュウ（タイリク）シマフクロウ（*B. b. doerriesi*）雄
　収録地：ロシア・沿海地方イマン川

　　　　　　　　　　　　　　　　分析－佐々木雅彦　1999年

A. B　*B. b. blakistoni duet of the pair.*
C　*B. b. doerriesi single male.*　　Sasaki　1999

（図7参照）

雄、雌の声でまれではあるが、著しく高音になることがある。何が原因かは不明だが、雄3羽、雌2羽で確認した。周波数は通常の2倍近く高いと思われる。

鳴き声は一般に日没ごろから夜明け前までの間に聞かれる。もちろん例外もあり、日中の太陽が照り続ける中、鳴き交わしを行うことがある。このような行動を取るのは外敵が接近した時で、声によって外敵を威嚇しているのだろう。また幼鳥に事故などが発生した時にも聞かれる。これは手助けすることができないため、人に例えたら励ましているといったところだろう。また突発的に発生した何らかの理由で移動を余儀なくされた時も鳴いている。

単独の個体は、つがいの個体より多く鳴き声を発し、一晩に1,000回を超えることもしばしばある。これは別個体を呼び込むことを目的としていると思われるが、餌となるものの多い少ないもかなり関係して

いる。つがいの個体でも別つがいとテリトリーが隣接していたりすると、鳴く回数は多くなる。例えば1河川に3つがいが生息している地域があるが、この場合は河川中央をテリトリーに持つつがいが一番よく鳴き声を発している。

　親鳥の1日の最初の鳴き出し（おそらくテリトリー宣言）は、繁殖と密接な関係がある。産卵を行う3月から幼鳥が巣立ちを行う6月までの4カ月間は、日没前に鳴き交わしが始まり、幼鳥が成鳥の後を追って飛行するようになる7月には、日没ごろに鳴き出し、それ以後の8月から1月は日没後30分から1時間の間に鳴き出している（図3参照）。

　また雨天や曇りの日の場合、晴天時に比べ鳴き出す時刻が早くなる傾向を示した。これは起伏の少ない地域のデータである。また西側に高い山脈が存在する場合も、それぞれの鳴き出す時刻は早くなっている。

　鳴き交わしは、雄の声に応えるように雌が鳴くというのが一番多いが、その逆の雌の声に雄が応えることもある。数は少ないが雄－雌－雄「ボーボー、ボーォッ、ボーボー」、雌－雄－雌「ボーォッ、ボーボー、ボーォッ」と鳴く場合もある。鳴き交わしは1年を通じて行うが、3～6月にはその数は増え、1晩に数百回に達することもしばしばある。しかし7～10月にかけて徐々に鳴く回数は少なくなる。11～1月はさらに鳴く回数は減少し、12月後半～1月前半は、全く鳴かない日も少なくない。これに対して幼鳥のいるつがいは、7～10月にはピーク時と比べ鳴く回数は多少減るぐらいである。11～1月にはピーク時の5分の1から7分の1に減少するが、全く鳴かない日はほとんどない。

　鳴き交わす間隔は、全期間を通じて50秒から70秒だが、繁殖期にはやや短くなる傾向にある（表6、図4参照）。

　単独の雄が鳴く間隔は30～45秒と短くなる。また天候によっても多少左右され、風の強い時は間隔が長くなり、鳴く回数も極端に少なくなる。風によって声がかき消され、鳴く意味が薄れるためと思われる。1984年の繁殖期で3月の降雪日が6日あったが、全て風を伴い、そのうち5日間は1声も鳴き声を発していない。残り1日は、天候が回復後にその声が聞かれた（図5参照）。

　つがいの場合でも10～20秒ぐらいと間隔が非常に短い時がある。それは抱卵中に雌が巣を飛び出し、30～40mの間隔で移動する時で、雄

表6　月別の鳴き交わした日数　1984年

	調査日数	鳴いた日数	晴	風	雨
1月	25	10	16	5	4
2月	20	16	15	3	2
3月	28	23	18	4	6
4月	29	27	16	8	5
5月	26	23	10	5	11
6月	12	12	4	3	5
7月	13	8	1	1	11
8月	24	19	12	2	10
9月	16	16	10	0	6
10月	23	18	13	5	5
11月	13	5	9	2	2
12月	21	3	11	3	7

晴＝晴、曇の日
風＝晴、曇の風を伴う日
雨＝雨、霧、雪の日

Table 6. Total number of days of calling in each month. 1984

は常に雌の後を追い、雌を呼び戻しているように見える。時には雌雄共に巣から1km以上も離れることもある。この行動は、別個体および外敵の侵入などとは関係ない。

　繁殖期は雌雄とも塒(ねぐら)から鳴き声を発し、十数回で雌雄とも塒を飛び立ち、見通しの利く高所に止まり鳴き交わす。その後、餌を求めて飛び去る。

　雌が産卵し抱卵を開始すると、雄は巣の近くの塒で鳴き出し、雌は巣の中で雄の声に応え、大抵は20回ほどで巣を飛び出し羽繕い、排泄を行う。雌が巣を飛び出すとすぐに、雄は雌の近くに移る。そして鳴き交わしを続ける。時々雌は応えないことがあるが、それは羽繕い中のことが多い。この時の雌は喉を膨らませ鳴くポーズをとるが、発声はしていない。羽繕い、排泄が終わると雌は巣に戻る。その後、鳴き交わしは終わり、雄は狩りに出かける。悪天候の日は鳴き声を発せず、雄は巣の近くまたは巣をのぞきこみ、巣内の雌を確認してハンティングに出かけている。

　他の季節も、塒から鳴き声を発することがあるが一定しておらず、

1回目の採餌が終わってから鳴き出すこともあり、鳴き出す時間帯に幅がある。

　鳴き終わりの時間帯は、鳴き始めと比べ顕著に表れず、繁殖中でも0時以降全く鳴かない日もある（図6参照）。

　全期間を通じて鳴き交わしを行った場所をみると、その大半は枯れ木、または葉の枯れた木の高所で、トドマツだけ頂に止まり、地上20〜30mの高さで行っている。まれに地上での鳴き交わしがあるが、周辺をかなりの範囲で見渡せる位置である。高所での鳴き交わしは、おそらくテリトリー宣言に有効だろう。無風状態なら2km近く離れていてもその声を聞き取ることができる。地上や見通しの悪い位置で行う鳴き交わしは、相互の位置確認、移動の合図などに使用していると思われる。

　雄の声の2節目と雌の声が重なったり、雌の方が最初に鳴き、雄が応えたりという変則のパターンがあるが、鳴く回数が多くなった時によく観察される。普段は雄の声を聞き雌が鳴き応えるが、回数が増えるに従って間隔がほぼ一定となり、相手の声を聞いてからというより2羽が個々の間隔で鳴いているため、ずれが生じるものと思われる。

　幼鳥の声は、1から4すべて親鳥が関係している。1と2はフードコール（ハンガーコール）で、3は警戒を含む親鳥への反発。4は幼鳥が親鳥に追い払われた時に飛行中に発することが多い。1と2は卵内（孵化1日前）から発する。孵化し成長するに従って声質は金属的になり、濁りが増す。幼鳥の1から4の声は親鳥になっても同質の声を持っている。ただ声質に濁りがさらに増してくる。

　亜成鳥、2と3は親鳥のように喉を膨らませて鳴く方法で、鳴けるようになるのは、飼育下では、孵化後4カ月、野外では早くて孵化後7カ月目で、大抵は9カ月目だ。飼育下では非常に早いが、それ以後は継続的に鳴き声を発することはなく、1カ月に1回ないし2回ある程度だ。野外では、親鳥または別個体の声に反応して発するようになる。特に雄の幼鳥が鳴き始めた時は、うめき声にしかならず、約1週間でようやく「ボーボー」と2音節に聞き取れるようになる（孵化後11カ月目の亜成鳥の声の周波数は300〜350Hz［百瀬・山本、未発表］）。その後は徐々に声質は低くなり、声量は増してくる。声質、声量は個体によって差がある（図7参照）。幼鳥が親鳥のテリトリー内でしつこくこの声を発すると、親鳥は攻撃を加えるようになる。しかしそれほど激しい攻撃ではなく、嘴でつつく程度の攻撃で、威嚇姿勢をとるだ

け。まれに体当たりすることがあるが、爪は立てていないようだ。別個体に対する攻撃のように足でつかみかかったりすることはない。幼鳥は親鳥の攻撃に最初は戸惑っているが、すぐに親鳥から距離を取るようになり、攻撃はすべてかわし、最初の発声から1カ月程度で親鳥のテリトリーから出ていく。雌の幼鳥が親鳥のテリトリー内で「ボーォッ」と鳴くことは非常にまれで、孵化後14カ月を経過していた例もある。親鳥のテリトリーを早くに出た幼鳥の場合は、孵化後10カ月でこの声を発している。この時はテリトリーを出ると1週間で別個体（雄）と出合い、その雄の声にすぐ反応してこの「ボーォッ」という声を発している。その声は多少声量に欠けるが、成鳥の雌の声と変わらなかった。

　筆者は、カッショクウオミミズクをつがいで10年以上飼育したことがあるが、鳴き声は雌雄とも「ボーボー」、または「ブーブー」と聞こえる声で鳴き、鳴き交わしは、雄-雌-雄である。鳴き応えは間髪入れずに鳴き、次の鳴き交わしまでは40〜60秒ほどある。少し離れて聞くとシマフクロウと区別がつかない。

日中、つがいの鳴き交わし。左が雌

第3章　形態と行動

（上左）夜間、つがいの鳴き交わし。左が雌。夜と昼では顔の感じが違う。日中と同一個体

（上右）日中に鳴く雌

（下左）夜間の鳴き交わし、遠景。左が雌

（下右）アンテナで鳴き交わし。左が雄

②食性

　シマフクロウの食べ物として82種の動物が確認されているが、そのうち魚類は25種で、種数全体の3分の1を占め、魚類を主食としていることがうかがえる。さらに水辺で捕食できる動物が11種あり（カモ類を除く）、水辺に生息する動物が全体の3分の2を占めている。また残りの3分の1の動物についても水辺でよく見かける種類で、純粋の森林性、草原性の動物の捕獲は非常に少ない（表8参照）。森林性の動物の捕獲は、営巣期と冬季によく見られる。これは巣のある場所と河川の凍結が関係している。厳寒期は水中の餌の捕獲は一部を除いて難しくなる。また営巣期に入ると巣と塒（ねぐら）の位置が林の中または林縁近くにあることが多いため、塒にいて発見できる動物は限られてくる。

　一般に魚類の捕食はほぼ1年を通じて見られるが、厳寒期には非常に少なく、魚類に代わってカモ類が多くなったり、ネズミ類、食虫類が多くなったりしている。中型のカモ類であれば、数日かけて食べるが、小型哺乳類であれば1日に2、3匹で量的には少ない。これは1月から2月のペレット分析結果だ（ペレット総数＝45）。

　昆虫類の捕食は夏季から秋季にかけて多く、塒の木にいるものや、夜間外灯に集まって落下したものを狙っている。また草木の少ない所

サケの鰓(えら)にかみつく

（林道など）にはい出したものを捕食している。

　ハンティングを行う場所は、季節によって変化が見られる。それらは地形、河川形態など生息している場所に関係するが、おおむね5〜11月は本流と支流の合流付近。12月から1月は本流、支流の上流部、2〜4月は営巣場所近隣の結氷していない場所や林内だ。12月から1月の動きは激しく数日でテリトリーを一巡している。これら全て、獲物となる動物の動きと天候に関連する。また海岸を有する場所をテリトリーに持つ個体は、冬期間には積極的に海岸や海域を利用している。

　食物リストに哺乳類のキツネ、タヌキ、ユキウサギ、クロテン、イタチ、鳥類のマガン、ヒシクイを挙げたが、これは1960年代の記録であり、筆者の40年間の観察中には一度も自身で見たことも、報告を聞いたこともない。ただしクロテンの下顎骨がシマフクロウの巣内から見つかっている。このうちユキウサギを除く種類は過去においても極めてまれにしか捕獲されていなかったと思われる。ユキウサギは近年著しく減少し、捕獲動物の対象外となりつつある。過去においては春季営巣中の23日間で18頭のユキウサギを食べていたと報告されている（永田1972年）。筆者はユキウサギとシマフクロウが遭遇したところを何回か目撃したが、シマフクロウは、ユキウサギの動向を追っていた

がハンティングの対象ではなかったようだ。エゾシカは自然死したもの、ハンターが放置していったものを食べている。

一見変わった食べ物としてミミズがある。これは川岸で魚を食べている時に、足元に出没したミミズを食べたものだ。サイズ、形はスナヤツメと類似していることから、積極的に捕獲はしていないかもしれないが、ミミズの生息場所から察すれば食べて当然と思われる。

シマフクロウの餌として全個体に共通するカエルは、魚類に次ぐ重要な餌資源だ。4月から11月、カエルの冬眠期間以外、全ての月で捕食が確認されている。シマフクロウが1羽当たり1年間に食べる総摂食量は約120kgだが、そのうちカエルの占める割合は非常に少ない。しかし頭数当たりに換算すると、その数は魚類に匹敵する。カエルのサイズは大小さまざまで、非常に小型のものまで捕食している。また孵化直後の幼鳥の餌種として重要な位置にあり、シマフクロウの卵の孵化とカエルの産卵期がほぼ一致しているのも偶然ではないだろう。同一地域4カ所のシマフクロウの孵化日を比較してみると10日から20日ほどの違いがみられる。その4カ所のカエルの産卵時期も10日から15日ほどの違いがみられる。年により多少の違いはあるが、場所ごとではシマフクロウの卵の孵化時期とカエルの産卵時期がほぼ一致しているのだ。そのほか北海道に生息する爬虫類のヘビ類（$Elaphe$）の捕食はこれまで確認されていないが、カワヤツメをよく捕り食べているのでヘビ類も捕食しているかもしれない。台湾のウオミミズクはヘビを食べている。夏季の気温が低い根室地方ではアオダイショウ（$Elaphe\ climacophora$）、シマヘビ（$Elaphe\ quadrivirgata$）、ジムグリ（$Elaphe\ conspicillata$）、カナヘビ（$Takydromus\ tachydromoides$）が少数生息している。ヘビ類は日光浴をしている所がしばしば観察される。つまり日中開けた場所で主に行動しており、シマフクロウと遭遇する機会はまれと思われる。一度シマフクロウがジムグリと3mの距離で遭遇しているところを目撃したが、シマフクロウは無反応だった。また飼育中のカッショクウオミミズクは、ケージ内に入ったニホンマムシ（$Gloydius\ blomhoffii$）を見つけ捕らえようとしていた。

季節的に捕獲が容易な動物がその時期の主食となっているが、衰弱個体など捕獲が容易と判断された動物は季節に関係なく捕らえている。例えば魚類ではアルビノや傷ついているもの、浅瀬に乗り上げたもの、鳥類では病気などで飛行できないカモ類は、真っ先に捕獲されている。ハシボソミズナギドリやオオセグロカモメはおそらく衰弱し

ていたものだろう。

　表7（138ページ）の月別捕獲動物の変化を調査した場所はシマフクロウの行動圏で、広範囲に海岸をテリトリーに持ち、厳寒期でも比較的容易に魚類を捕獲することができる。しかし海岸を持たない生息地であれば、たとえ河川が結氷しなくても厳寒期の魚類の捕獲はかなり難しいと思われる。そこでシマフクロウは冬の餌としてどのような種類を必要としているのか知るために、冬期間に保護事業で給餌を行っている地区で、厳寒期の餌を通常のもの（魚類）とネズミ類、食虫類と鳥類を加えて実験してみた。その結果、シマフクロウは全ての餌種を食べたが、最初にネズミ類、食虫類を食べ、その後に鳥類、魚類、または魚類、鳥類の順で食べた。シマフクロウははっきりと餌を選別して食べており、冬季に要求する餌は哺乳類のネズミであった。このことから冬の間、河川の結氷面積が多い地域でも、小型哺乳類の量にもよるがシマフクロウにとって必ずしも悪い環境ではないといえる。また冬季の餌としてエゾモモンガが挙がっている。ハンティング方法でも触れているが、待ちのタイプに入る方法を行っている。下の写真のようにエゾモモンガが塒にしている巣箱や樹洞の近くに止まっていることがある。出てきたところを捕食しようとしているのかもしれないが、残念ながら実際の捕食現場は未確認だ。ネズミ類も巣穴近くの地上（雪上）で待ち、捕食していることがある。これは成功率が高い。

エゾモモンガの巣箱の上で陣取るシマフクロウ。1個のペレットからエゾモモンガが3体分検出されたことがある

捕獲する動物のサイズで、大きいものではサケであろう。しかしそのほとんどは、産卵を終えて衰弱しているもの。遡上（そじょう）して間もない元気なサケ（標準サイズ）を捕獲することは難しいだろう。実際浅瀬でサケを捕まえ岸まで上げたが、サケは暴れ、足を放し逃げられてしまった。カラフトマス程度のものは、遡上してきて間もないものでも捕らえているが、それでもできる限り小型のものを選んで捕獲している。

　ウグイ、アメマスのような小、中型の魚類は、遡上の時やサケなどの卵、稚魚を狙ってやって来るものを捕獲することが多い。小鳥類は渡来して間もない時期の捕獲が多い。カエルは冬眠明けから産卵期、そして冬眠前、その他の季節は雨天時が圧倒的に多い。カモ類の成鳥は主に冬期間、雛（ひな）や幼鳥は6月、7月、8月に捕獲している。

　シマフクロウは小、中型の魚類を好んで捕らえている。これは魚類が豊富に見られる時だけだが、選択されるのは20cm前後の流線型をした魚種である。流線型の25cm以下の魚類であれば、丸のみすることが多い。それ以上の大きさとなるとちぎって食べなければならず、30〜50cmクラスになれば全部食べ終わるのに20分から30分の時間がかかることがある。地上でのハンティング後の食事は常に危険と隣り合わせの状態であり、より早く食べることが自然界で生き延びる鉄則だろう。このことも給餌によっても確かめたが、結果は同じだった。食べにくいカレイ、カジカは敬遠されている。ひきちぎって食べる場合は、頭部、内臓はほとんど食べない。特に鰓（えら）、卵は必ず残している。サケなどの大型魚類は喉の辺りから食べ始めるため、頭部は完全な形で残っていることが多い。

　内臓を食べないことは、他のフクロウ類（フクロウ、コミミズクで確認）にも見られるが、餌の豊富な時に限り、大抵は丸のみにしている。

　餌を貯蔵するという行為は、多くのフクロウ類にみられる。シマフクロウの場合、はっきりと貯蔵と思われるのは営巣中の巣内だけだ。ユーラシアスズメフクロウ（*Glaucidium passerinum*）のように巣以外の場所で、外から見ることのできないようなところ（樹洞など）に貯蔵することはない。しかし繁殖期以外では、半ば食べた餌を木の股状になった所に置き、後日それを食べたことがある。そのような場所に餌を置くことはよく見られる行為だが、大抵は他の動物（カラス）によって食べられてしまい、自分で食べた例は非常に少ない。また餌を置いたことを忘れているのか、カラスなどにも発見されず骨だけにな

った魚を目撃することがある。

　飼育下では、たびたびケージのコーナーに餌を運び、後で食べている。また別の飼育個体は大量の餌を巣箱に貯蔵し、腐っていたことがある。このことからやはり貯蔵すると考えてよいと思われる。

　ペレットを分析するとその内容物から餌種を知ることができる。ただしシマフクロウの生息する所には多くのカラスや猛禽類が生息しているため、他の種類のペレットと混同する恐れがある。筆者はシマフクロウが吐き出す現場を目撃したものと、塒の下に落ちていたものだけを使用した。ペレットは魚類、両生類が多いため、落下のショックで原型をとどめているものが少なく、変形していないものだけ計測した。ペレットのサイズは最大級のものは鳥類が入っているもので、最小は甲虫の入ったものだった。平均サイズはエゾフクロウと大差がない。

　最大は77.5×45mm、最小は18×15mm、平均は41×25mm。
　N＝250（1973－2010年）

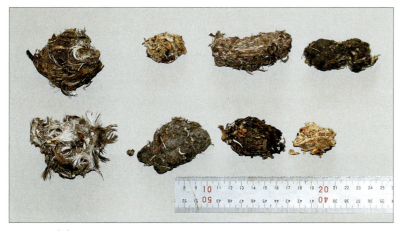

シマフクロウのペレット。上段左から鳥、魚とネズミ、鳥、ネズミ。下段左から鳥、ネズミ、鳥とネズミ、魚の入っているもの

　ペレットとは鳥類が未消化物を吐き出した塊をいうが、動物食だけではなく植物食の鳥類も石や種子などを吐き出している。消化力は種類によって異なり、フクロウ類はワシタカ類に比べ弱いようだ。またのみ込んだ時間の経過にもよるが、未消化物を吐き出すこともある。その吐き出したものを再度、趾でつかみ直して食べたこともある。魚の鰭などきれいな形のまま吐き出すこともあるが、大抵は骨だけになっている。また小さなペレットを2、3個続けざまに出すこともある。他のフクロウ類でも確認した（オオスズメフクロウ）。

　幼鳥は孵化後25日ぐらいまでペレットは出さず、その後70mmぐらいの大きさのものを出すことがある。それまでに不消化物をかなり食

＊5
消化しなかった毛、骨を玉のような形にして吐き出したもの

べていても同様で、胃にため込んでいたものと思われる。また幼鳥時の消化力は成鳥より強いのかもしれない。成鳥になれば食べた量にもよるが通常は10時間以内に吐き出している。シマフクロウは毛や羽毛のあるものをあまり食べないので、そういう鳥は自分の羽毛を一緒にのみ込み、胃内や食道を奇麗にするといわれている。シマフクロウの場合も自分の羽毛の入ったペレットがある。それはおそらく意識的にしているのではなく、羽繕い時や食事中に嘴（くちばし）についた羽毛を一緒にのみ込んでいると考える。それは換羽期（6〜9月）には非常に多く、換羽期以外の季節にはほとんど見られないことから想像できる。

　また、ある地域のつがいのペレット分析で、ウチダザリガニ（*Pacifastacua trowbridgii*）が数多く検出されている。45ペレット中65体以上が検出されている（田村、私信）。この地域の河川には魚類はそれほど多くなく、魚体も小さい。獲物はエゾアカガエルとウチダザリガニが大半を占めている（冬季を除く）。ウチダザリガニは特定外来種に指定されているが、すでに広範囲に分布しており駆除は難しい。シマフクロウ全体からみれば主要な餌種ではないが、この地のシマフクロウにとっては重要な餌資源だ。ウチダザリガニの駆除は必要と思われるが、河川の形態から魚類の復活は難しい。このザリガニがいなければ定着繁殖はなかったと思われる。しかし外来種がいることで既存のニホンザリガニの衰退も懸念され、この地域のウチダザリガニを駆除するか否か判断を迫られる。

ウチダザリガニをくわえるシマフクロウの若鳥。ウチダザリガニは特定外来種に指定されている 29

変わった餌として、ドスイカ（*Berryteuthis magister*）が確認されている（高林、私信）。このイカは深海性のため、死亡して浮上してきたものを食べたのか、それとも流氷が入って海水面の温度が下がり、それによって浮上してきたものを捕食したのか不明だ。いずれにしてもイカを食べたことに間違いない。ただイカの食感はサケなどの内臓や卵塊に似ており、シマフクロウは食べないと考えられていた。しかしウオクイフクロウは貝類を食べており、海岸を有する特定の場所に生息するシマフクロウは、餌の不足する冬季は食べているのだろう。

　寒冷地に生息する小型、中型のフクロウ類は、捕らえた餌を一度に食べきれない場合、放置せず足でつかんだまま羽毛を膨らませて餌に覆いかぶさり、体温で凍りつくのを防ぐことがある。また一度凍った餌を同じようにして解凍してから食べている。シマフクロウも時々このようなことを行っているが、普通は凍りついた餌でもそのままかじり取って食べている。

　中、大型の獲物は趾でつかんで捕らえ、押さえ込み引きちぎって食べるが、小型（スナヤツメ、スジエビ）の獲物は、趾を握りしめて捕らえ、趾の間から抜け出してくるときに嘴で噛み、そしてのみ込んでいる。また動きの遅い動物（ミミズ）は、直接嘴で捕らえている。

　シマフクロウの生息する大半の河川は、かつてはほぼ1年を通して遡上する魚類が見られた。3月からサクラマスが遡上し、チカ（*Hypomesus pretiosus*）、キュウリウオ（*Osmerus eperlanus*）、ウグイ、アメマス、カラフトマスと続き、最後がサケとなる。また一部を除きオショロコマが周年生息している。サケの遡上が終わるのは2月。この遡上する魚類の量によってシマフクロウの生活が安定し生存してきた。しかし近年これらの遡上する魚類は減少し、河川によっては全く遡上しなくなった所もある。これはダムなどの建設、河川改修、水質悪化などが原因で、森林の減少と並んでシマフクロウを激減させた大きな理由だ。さらに近年の地球温暖化で海水温が上昇し、回遊魚のルートが変わった。特に根室地方ではカラフトマスの遡上がほとんど見られなくなった河川もある。以前は夏から秋にかけて河川にあふれんばかり遡上し、シマフクロウが捕獲を楽しむ唯一の魚種だった。

表7　根室地方における月別の捕獲動物の変化　1987、88年

餌種	1月	2月	3月	4月	5月	6月	7月	8月	9月	10月	11月	12月	
魚類	50	30	40	30	40	80	80	90	90	90	90	85	%
鳥類	30	30	30	10		10	5					5	%
小型哺乳類	20	40	30		10		5			5	10		%
カエル				60	50	10	10	5	10	10	5		%
昆虫								5					%
合計	35	28	65	55	57	36	40	60	51	46	50	42	頭数

Table 7. Amount and Proportion of food kinds of Blakiston's Fish Owl in each month in Nemuro district. 1987-1988

魚＝サケ・カラフトマス・アメマス・ウグイ・カレイ・カジカ・ギンポ　他
鳥＝オナガガモ・ゴジュウカラ・カワアイサ　他
小型哺乳類＝ヤチネズミ・トガリネズミ　他
カエル＝アカガエル　他
昆虫＝ヒメギス・ミヤマクワガタ　他

表8　北海道のシマフクロウの食性　1973〜2021年

哺乳類　種名

1. トガリネズミ　*Sorex caecutiens* ……………………＊
2. オオアシトガリネズミ　*S. unguiculatus* …………＊
3. ウサギコウモリ　*Plecotus auratus* …………まれ…＊
4. ユキウサギ（エゾユキウサギ）　*Lepus timidus*
5. キタリス（エゾリス）　*Sciurus vulgaris*
6. タイリクモモンガ（エゾモモンガ）　*Pteromys Volans* …………＊
7. ミカドネズミ（ヒメヤチネズミ）　*Muodes rutilus* …………＊
8. タイリクヤチネズミ（エゾヤチネズミ）　*M. rufocanus* …………＊
9. ドブネズミ　*Rattus norvegicus* ………………＊
10. タヌキ（幼獣）（エゾタヌキ）　*Nycterrutes procyonides* ……まれ
11. アカキツネ（幼獣）（キタギツネ）　*Vulpes vulpes* …………まれ
12. クロテン（エゾクロテン）　*Martes zibellina* …………まれ
13. イタチ　*Mustela sibirica* ………………まれ
14. ニホンシカ（死体）（エゾシカ）　*Cervus nippon* …………＊
15. ネコ（幼獣）？　*Felis catus* …………まれ
16. イヌ（幼獣）？　*Canis familiaris* …………まれ
17. カイウサギ（アナウサギ）　*Oryctolagus cuniculus* …………まれ

鳥類

1. カイツブリ　*Tachybaptus ruficollis*
2. マガン　*Anser albifrons* …………まれ
3. ヒシクイ　*A. fabalis* …………まれ
4. マガモ　*Anas platyrhynchos* …………＊

Table 8. Diet of Blakiston's Fish Owl in Hokkaido. 1973-2021

5. オナガガモ　*A. acuta* ……………………………………＊
6. コガモ　*A. crecca* ……………………………………＊
7. ヨシガモ　*A. falcata*
8. キンクロハジロ　*Aythya fuligula*
9. スズガモ　*Aythya marila* ……………………………＊
10. ウミアイサ　*Mergus serrator*
11. カワアイサ　*M. merganser* …………………………＊
12. ハシボソミズナギドリ　*Puffinus tenuirostris* ……まれ…＊
13. オオセグロカモメ　*Larus schistisagus* …………まれ…＊
14. バン　*Gallinula chloropus* ………………………まれ
15. エゾライチョウ　*Tetrastes bonasia* ………………＊
16. アオバト　*Sphenurus sieboldii* ……………………＊
17. カワガラス　*Cinclus pallasii*
18. ゴジュウカラ　*Sitta europaea* ………………………＊
19. ベニマシコ　*Uragus sibiricus* ………………………＊
20. アオジ　*Emberiza spodocephala* …………………＊
21. ニワトリ　*Gallus gallus*
22. ハシブトガラス　*Corvus macrorhynchos* …………＊

両生類

1. エゾサンショウウオ　*Hynobius retardotus* …………＊
2. エゾアカガエル　*Rana pirica* ………………………＊
3. アマガエル　*Hyla arborea*

甲殻類

1. モクズガニ　*Eriocheir japonicus* ……………………＊
2. ニホンザリガニ　*Cambaroides japonicus* ……………＊
3. ウチダザリガニ　*Pacifastacus trowbridgii*
　………………………………＊特定外来種に指定されている
4. アメリカザリガニ　*Procambarus clarkia*
　………………………………＊特定外来種に指定されている
5. スジエビ　*Palaemon paucidens* ……………………＊

昆虫類

1. コガネムシ　*Mimela sphlendens* ……………………＊

2. ミヤマクワガタ　*Lucanus maculifemoratus* ＊
3. ゲンゴロウ　*Cybister japonicus* ＊
4. ゲンゴロウモドキ　*Dytiscus dauricus* ＊
5. ヒメギス　*Metrioptera engelhardti* ＊
6. ガ ＊
7. モンシロチョウ　*Pieris rapae* ＊
8. チョウ ＊

魚類

1. サケ　*Oncorhynchus keta* ＊
2. ヤマメ（サクラマス）　*O. masou* ＊
3. カラフトマス　*Salmo gorbuscha* ＊
4. ニジマス　*S. mykiss* ＊
5. カワマス　*Salvelinus fontinalis* ＊
6. アメマス　*S. leucomaenis* ＊
7. オショロコマ（ミヤベイワナ）　*S. malma* ＊
8. イトウ　*Hucho perryi* ＊
9. ウグイ　*Tribolodon hakonensis* ＊
10. ワカサギ　*Hypomesus plidus* ＊
11. フナ　*Carassius c.* ＊
12. ハナカジカ　*Cottus hilgendorfi* ＊
13. ウキゴリ　*Chaenogobius urotaenia* ＊
14. カワガレイ　*Platichthys stellatus* ＊
15. カワヤツメ　*Entosphenus japonicus* ＊
16. スナヤツメ　*Lampetra reissneri* ＊
17. フクドジョウ　*Noemacheilus tori* ＊
18. ギンポsp　*Enedrias* ＊
19. オニカジカ　*Ceratocottus namiyei* ＊
20. クロガレイ　*Liopsetta obscura* ＊

魚類（養魚）

21. ヒメマス　*S. nerka* ＊
22. ギンザケ　*O. Kisutch* ＊
23. コイ　*Cyprimus carpio* ＊
24. キンギョ　*Cerassius auratus* ＊

25. テラピア　*Oreochromis niloticus* ………………………………＊

環形動物
 1. ミミズ sp　*Lumbricus* ………………………………………＊

軟体動物
 1. ドスイカ　*Berryteuthis magister*

注）学名の明記のないものは属名も不明
＊印は筆者自身確認

魚の入ったペレット。落下のショックで原型をとどめていることが少ない

ヤチネズミを食べる

ミヤマクワガタの食痕

第3章　形態と行動　141

ウチダザリガニを食べるときは鋏脚（＝爪）をもぎ取って食べるが、小さいものは丸のみする。モクズガニも同様の食べ方をする30

バンコロヒキガエル。ウオミミズクの主要な餌

スズガモの食痕

アメマスの群れ31

食痕。卵と鰓(えら)が残る。内臓も食べない

エゾアカガエル

魚（カジカ）をくわえて浅瀬に移動。体がつかるような深さがあると、その場では食べない

ミミズを食べる

第3章　形態と行動

イトウを捕らえて安全な樹上へ。イトウも減少し捕獲することはまれと思われる

エゾアカガエルの産卵場で狙うシマフクロウ。シマフクロウはカエルの卵はまったく食べない。産卵に集まってくるカエルを捕獲する

雄の止まり場の下に落ちていたハシボソミズナギドリの翼。食べ物としては非常に珍しいと思われる

カレイをくわえる

木の股に貯蔵。大抵はカラスが食べている

ゴジュウカラをくわえる

トガリネズミをくわえる。臭いのせいか食べないこともある

第3章　形態と行動

混交林に生息する雌と
幼鳥2羽

③テリトリー

　テリトリーを知ることは、その動物を理解する上で最も重要なことだ。特にシマフクロウのように1年を通してつがい形成が継続されている種類は、その行動圏を知ることが必要不可欠だ。

　シマフクロウは、他の大型フクロウ類（ワシミミズクなど）に比べ、食性の関係である程度は行動（移動場所）の予測がつく。魚類は一定の場所（水中）に生息しているからだ。さらに飛行速度も遅く、1回の飛行距離も短い。1年を通して鳴き声を発するという行動から個体の軌跡を追うこともできる。また電波発信機を鳥に装着して居場所を知ることもできるが、これは地形、植生などによって電波の乱反射がある。熟練しないと実際の場所と著しく異なることがある。従って鳥の位置情報は目視まで必要となる。

　親鳥のテリトリーを出た亜成鳥は、移動し定着できる場所を探すが、その条件は営巣可能な樹洞があること、餌が豊富にあること、そして安全な塒（ねぐら）が確保されることだ。これが満たされれば定着し、テリトリーを築き上げていく。つがいでも単独でも年数がたつにつれ確実なものとなっていく。またその広さは、つがいでも単独でもそれほど変わらない。ただし餌となる動物の量や地形が影響し、大きさは異なる（図8参照）。

　繁殖を行ったつがいのテリトリーは、営巣木を中心に河川上下に1、2kmの核（コアまたはブリーディングテリトリー）ができる。この範囲は、その営巣木を使用する限りほぼ変わらない。餌の関係で拡張されることはあるが、縮小はまずない。それ以外のハンティング範囲は、幼鳥の有無、餌の量、隣接する個体の勢力によって絶えず揺らいでいる。

　河川上下に別つがいのテリトリーが存在する場合は、中央のつがいは別つがいの侵入に絶えず脅かされており、テリトリー維持のため、その範囲内の巡回の頻度も多く、さらに上下のつがいより頻繁に鳴き交わしを行い、その存在を主張している。鳴く回数は上下のつがいの2、3倍ほどになっている（通常つがいが年間に鳴き交わす回数はおよそ20,000回。調査は1983、84年）。

　テリトリーの広がりを円状の面積で表現することがあるが、シマフクロウの場合は河川を中心に行動するため、河川に沿った線状の長さ、距離で表現する方が分かりやすい。

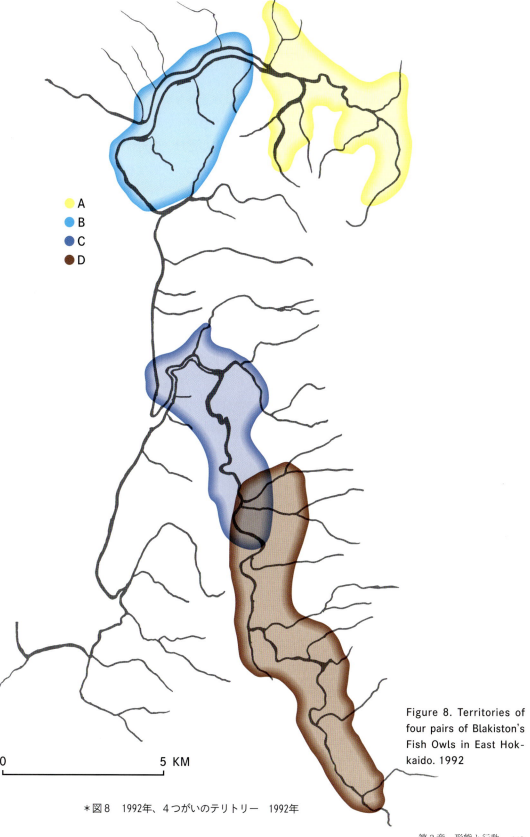

Figure 8. Territories of four pairs of Blakiston's Fish Owls in East Hokkaido. 1992

＊図8　1992年、4つがいのテリトリー　1992年

蛇行の激しい河川をテリトリーに持つつがいであれば、面積的には500ha程度でも、行動範囲の河川延長は10km以上になる。このように河川の形態で行動範囲が2分の1ほどになることもあり、注意しなければならない。
　魚食性のためテリトリーは水辺から切り離すことはできず、次の4タイプ❶河川だけ❷河川と海岸❸河川と湖❹水系の異なる隣接する複数の河川──に大別される。海岸だけ、湖だけのテリトリーは作られていない。また同一河川に複数のつがいが生息している場合は、河川の総延長は最低でも30km以上を必要としている。
　隣接河川を複数利用するタイプは、河川同士の間隔が狭いか、支流や水路でつながっていることが多い。また同じ水系でも合流部までの距離が十数キロ以上あれば隣接する河川の最も接近した部分を利用してテリトリーを作っている。
　同一河川で複数のつがい、もしくは単独個体が生息する場合、テリトリーが必ず重複する。重複する面積は100ha以上にもなることもある（図9参照）。こういった重複する場所は双方の個体が利用しているが、同時使用は決してなく、互いの存在は鳴き声を発することで確認しあっている。しかし両者が不意に出くわすこともまれにあり、その時は互いに一度重複していない個々のテリトリーに戻り、鳴き声を発する。片方が鳴き声を発しないこともあるが、その時はかなり遠方に飛び去っている。また片方が移動せずその場に残った場合は、すぐにではないが闘争が起こることがある。この闘争は激しいもので両方とも深手を負うことがある。片方が1羽の時は、必ず同性同士の闘争である。もう1羽は近くにいて見守るだけで、攻撃することはない。
　隣接場所に新しい別つがいのテリトリーが出現した場合は、旧つがいのテリトリーが縮小している（図9参照）。また隣接つがいの勢力に影響なく縮小したこともある。これは餌が十分に確保できるため縮小したのと、さらに隣接つがいの営巣場所の変更が関係していると思われる。また当つがいの初期の広大なテリトリーは、営巣可能な場所が各所に見られたということにも関係があるように思われる。旧テリトリーの両端にあった営巣木は、老朽化し使用不可能な状態になっている。
　巣と巣の距離は、通常はできるだけ離れている方が互いの干渉がなく理想的だが、生息できる環境が悪化し減少している現在、巣と巣の距離が接近している場合が多い。最も近いもので1.4kmというものが

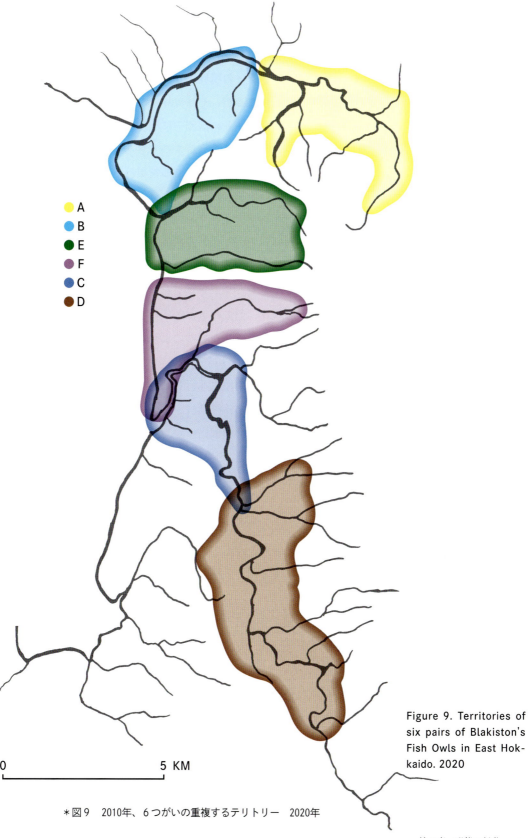

Figure 9. Territories of six pairs of Blakiston's Fish Owls in East Hokkaido. 2020

＊図9　2010年、6つがいの重複するテリトリー　2020年

ある。さらにこの地は平たんな地形をしているため、互いの鳴き声は常に聞こえている状態だ。このような平たんな地形であれば、普通は少なくても４kmほどの距離を置く。巣間の距離が短い巣で営巣するつがいは、頻繁にテリトリーの境界辺りで互いの鳴き交わしが行われている。闘争もまれに起こるが、それは片方が相手のテリトリーに不用意に侵入した時だけだ。さらに抱卵中にも雌雄そろってテリトリー境界付近で数時間にわたって鳴き交わすこともある。このため未孵化（ふか）に終わることもある。このような状態での営巣は、かなり特殊なものと思われる。互いの巣の場所が好条件にあること、つまり餌の捕獲が容易であること、それらがテリトリーの境界付近にあり、さらにこの地域全体に個体数が多いということが原因となっている。また繁殖中の雄が、別つがいの巣から100ｍを切るくらいの所まで最接近することがある。しかし鳴くことやハンティングをすることはなく、20分ほどで別つがいの巣から離れ、自分のテリトリーに戻っている。別つがいの雄がいる可能性が高いのに、なぜこのような危険を冒してまで接近したのか分からない。

　テリトリー内の移動は河川に並行して行うことが多いので、水系の違う隣接する河川で営巣する場合は、巣の間の距離はそれほど長くなくてもよい。河川間の地形や植生によっても多少異なるが、巣間の距離が２kmほどあれば、互いが出くわすことは極めてまれだ。従って闘争などの行動も確認されていない。

　幼鳥を伴うつがいは、幼鳥のいない時に比べ行動範囲が狭い。またテリトリー内の巡回も少なく１カ月に２、３回程度だ。さらに雌雄そろっての巡回はほとんどない。このため移動してきた別個体がそのテリトリー内にとどまったり、横断したりしても出合うことが少なくなっている。普通は幼鳥を伴っている方が、餌や侵入者に対してテリトリーをより広く強く守る必要があると思われるが、この地域のシマフクロウはテリトリーを小さくすることでより確実なものにしているのかもしれない。

　2020年に新たな繁殖が確認された（図10参照）。それはこれまでの６つがいのテリトリー内に割って入り込む形で、成立していた。つがいの雌雄はどちらもこの地域で生まれたもので、年齢も他のつがいに比べ非常に若い。これまでこのエリアには単独個体は生息していたが、はっきりとテリトリーを作っておらず、季節によって移動していた。その移動距離は30kmに及ぶ。2017年にはつがいで生息していたが繁殖

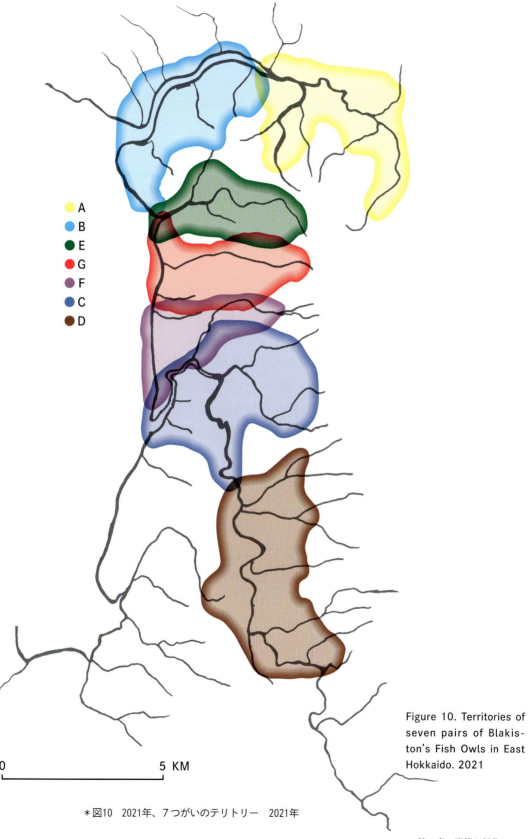

Figure 10. Territories of seven pairs of Blakiston's Fish Owls in East Hokkaido. 2021

＊図10　2021年、7つがいのテリトリー　2021年

第3章　形態と行動

はなく、個体識別もできていなかった。

　生息個体数の多い地域は、つがいのテリトリーを間借りする単独個体がいる。この個体は、つがいと出くわしても攻撃を受けることもなく、同一場所でのハンティングも許されている。しかしテリトリー内に侵入した当初は、必ず攻撃を受けている。この攻撃は、分散を開始して数カ月後に戻った亜成鳥に対しても行われる。攻撃を受けた個体は反撃せず幼鳥の時に発する声で鳴き続けている。この声は、一種の服従を意味しているようだ。またつがいにしてみれば、自分たちの幼鳥または亜成鳥と錯覚しているのかもしれない。多少の出入りはあるが4年以上にわたって間借りしたことがある。そして侵入した個体は、つがいの片方が死亡した場合、残った方が異性であればすぐにつがいを形成する。

　図10ではCのつがいのテリトリーが拡張しているが、これは営巣木の変更があり広くなったものだ。それ以後テリトリーの縮小はなく、現在もその広さを保っている。

　図10に見られる地域の個体群が密集している所は、他の地域でも見られる。つがい数は4つがい。河川延長本流10kmと1支流（延長10km）に4カ所の営巣場所がある。これを実現させているのは河川の形態、それを取り巻く森林の懐の深さ、そして何より魚類が豊富なのだ。

　テリトリーを主張する誇示行動は1年を通して見られるが、その強弱は季節によって変化がある。隣接する別つがい同士が互いの声、姿を確認しても、そのまま通過する時と、そうではなく数時間も互いがテリトリーを主張して鳴くことがある。通常幼鳥を従えているつがいは、幼鳥に危険が迫ることが予測されるのか、テリトリー誇示行動は長時間行わない。また幼鳥がいれば、テリトリーが重複するような場所への飛来も少なくなる。逆に幼鳥を持たないつがいは、営巣中止後1カ月程度は、誇示行動が頻繁に見られるが、夏季（7～9月）には誇示行動が少なくなり、それにかける1回の時間も短くなる。しかし秋季（10月ごろ）からその行動と時間が長くなる。またこの時期から巣穴への関心も高まり、そして営巣期（交尾、抱卵）がテリトリー誇示行動のピークになる。2、3月が最も強く、そして5、6月と弱くなり7、8、9月が最も弱く、10月から徐々に強くなり出し2月へと続く。なぜこのような行動パターンになるのか、はっきりとした理由は分からないが、雌雄の単独行動は7、8、9月が最も多く、その後

徐々に雌雄一緒の行動が多くなる。これとテリトリー誇示行動と少なからず関係しているようだ。しかしテリトリーが一時的にも消滅するといったことは、1年を通しても決してない。

④塒

塒(ねぐら)とはその鳥が安心して休める場所を指すが、その鳥が生息している環境の違いによって、かなり異なっている。

シマフクロウは魚類を主食にしているため、巣はもとより塒も水辺に近い所を利用する傾向がある。しかし近隣の水辺が湖沼や大きな河川である場合は、広範囲に開けていることが多く、あまり岸に接近した場所は身を隠すものがなく、カラスなどに騒がれ追われることになるため、塒に適さない。また林内であっても樹種や森林の鬱閉度(うっぺい)（枝葉が密生する度合い）も影響するので、塒に使用するには一定の条件が必要となっている。

一般には塒＝樹洞（巣）と思われがちだが、シマフクロウの場合は巣は樹洞を利用しているが、塒として利用するのは樹洞ではなく樹木の枝の上だ。シマフクロウは巣と塒をはっきりと使い分けており、少々の風雨雪時でも樹木の枝の上に止まっている。筆者はこれまでに日中に2回樹洞内にいるシマフクロウを観察したが、猛吹雪の時だった。それは塒というより避難と言った方が、ぴったりとする天候だった。天候が回復すると間もなく樹洞から出ている。

フクロウやオオコノハズクなどは樹洞を巣や塒として使用することが多い。しかしシマフクロウにとって樹洞とは、繁殖に使用する安全な空間でしかない。後述（巣の項）の巣への執着心の強さは、単に繁殖に使用するだけのものではないように感じられる。

塒は全くのオープンの場所はなく、すべて森林内だ。しかし森林内であっても樹木はそれほど密生しておらず、ほとんどが中高木の森林で、さらに樹高の下半分が枝や低木の少ない空間の広い林だ。しかし広葉樹は上部が広がっているため、塒周辺部の鬱閉度は60〜70％となっている。夏場はさらに高く90％くらいになっている塒も少なくない。

塒は完全な針葉樹林内には非常に少ない。針葉樹林内を塒に利用した森林は、湖沼が接近しており樹齢数100年以上の古い森か、択伐された跡地だった。そして狭い範囲では樹木で囲まれているが完全な森林内ではなく、樹木の少ない荒れ地や湿地が近隣にあった。まれにそういった場所からかけ離れた針葉樹林内を塒にすることもあったが、こ

幼鳥（典型的な塒）

の場所は使用されていない伐採木の貯木場に面しており、貯木場跡はネズミなどの捕獲が容易なため、一時的に塒として使用したものと思われる（163ページ表10-1、164ページ表10-4参照）。

シマフクロウの生活する環境は、餌の関係で水と切り離すことはできないため、ほとんどの塒は水辺の見える所だ。

塒はほぼ100％樹上に設ける。まれに森林内の岩の上や倒木の根元が、塒として利用されるくらいだ。ハンティング中やカラスに追われて逃げ込んだ所は、塒から除外している。

シマフクロウは塒の環境として、水辺に近い比較的明るい森、特に広葉樹林を好み、その林の規模はなるべく大きく、樹齢は経過している方がよい。さらにその林内、林縁に湿地や荒れ地などの開けた所が存在する。このような環境が塒に最適と思われる。

強風、風雪時は、これらの塒のうち風をしのぎやすいものに移動する。特に風を嫌う傾向があり、雨、雪が激しく降っても通常の塒の位置とほとんど変わらない。

同一つがいのテリトリー内で、新しく塒として使用する場所ができることがある。例えばそれまでの調査期間（16年間）ただの一度も塒に利用したことのない場所が塒に加わった。この塒の位置は主要ハンティング場所の近隣で、安全性も高いと思われる所だった。さらにこの十数年、植生を含めほとんど変化のない場所でもある。はっきりとした理由は分からないが、この塒を最初に利用したのは幼鳥であり、その後親鳥もそこに入り込み、現在では年間の10分の1ほど塒に利用している（繁殖期の4カ月を除く）。これはテリトリー内に塒としてよい場所を再発見したことになる。この行動は、親鳥はテリトリー内で熟知した場所しか利用していなかったということを示しているように思われる。

また通常、塒として利用していた場所に隣接して針葉樹林帯があった。この針葉林の伐採（約15％）が行われたことがある。これによって塒に変化が起こり、それまで決して針葉樹林内に入り込まなかった個体が、200m余り伐採された跡地に入り、塒として利用するようになった。これは行動圏を広げたことになり、おそらく魚類以外の獲物を捕らえるのが容易になったためと考えられる。また樹間距離が広くなり、飛行しやすくなったものと思われる。しかし別の角度からみると、今まで塒にとっていた場所の背後が広く明るくなった関係でカラスなどに見つかりやすくなり、塒として価値が半減したため、さらに奥の

林中に入り込んだものかもしれない。

　現在知られている生息地の植生は、広葉樹林帯か針広混交林だが、これらの森林はいずれも減少している。前に述べたように、条件次第では針葉樹林中も塒として利用されるのではないだろうか。

　164ページ図11を見てほしい。1のつがいは斜面の上部とその近くの平たんな場所を好み、2と3、4のつがいは斜面上の平たんな地形を好んで利用している。環境はそれぞれ異なっているが、地形は非常に似通っている。これは氾濫原と河岸段丘の発達具合がシマフクロウの生息を左右しているといえる。しかし河川を挟み極端なV字谷のようになっている所に生息している個体もいる。それはおそらくそこには餌が非常に豊富で、地形的に良い条件の地はすでに別個体が生息しており、はじき出されたか、または繁殖相手を横取りするために居ついているものと思われる。

　さまざまな条件が整って繁殖は成り立っているが、地形だけで繁殖率を比較してみてもやはり前記のような地形に生息するつがいのほうが成功率は高い。従って地形は河川形態に次ぐ重要な生息条件の一つと思われる。

　塒に斜面を選んでいることも多い。これは風向きと見通しが関係しているのであろう。段丘上部の間際の斜面を利用していないのは、後方から侵入する外敵を避けるためと思われる。斜面の下部を利用するのは、強風時に多く、河川に近い塒は昼間のハンティングに便利だ。

　塒にしているのはほとんどが樹木で、止まる位置は地上高0.5～20mとさまざまだ。地形、木の高さによって異なり、通常は地上から樹高の3分の1～3分の2の高さで、樹木の下枝に止まっていることが多い。また幹にぴったりと寄り添って木と一体化している。さらに止まっている位置の前方は、10m近くは必ずといってよいほど小枝などの障害物がなく、飛行しても翼が当たらず飛び立ちやすくなっている（カラスなどに騒がれた時に逃げ込んだ塒は除く）。このことが斜面を好む理由で、また巣を選定する場合にも必要な条件だ。

　塒における雌雄間の距離

　シマフクロウのつがいは通年行動を共にすると言われている。繁殖期を除き雌雄が行動を共にするか探ってみた。幼鳥は1年以上親鳥と一緒にいるため、雌雄で子育てをするシマフクロウが行動を共にすることはごく普通のことである。筆者は抱卵までいったが孵化しなかっ

雌と幼鳥。6月

幼鳥を見守る雌雄。6月

(右) 初冬の親子。下2羽が亜成鳥、上が雄親

(左上) 厳寒期の親子。上が亜成鳥、下が雌親

(左下) よく利用する塒の下にはペレットと糞がたくさんある

林縁部の塒、亜成鳥（典型的な塒）

紅葉と亜成鳥

広葉樹林内の塒

明るい針葉樹林内の塒

たつがいを対象に、塒における雌雄間の距離を調べた。また夜間における鳴き声のコミュニケーションの有無も調べた。

6～12月の2つがいの調査で、1のつがいではほぼ100％毎日一緒に行動を共にしているが、2ではつがいの片方しか確認できなかった日が38日もあり、約22％は雌雄別行動していたことになる。つまり個体差がかなりあるということになる。後に述べることだが、つがいの違いで別個体の侵入はどの季節でも可能ということになる。しかしどのつがいでも繁殖中ならば、雌は抱卵、雄はハンティングとほぼ毎日単独になるため、より侵入が容易になる。このようなことが、つがいの入れ替わりが繁殖中に頻繁に起こる理由と考えられる。

Table 9. Distances between roosting males and females. 2014・2015

単独＝雌雄の片方だけ確認
※交尾は1月下旬、抱卵中止は5月中旬。1月～5月は雌雄一緒にいるため調査対象から除外

表9　塒における雌雄間の距離　2014、2015年

場所	2014年 1	2015年 2
塒の雌雄間の距離		
6月	30日	23日
10m以内	6回	4回
30m	10回	9回
60m	10回	10回
100m	4回	
150m	0回	
7月	31日	25日
10m	4回	2回
30m	6回	14回
60m	13回	4回
100m	8回	1回
単独		4回
8月	28日	27日
10m	3回	4回
30m	9回	17回
60m	14回	1回
100m	1回	
500m	1回　夜間鳴き交わし	
単独		5回
9月	25日	23日
10m	5回	12回
30m	19回	10回
単独	1回	1回
10月	26日	25日
10m	3回	3回
30m	18回	6回
60m	3回	3回
単独	2回	13回

11月	23日	24日
10m	4回	2回
30m	13回	12回
60m	6回	5回
100m		2回
単独		3回
12月	26日	25日
10m	3回	1回
30m	17回	10回
60m	6回	2回
単独		12回

表10　植生別3地域の塒の比較　1987〜89年

Table 10. Frequency of use of roosts in three types of forest. 1987-1989

表10-1　塒を中心に半径25m以内の胸高直径25cm以上の樹木同士の平均樹間距離とその利用率

距離＼地域	1	2	3	
4 m	30		2	%
5 m	18	45	11	%
6 m	20	30	29	%
8 m	20	30	29	%
10m	12	15	45	%
15m	8	7	5	%

つがい1の生息環境は針葉樹の多い混交林

表10-2　同範囲で広葉樹の占める割合から塒の利用率

広葉樹＼地域	1	2	3
0 %	6 %		
10%	13%		
20%	22%	4 %	
30%	55%	7 %	
40%	5 %	7 %	
50%	4 %	42%	
70%		12%	
80%		23%	
90%		4 %	
100%			100%

つがい2の生息環境は針葉樹と広葉樹の比率が等しい混交林　広葉樹は低木が多い

つがい3の生息環境は純広葉樹林

表10-3　塒の位置が完全な森林内か湿地などの開けた環境に隣接しているか、同範囲で比較した塒の利用率

森林・湿地	地域		1	2	3
	8	2	36%	20%	6 %
	9	1	1 %	25%	6 %
	10	0	63%	55%	88%

針葉樹＝アカエゾマツ（*Picea glehnii*）トドマツ（*Abies sachalinensis*）
広葉樹＝ハルニレ（*Ulmus davidiana*）ハンノキ（*Alunus japonica*）
　　　　ミズナラ（*Quercus mongolica*）ダケカンバ（*Betula ermani*）
　　　　オニグルミ（*Juglans mandschurica*）ヤチダモ（*Fraxinus mandshurica*）

表10-4 塒から水辺までの距離別による塒の利用率（繁殖期3〜6月を除く）

距離＼地域	1	2	3
0-5m	3%		21%
10m	20%	35%	8%
15m	2%	14%	4%
20m	25%	35%	5%
30m	7%	10%	6%
40m	7%		2%
50m	35%	4%	16%
80m		1%	16%
100m		1%	22%
500m	1%		
平均	37m	23m	50m
最接近	5m	5m	0m
最も遠い	500m	100m	150m
調査回数	81	84	125

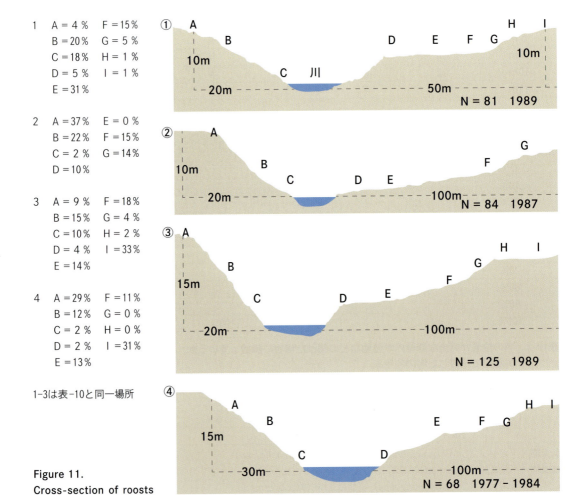

1
 A = 4%   F = 15%
 B = 20% G = 5%
 C = 18% H = 1%
 D = 5%   I = 1%
 E = 31%

2
 A = 37% E = 0%
 B = 22% F = 15%
 C = 2%   G = 14%
 D = 10%

3
 A = 9%   F = 18%
 B = 15% G = 4%
 C = 10% H = 2%
 D = 4%   I = 33%
 E = 14%

4
 A = 29% F = 11%
 B = 12% G = 0%
 C = 2%   H = 0%
 D = 2%   I = 31%
 E = 13%

1-3は表-10と同一場所

Figure 11. Cross-section of roosts sites.

図11 塒の位置（地形）の断面図　　※Nは調査回数

⑤擬態と威嚇、擬傷そして攻撃

擬態、威嚇

　擬態は、他のフクロウ類が行なうように、体を極限まで細くして羽角を逆立て周りの環境に溶けこもうとする姿勢だ。このスタイルは、休んでいる時の姿勢が直立であることが、有効に働いている。元々体全体の色模様が樹皮に似ているため、幹に寄り添っていたら見落とすこともある。それでも発見されると飛び立つ。擬態は幼鳥の時から行い、巣立ち直後に倒木上で休んでいる時、カラスの声などに反応し一瞬羽角を上げるが、すぐに倒木上でぴったりと伏せて身動き一つしなくなる。この擬態は倒木などの低い位置にいる時に見られる。完全に倒木と一体化し、幹にできているこぶのようだ。眼は成鳥のように薄目ではなく、見開いていることが多い。幼鳥羽は成鳥羽に換羽するまでは、羽毛の縁部が柔らかいフワフワした羽毛に包まれているので、体の輪郭をぼやけさせている。これにより周辺の環境にさらに溶けこみやすくなっている（36ページ羽角の項を参照）。

　威嚇は、外敵を追い払う時に行う。その動作は前傾姿勢で両翼を半ば広げて翼角を下げて翼で扇形を作り、体全体の羽毛を膨らませる。そしてビル・スナッピング(*6)をしながら足踏みを行い、少しずつ移動し相手を脅す。これは地上や倒木など低い位置にいるときに観察される。樹上の高い位置でも威嚇行動はするが、ビル・スナッピング程度で翼を扇形にすることはなく、だらりと下げている。地上の威嚇行動はネコ、キツネなどが10m以内に接近した時によく見られる。

　またカケスやカラスが接近してきてくると、ビル・スナッピングをしながら両翼を下げて羽角を逆立て、攻撃姿勢を取り追い払う。またエゾシカがブッシュ内を移動中、姿が確認できない時は、警戒姿勢をとり警戒の声を発するが、姿を確認すると平常に戻る。外敵と見なしていないのだろう。

＊6
ビル・スナッピング（またはクラッタリング）
下嘴を上嘴より前方に出して勢いよく戻し、上嘴を下嘴に叩きつける。この時にパチという音がする。音の強弱はその強さによる。これを連続し繰り返す。主に敵を脅す時に用いる

シマフクロウの擬態。一見どこにいるか分からず、周辺の環境にとけ込んでいる

大木の股で休息する幼鳥

巣立ち直後に擬態をする

ミズナラの葉をくわえて休む幼鳥。偶然だろうか

幼鳥の警戒姿勢

幼鳥の擬態。倒木上で伏せる

幼鳥。擬態から警戒へ

幼鳥羽と成鳥羽（背部の羽毛）。左が幼鳥羽でその外縁にふわふわした羽毛があり、体全体の輪郭をぼやかしている

第3章　形態と行動

ヒガシオオコノハズクの威嚇。両翼をいっぱいに広げる

シマフクロウがキツネに威嚇姿勢を取る

シマフクロウの生息する森には数多くのエゾシカがいる

擬傷

擬傷(*7)を行う鳥は、カモ類（*Anas*）、チドリ類（*Charadrius*）などの地上で繁殖する鳥に多く見られる。その目的は巣や雛を守るため、捕食者（侵入者）の視線を自分に向けさせ、雛などから遠ざける行動だ。フクロウ類でもワシミミズクの擬傷が顕著。しかし全てのワシミミズクが行うものではない。シマフクロウの場合も全個体が行いはしない。そしてこの行動を取るのは、他の鳥類と同様に巣や幼鳥に危険が迫った時だ。擬傷は雌雄とも行うが普通は同時には行わず、まれに幼鳥が巣の外の低い位置にいる時は、雌雄同時に行なうことがある。また抱雛中においてキツネ、イヌなどが巣に接近した時も行うが、雌は巣を離れることはなく雄だけが行う。幼鳥が自由に飛行できる状態の時には擬傷は行わず、警戒の声を発するだけだ。擬傷を行うのは幼鳥が十分に飛行できない時期で、幼鳥と危険物の距離がおよそ30m以内になった時である。

事例A：侵入者が飛行できない幼鳥に10〜20mの距離にまで接近すると、雌または雄、まれに雌雄共に樹上で両翼を枝に激しく打ち付け大きな音を立てる。枝を左右に移動し、侵入者の視線が自分に向けられると少し移動する。そして同じ行動を続け、それを繰り返す。幼鳥から侵入者を十分遠ざけると擬傷は終わる。再度侵入者が幼鳥に接近すると、親鳥は侵入者の近くに飛来し擬傷を行い、侵入者が30〜40mまで遠ざかると、この行動は中止される。

事例B：侵入者が巣立ち間もない幼鳥に接近すると、樹上にいた雄は片翼を広げ、もう一方の翼は閉じたまま、らせんを描きながら落下する。そして地上では片翼を負傷しているように、翼を羽ばたき地面を叩く。擬傷する雄に侵入者が近づくと少しずつ歩いて遠ざかり、雛から十分に遠ざける（30〜40m）と飛び去る。

人に対してだが、前記のように地上で擬傷を行い、全く効き目がなく雛に視線を送ったりすると、地上にある小枝などに飛びかかり、それをつかんで羽ばたきながら、その場で10秒から15秒回転する。それを1回から3回繰り返す。観察者がその行為にくぎ付けになると、その後は何ごともなかったかのように地上や切り株で静止する。視線は常に侵入者に向けられていて、侵入者が遠ざかるまで移動しない。この時侵入者が雛に近づくとおそらく攻撃してくると思われた。またこの行動は雌雄共に地上に降りて行うこともある。小枝をつかんで地上で回転する行為は、まるで遊んでいるように見える。飼育中の個体も

*7
負傷しているかのような偽りの動作。目的は雛らを守る行動の一つ
翼を羽ばたかせ、枝や地面に叩きつけ激しい音を立てて、侵入者の視線をわざと自分に向けさせる

同じような行動を取ることがある。小枝をつかんでクルクル回転している時、2年目の若鳥もそれに加わり小枝を奪おうと2羽で絡み合う。しかし決して互いを傷つけることはない。徐々にエスカレートし互いに興奮して、攻撃時に見せる姿勢を取るが攻撃はしない。5分くらいで収まり、後は何ごともなかったかのように止まり木に移り静止した。この時は擬傷をする必要性のない場面で、この行動は遊び？としか言いようがない。

　事例Aに関しては擬傷というより、侵入者に自分の居場所を明らかにして、雛への気をそらすことが目的だ。事例BはAを発展させたもの。Bの最後の行動は遊んでいるように見える。Bの擬傷を行うのは1つがいだけだ。最初の繁殖時には雄だけが擬傷を行っていたが、翌年からは雌も行うのを確認した。この雌の擬傷は初めてだったためか、到底擬傷とは思えないほど出来が悪かったが、回を重ねて4年後には著しく上達し、雄より激しく行うようになった。これは明らかに学習によるものだろう。

　これまで観察した擬傷を行う個体は全て血縁関係にあるが、しかしすべての血縁にある個体が行うものではない。初めて繁殖してすぐに擬傷を行う個体は、その個体の親鳥が必ず擬傷を行っており、巣立ち後の幼鳥や孵化後1年を経た亜成鳥も親鳥が擬傷するところを見ている。従って擬傷は血縁より学習によるものが大きいと思われる（178ページ表11参照）。

　前記の地上で回転する行為と、飼育中の個体も同様に行う遊びに似た行為は、見ているもの（筆者）を注視させるという意味では擬傷と同じ意味だ。従って擬傷はこういった遊びに似た行為から発展したように思える。

枝上で擬傷。繁殖中

枝上で擬傷

枝上で擬傷

枝上で擬傷

枝上で擬傷。冬

枝上で擬傷

地上で擬傷

地上で擬傷

地上で擬傷

つがい。左が雄

つがい。左が雄

雄親の擬傷を見る亜成鳥。
手前が雄親

第3章 形態と行動

雄の擬傷を見る雌。下が雄

攻撃

攻撃は最終段階の行動である。擬態から威嚇を行っても侵入者が立ち去らない時に行う。また幼鳥や巣を守ること以外にも行う。テリトリー内（主要ハンティング場所）にキツネ、ネコ、イヌが侵入し立ち去らない時には行っている。人に対してはあまり行わないのが普通だが、時々なわばり内に侵入すると主要ハンティングエリア以外でも行うことがある。

その方法は、樹上から危険物に向かって滑空し相手の頭部、背部を脚で蹴りつかむ行動で、地上に降りることはなく何回かそれを繰り返す。危険物が攻撃を察して身構えて反撃姿勢をとると攻撃を中止し、侵入者の上空2mでフラッタリングを数秒行い飛び去る。そして再度隙をみて行う。

[*8] 風を利用せず自力で停止飛行すること

筆者の確認した攻撃の対象は、人、イヌ、ネコ、キツネ、カラス（*Corvus*）、アオサギ（*Ardea cinerea*）、ヨシゴイ（*Ixobrychus sinensis*）である。ヨシゴイは捕獲しようとしたのかもしれない。人に対しては主に巣や幼鳥に接近した時に攻撃している。攻撃は激しく何回も行う個体もいる。攻撃を行ったのを筆者が確認した個体は、全て血縁関係にあった（178ページ表11参照）。

攻撃を行うのは主に雄だが、雌も参加した例を4つがいで確認した。雌雄で時間差をつけて行うが、一度飛行中に雌雄が衝突するのを目撃した。また攻撃を行う個体は擬傷をすることはあまりない。それとは逆に巣や雛に接近すると、遠ざかってしまう個体も少なくない。時には全く目視できないほど遠くまで飛び去っている。しかし人以外の侵入者（テン、キツネなど）には攻撃を行っていると思われる。

捕食者以外の動物に対してはサギ類（Ardeidae）がある。サギ類とはハンティング場所が重なるため、嫌がるのではないかと思われる。サギ類を見つけると必ず攻撃している。サギ類は夜行性であり、餌が共通している。特にアオサギに対しては攻撃性が強い。おそらくアオサギの大きさ、飛行速度がシマフクロウと似ているため、特に嫌うと思われる。逆にアオサギがシマフクロウの周りをけん制飛行することもあるが、この場合シマフクロウは凝視し身構えるだけで攻撃は行わない。

カラスに対しては、相手が複数いるときは、威嚇から攻撃姿勢を取りながら隙をみて飛び去っている。あるいはその場で静止し、カラスがいなくなるのを待っている。しかしカラスが1羽の時は、必要以上

に追跡し捕獲しようとする。

キツネに対しては、シマフクロウの近くをキツネがウロウロしただけで攻撃を加えることが多い。しかしキツネがしゃがんで休んでいる時は、ほとんど平常と変わらず警戒もしない。シマフクロウはキツネの動向で攻撃するかどうかを判断しているようだ。

32のつがいを対象に擬傷および攻撃について調査した結果、擬傷及び攻撃を行ったつがいはいずれも血縁関係にあり、全く行わなかったつがいは血縁がなかった。またNo. 18からNo. 21の地域のつがいは人に対しては行わないが、捕食者に対しては行っていると思われるが、未確認だ。

Table 11. Injury feigning and attacks. 1983-2021

表11　擬傷と攻撃　1983〜2021年

擬傷及び攻撃を行う個体の血縁関係

場所 / 性別	攻撃 雄	攻撃 雌	擬傷 雄	擬傷 雌	血縁
1		普通		普通	有
2	激しい	普通	普通	激しい	有
3	普通		激しい	激しい	有
4	激しい	普通	普通		有
5	激しい	普通		激しい	有
6	激しい		普通		有
7	激しい				有
8	普通	普通			有
9	激しい				有
10	激しい				有
11	激しい	激しい			有
12	激しい	普通			有
13				激しい	有
14				激しい	有
15				激しい	有
16	激しい				有
17				激しい	有
18	不明				有
19	不明				有
20	不明				有
21	不明				有
その他　知床半島　11番い	攻撃　0		擬傷　0		血縁なし

攻撃　激しい＝アタック3回以上　　　普通＝2回以下
擬傷　激しい＝何回も繰り返す、樹上3回以上（地上含む）
　　　普通＝2回以下　樹上3回未満

標識調査時、人への攻撃（次頁）
①攻撃開始
②アタック
③落とそうとそのまま引っ張る
④飛び去る
⑤攻撃開始
⑥狙いをつける
⑦つかむ瞬間
⑧攻撃失敗

第 3 章　形態と行動

キツネへの攻撃（低空飛行）

亜成鳥への攻撃前

侵入者への攻撃（左：雄、右：飛び去ろうとする侵入個体）

　フィンランドのワシミミズクの攻撃は、1980年以前までは多くの個体が行っていた。しかしワシミミズクが駆除の対象となり、たくさんの個体が犠牲になった。その結果現存するほとんどのワシミミズクは攻撃を行わないと言われている。攻撃してくる個体は捕獲や射殺が容易で、警戒心の強い個体は人が近づくことができないので捕獲しづらい。つまり攻撃は遺伝的要素があると考えるが、親鳥が攻撃や擬傷をするところは、幼鳥は必ずそれを見ているので、学習がより関係しているようにも考えられる。

⑥ミンク、猛禽類に対する行動

　ミンク（*Mustela vison*）に対しては、食性が共通しているが、ハンティング中に数メートルまでの接近がない限り、威嚇姿勢は取らない。接近すればビル・スナッピングと羽毛を逆立て威嚇はするが、攻撃は行わない。

　ワシ、タカといった猛禽類に対しては、シマフクロウが営巣中の巣と約50mの距離を置いてトビ（*Milvus migrans*）の巣づくりが始まったことがある。トビは巣がほとんど完成した時点で、巣づくりを中止し姿を消したが、互いの干渉についての詳細は不明だ。また日中、ノスリがシマフクロウの巣から10mの位置に飛来したとき、雄は塒からすぐに飛び立ちノスリを追跡したが、巣から100mほど離れるとこれを中止している。繁殖期以外では、夕方シマフクロウが樹幹部に姿を現した時、その上空約5mにオジロワシ（*Haliaeetus albicilla*）、オオワシ（*H. pelagicus*）、トビが飛行した場合、警戒姿勢から攻撃姿勢に変わった。いずれも相手がすぐに通過しているため、それ以上の行動は取っていない。また樹冠の上空20m以上をトビが飛行しても警戒姿勢は取っていない。これは空間テリトリーが存在し、シマフクロウの飛行高度が関係していると思われる。また日没後、シマフクロウのよく止まる木にオオワシが塒をとっているとき、シマフクロウがすぐ隣の木に飛来したことがあるが、互いに何の反応も示さなかった。

　他のフクロウ類に関しては、繁殖期以外はまったく無関心だ。同じ枝に止まることも少なくない。しかし繁殖中は、エゾフクロウがシマフクロウの巣から100m以内に飛来するといきなり飛び立ち後を追い払う。中型、小型のフクロウ類に関しては、繁殖期でも行動の変化は見られない。キンメフクロウ（*Aegolius funereus*）、アオバズク（*Ninox japonica*）、コノハズク（*Otus sunia*）、オオコノハズク（*O. semitorques*）が接近しても無反応だ。オオコノハズクやフクロウはシマフクロウが使用していない樹洞や巣箱で営巣することもある。オオコノハズクとシマフクロウの同時期の営巣については、互いの巣間距離は300mほど隔てている。フクロウについては巣間距離が1km以上離れている。このくらいの距離を置かなければ互いに何らかの干渉があるのかもしれない。またシマフクロウが早くに営巣を開始するので、フクロウやオオコノハズクは、それに応じて適度の距離を置いて営巣に入るのかもしれない。

シマフクロウの使用していない巣箱で営巣するエゾフクロウ。その他オオコノハズク、コノハズクの利用が確認されている

⑦餌の争奪

シマフクロウ同士

　餌の奪い合いは同種では幼鳥同士のものがほとんどで、成鳥に関しては全く見られない。亜成鳥は、親鳥が幼鳥に給餌するために運んできた餌を幼鳥より先に親鳥から奪い取ることがある。親鳥は亜成鳥に対してはあまり追い払おうとしないが、一度幼鳥に給餌したものを亜成鳥が奪い取ると、しつこく追いかけ遠くへ追いやる。しかし亜成鳥から餌を取り戻すことはない。

　通常、餌に関しての奪い合いは見られない。サケなどの大きい餌物をとった場合、1羽では食べ切れず、その場に置いて立ち去るが、すぐにもう1羽が飛来し残りを食べるといったことがある。一例を挙げれば雄－雌－亜成鳥の順に食べたことがある。

サケを食べる亜成鳥。この後、雌－雄の順に食べた

他種との争奪

　他種はハシブトカラス（*Corvus macrohynchos*）、オジロワシ及び前記のキツネが挙げられる。日没前、シマフクロウが餌をくわえて幼鳥に給餌しようと幼鳥の近くへ飛来したとき、上空からオジロワシが、餌をくわえるシマフクロウに体当たりをした。双方とも落下し地上でしばらくにらみ合いをしていたが、やがてオジロワシが飛び去った。餌はお互い持っておらず、落下の際になくしたと思われた。

　日中オジロワシと同じハンティング場所で出くわすとオジロワシからシマフクロウに近づき追い払うが、闘争や追跡は行わない。しかし日没前後にシマフクロウのメインハンティング場所にオジロワシが飛来すると、シマフクロウはオジロワシを追い払い執拗に追跡する。しかし闘争まではいくことはなく、数百メートルほどの追跡で諦める。ハシブトガラスについてはシマフクロウが幼鳥に給餌する時で、カラスは餌をくわえた親鳥を追尾し、幼鳥と親鳥の近くに止まり給餌する瞬間を狙い、餌を奪い取ろうとする。給餌の時は、親鳥と幼鳥は眼を閉じることが多く、カラスはその瞬間を狙って餌を奪い取る。おそらくカラスはシマフクロウが眼を閉じることを分かっていると思われる（眼、嘴の項を参照）。シマフクロウは餌を盗られた時はカラスを追うが、執拗な追跡は行わない。盗られなかった時も追尾するが深追いはしない。それはまだ飛べない幼鳥がいるからだろう。また近くにカラスの巣があってもシマフクロウは攻撃することはしない。しかし他の地域のシマフクロウは営巣中の餌としてハシブトガラスの幼鳥を運んできているので、巣を襲っているのは確かだ。

オジロワシのつがい。ハンティング場所の取り合いは多い

餌の争奪。カラスが餌を奪う

①カラスが飛来する　⑤カラスを追い払う雌
②カラスが最接近　　⑥カラスを追い払う
③給餌の時に餌を奪う　⑦カラスを追い払う
④クローズアップ

ハシブトガラスにおいては餌の有無を問わず、シマフクロウを発見すると騒ぎ立て集団となり、上空を旋回する。特に幼鳥を見つけた場合、数羽のカラスが幼鳥の体を突いたり、羽毛を引っ張ったりしている。親鳥はカラスに攻撃を繰り返すが、接触や捕まえたことはない。

　⑧同種との闘争
　同種との闘争は縄張り争いと異性の略奪の時に起きている。縄張り争いは互いのつがいが主張する境界辺りで鳴き合い、双方は互いの境界を侵すことがない限り闘争は起こらない。境界を越えれば侵入者が鳴かなくても、発見されれば攻撃される。
　鳴きながら侵入すれば直ちに攻撃される。侵入者が境界から出ても数百メートルから1キロ近くまで追跡する。大抵侵入者が追い出される。この場合侵入者が鳴き声を発していなければ、つがいがそろって攻撃する。雌の方がより激しく攻撃している。侵入者の性別が分かっている場合は、侵入者と同性の個体が攻撃する。ただし追跡はつがいで行う。取っ組み合いの闘争をしている時も、異性の方は樹上に止まり鳴いているだけだ。これはテリトリー内で起こっても同様で、侵入者が勝利すると新しくつがいを形成する。この同性の闘争は激しく、片方が致命的な傷を負うことも少なくない。飛行することが困難になればいずれ死亡することになる。またキツネなどの餌食になることも十分あり得る。このような闘争を一部目撃したことがある。それは同性同士が高所（トドマツの頂、送電線）に2羽で止まり、趾（ゆび）でつかみかかりそのまま絡み合い緩く回転をしながら落下する（この状態はワシ類が互いの趾をつかみ回転しながら落下するディスプレーと似ている）。そして地上2mほどで趾を放し離れる。この時、片方が地上の草むらに落下し静止すると、飛び去った方は再び元の位置に戻り鳴き声を発する。草むらで静止している個体は、その声に反応し時々鳴き声を発する。再飛来した個体は、草むらの個体を発見することができないらしく、樹上の葉をちぎったり小枝を折ったりするいら立ちの行動を見せる。そして少し移動してまた同じ行為をする。やがて夜が明けカラスが飛来し、その後10分ほどで林内に姿を隠すが、鳴き声は発している。さらに30分ほどは鳴き続ける。一方草むらの個体は、闘争相手が姿を消して1時間はその場で静止していたが、やがて飛び去っていった。草丈は20cmほどしかないので見えているはずだが、発見できないのは静止しているものは単なる物体であり、聴覚だけでは位置が

特定できないということだろう。さらにこのいら立ちの行為は発見できないことにかなりのストレスを感じていたからだろう。その日は日没1時間前から侵入者を見失った場所に現れ、雌雄で鳴き交わしていた。

　これまでの調査で侵入者との闘争で双方とも生存していたのは、9例中7例ある。その中で、互いのテリトリーに戻り生存していたのは7羽確認しているが、1例目は第3趾の爪が剥がれ出血、2例目は蝋膜が傷つき2年が経過してもその傷は残っている。3例目は片目を負傷し失明していた。3例目の個体は2年3カ月生存し繁殖も行っていたが、傷は徐々に悪化しているように見えた。その後新たな侵入者との闘争に敗れたらしく、侵入者の出現と同時に姿を見かけなくなった。4例目は闘争で股関節辺りを負傷し、約1カ月半の間は同じテリトリー内で生存していたが、それ以後は不明だ。

　5例目のはじき出された侵入者は、全く別の場所に移動し繁殖していたことがあった。発見されたときはすでに6年が経過しており、闘争の有無は分からない。

　その他2例は闘争中の現場に筆者が遭遇し、仲裁に入った。1例は頭部を押さえつけられ、もう1例は胸部と片翼を押さえつけられていた。どちらも身動きができない状態で、仲裁しなければ致命的な傷を負っていただろう。残りの2例は、つがいは闘争前と変わりなくつがいを継続していた。侵入していた個体の鳴き声だけは確認できたが、詳細は不明である。

闘争直前、つがいで威嚇（右が雄）

左脚を負傷。おそらく骨盤辺りで脱臼している。飛行時に脚がぶらぶらしている

片足に負担がかかるため、翼を下げてバランスを取る

左目を負傷しているが失明はしていない様子。1週間後に完治

⑨モビング（疑似攻撃）

　モビングとは主に猛禽類に対して小鳥類からカラスサイズまでの鳥が、1羽から数十羽の群れで、猛禽の周りで騒いだり、一部攻撃を仕掛けたりすることをいう。とりわけフクロウ類は昼間の行動が緩慢な

せいか、小鳥類に見つかればこのモビングを受けている。これは捕食されているために嫌がらせをしていると言われているが、いつもモビングを受けるわけではなく、そこには何らかの別の理由があると思われる。

モビング中に逆に猛禽の餌食になることも知られており、その危険を冒してまで行うのは、なぜだろうか。

筆者はオオワシとクマタカがカラスの群れからモビングを受け、最初は逃げる一方だったが、やがて目前に近づいた1羽を捕まえそこで食べ出した。それでもカラスの群れは周りで騒ぎ立ていたが、猛禽はカラスを全く気にせず全て食べてしまった。食べ終えてしばらくの間その場にいたが、カラスは仲間が食べられてからは極端な接近はせず、距離をとって騒いでいた。やがて猛禽は飛び去り、カラスは深追いせず収束した。

小型中型のフクロウ類に対しての、小鳥類のモビングはよく知られている。筆者もフクロウが小鳥の群れにモビングを受けている所を何回か目撃した。シマフクロウに対してのモビングはそれほど多くなく、ミヤマカケス（*Garrulus glandarius brandtii*）、ツミ（*Accipiter gularis*）、ハシブトガラス、アカハラ（*Turdus chrsolaus*）、トビ（*Milvus migrans*）、エゾフクロウ（*Strix uralensis japonica*）、コミミズク（*Asio flammeus*）が行っているのを観察した。ツミとアカハラは繁殖期だけだった。時間にするとそれほど長くないが、アカハラはシマフクロウの周りで警戒声を発しながら飛行し、1分間から5分間で収束。ツミはシマフクロウの背部に1回だけ攻撃をして飛び去っている。その時シマフクロウは面食らっていたようだ。これはモビングではなく威嚇、攻撃行動に入るかもしれない。ミヤマカケスは1年中（3〜20分間）行っていた。その時のミヤマカケスの数は1羽から5羽だった。カラスのモビングは、その繁殖期間には1〜4羽で行っていたが、冬期間（10〜3月）は最初は10羽程度で、いつの間にかその数は増え40〜50羽の群れに膨れ上がる。群れはシマフクロウの周りで乱舞し鳴き騒ぎたてる。そのうち数羽はシマフクロウに近づき羽毛を引っ張ったりしていた。シマフクロウは抵抗をするもののカラスを捕獲することができず、やがて隙を見て飛び去るが、カラスは執拗にシマフクロウを追いかける。最長で約2km追跡していた。この場合はシマフクロウが物陰に身を潜めたので、カラスの追跡は終わったが、もし逃げ場がなければ延々と追跡されていただろう。このシマフクロウに対してのカラスの群れに

よる追跡は、1時間にも及んだ。おそらく街中に現れたのはカラスに追われたためと思われた。そのシマフクロウは疲れ果て人家の庭先で潜んでいるところを保護し、その日の夕方に安全な所で放鳥した。庭先で追跡をかわせたのは、ちょうどその時オジロワシが現われ、カラスの群れがターゲットをオジロワシに変更したためだった。

シマフクロウは日没ごろに1羽のカラスを見つけると、今度は逆に延々と追跡する。実際に捕獲したかは未確認だが、巣内から2羽分のカラスの成鳥の羽毛と脚が見つかっている。またカラスが全くモビングを行わないこともある。この時カラスは全て若鳥だった。

トビに関しては主に秋から冬（10〜3月）の期間で、塒(ねぐら)についているシマフクロウを見つけると最初は4、5羽で上空を旋回、しばらくすると30〜40羽の群れに膨れ上がる。トビはシマフクロウにかなり接近するが攻撃することはなく、周りを乱舞するだけだった。最接近はシマフクロウから数メートルで時間にして15分から30分間だった。また冬季はカラスの群れと一緒に行うことがよくあるが、カラスより早くに引き上げている。トビとシマフクロウの間に捕食関係はない。

攻撃の項でも述べているが、エゾフクロウについては、シマフクロウ雌の抱卵中に巣から10mくらいまでにエゾフクロウが飛来した時、巣の近くにいたシマフクロウ（雄）は追い出しにかかり追尾する。巣から100mほど離れると中止し、巣の近くに戻っている。

繁殖期以外では、シマフクロウの近くにエゾフクロウが飛来して同じ枝に止まっても全く双方とも無関心だった。しかし一度だけ繁殖後の9月、日没後にエゾフクロウのいる近く（約30m）にシマフクロウが飛来したら、エゾフクロウはすぐにシマフクロウの近くを飛行し、シマフクロウから2m以内を2回旋回し飛び去った。数分後に再度飛来し、同じように旋回し飛び去っていった。その時シマフクロウは攻撃姿勢を取るとか、飛び去ることもなくその場で静止していた。

2020年10月、シマフクロウが開けた場所にある納屋の屋根に止まっていると、コミミズクが飛来し、シマフクロウの上空（十数メートル）を何回も旋回し、時々「グワッ、グワッ」と鳴き声を発していたが、やがてコミミズクは去っていった。その間シマフクロウはコミミズクを目で追い警戒姿勢を取っていた。約5分間の出来事だ。やはりこれはコミミズクのモビング飛行だろう。筆者は終始懐中電灯で動向を追っていたが、筆者を警戒することはなかった。このコミミズクはシマフクロウの上空を旋回飛行したが、シマフクロウはすぐに警戒姿勢を

解き、その後は何の反応も示さなかった。

　シマフクロウとコミミズクが出合う機会はまれだ。この場合を除きこれまでに３回遭遇を目撃したが、どちらも何の反応も示さなかった。

　筆者はトラフズク型のたこを揚げてどの程度の時間でカラスなどがやって来るか調べたが、カラスは１分もかからないうちに飛来し、数羽から40羽強に膨れ上がった。またトビもカラスの群れができると飛来した。その数は20羽を超えた。たこを揚げている間はカラス、トビは乱舞していたが、たこを下ろすとまもなく個々に去っていった。

①カラスが飛来
②カラスの飛行
③カラスが接触
④ミヤマカケスの接近
⑤カケスは仲間を呼ぶ
⑥モビング前のフクロウ

カラスのモビングを避け民家のベランダに止まる亜成鳥

シマフクロウは警戒するが、カラスは全く気にせず無反応

⑩飛翔

　飛翔の方法は、羽ばたきと滑空の繰り返しである。普通は数回羽ばたき、20mほど滑空してまた羽ばたく、これを繰り返して飛行している。時々、樹冠部から飛び立ちその小枝をかわしながら150m以上も滑空することがある。これは無風状態の時で、地形もほとんど平らな場合だった。高低差があれば数百メートルも滑空を行う。さらに上昇気流に乗ることもあるが、空高く舞い上がることはなく、切り立った川岸で上昇気流を利用して30〜40mほど上昇するだけだ。飛行中でも上空高く舞い上がることは決してなく、樹冠部上空の数メートルの高さを飛行している（飛翔ディスプレーを除く）。

第3章　形態と行動　191

飛行方法、水面効果（滑翔）

障害物のない河川上、湖沼上、海上、道路上、荒地や草地上など平らな広い空間では非常に低空を飛行する。その高さは１〜1.5ｍで、その高度を維持し数回羽ばたき滑翔する。それを繰り返し数百メートル移動する。滑翔は長く保ち、そのスピードは時速30km前後。

　この飛行方法は水面効果の利用で、低空飛行を行うことで吹き下ろし流が下から鳥（飛行物体）を押し上げる。つまり省エネルギー飛行だ。この効果を得るには、シマフクロウの場合、翼開長は約1.8mなので、それ以下の高度で飛行しなければ効果は得られない。シマフクロウはこの飛行方法をよく利用している。

　他の鳥類では大型の水禽類、特にハクチョウ類（*Cygnus*）がよく行っている。フクロウ類ではエゾフクロウが道路上で行っているところを観察した。また高所より急降下する時、両翼をたたみながら尾羽を左右に激しく振ることがある。これはスピードを上げるためなのか、逆に下げるためなのか用途は分からない。

　ホバリング、フラッタリングは、時々行うことがあるが非常に短く、大抵は数秒間で終わる。これらを主に行うのは、攻撃のため飛行したが相手が反撃に転じ攻撃を中止したときである。

＊９
風を受けて１ヵ所で停止飛行すること

水面効果

滑翔

羽ばたき

羽ばたき

羽ばたき

飛行方法

飛び立ち

第3章 形態と行動

魚をつかみ飛行

羽ばたき

飛び立ち。餌を求めて飛行する雌

上昇

ブレーキ

ブレーキ

第3章 形態と行動 197

着木前

着木直前

着木

水平飛行

水平飛行

水平飛行

水平飛行

滑空

滑空

下降

羽ばたき飛行

羽ばたき飛行

第3章 形態と行動

方向転換

⑪飛翔ディスプレー

図12の行動は日没後すぐに行われた。雌が最初に飛び立つと雄もすぐに飛び立ち、雌の後を追う。雌から上昇し雄も上昇、Aで接触しBで2羽並んで止まる。鳴き交わしは飛行中を除き終始行っている。

この行動は1回だけの観察で、繁殖に失敗したその秋に目撃した。繁殖に関係したディスプレーならば繁殖期に行うはずであり、理由は不明だ。しかし1年を通じてテリトリーを維持するシマフクロウにとっては、それを誇示する必要がある。そのことは鳴き声によって補われているが、このディスプレーは同種、他種に対して空間を誇示する行動と考える。

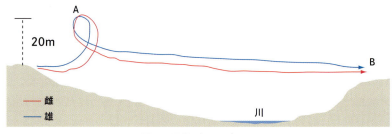

Figure 12. Flying display.

図12　飛翔ディスプレー

⑫日光浴

日光浴はほとんどのフクロウ類が行うが、その方法はさまざまだ。シマフクロウは直射日光の当たる樹枝の上に止まり、日光に体の前面を向け両翼をやや広げてだらりと下ろし、顔はやや上向きにして30分から1時間日光浴をする。これは通常日の当たらない翼の下面と脇にこれを当てるもの。また日光に背を向けて体を60度ほど前方に傾け尾

羽を上げて背部、下尾筒の日光浴も行う。または体を水平にして同じようなポーズを取る。行っている時間は前面の日光浴より短い。これらの日光浴は、四季を通して見られるが、夏季が比較的多い。また日光浴とは全く逆の行動で日を避ける行動も見られる。それは春季によく見られる。日中休んでいる時はいつものように大木の幹にくっつくように止まっている。そこに日が当たり出すと、同じ木の日光の当たらない枝に移動する。少しずつ移動するので幹の周りをほぼ半周する。この行動は、通常の気温より上昇した日によく見られる。体温の上昇を抑えるためと思われる。冬季はこれと逆で日を受けるために、やはり幹の周りを移動する。

　日光浴は飼育中のフクロウやマレーウオミミズクも夏季によく行う。また地上でも行う。跗蹠（ふしょ）を地面につけ、両翼、尾羽を広げ、顔を上に向けて行っている。シマフクロウの場合は、自然状態においては地上で行った例はない。飼育下では冬季に時々地上で行っているが、眼（め）を閉じて眠っている（マレーウオミミズク参照）。

⑬水浴

　水浴は全ての鳥類が行うが、その度合いは種によりかなり異なる。シマフクロウの場合、餌の関係で水に入ることが多く、簡単な水浴を含めれば他のフクロウ類よりも行う回数は多い。水浴は四季を通じて見られ、厳寒期は場所によっては開水面がほとんどなくなるため行うことはないが、潮の干満で氷上にわずかにできた水たまりを見つけると、水を飲みながら水浴を行う。外気温が氷点下15度くらいになると、水浴後に翼から落ちる水滴が凍りつき、氷柱ができることも少なくない。また水浴の代わりに積もった雪に顔を擦りつけることがあるが、体を擦りつけることはない。

　通常水浴を行う場所は、流れが緩やかな浅瀬や止水されている水たまりだ。かなり念入りに行う場合は、10～15分間かける。また一度だけではなく、20分以内に2度目を行うこともある。これは育雛（いくすう）中によく観察される。孵化（ふか）して間もない雛（ひな）がいても雌は水浴を行い、羽毛の水分が切れないうちに巣に戻る。この時おそらく抱擁は行っていないと思われる。それとも雛への水分補給かもしれない。

　水浴を行う時間帯は、夜間より夕方、早朝、そして昼間が多い。特に雨上がりと晴天日によく行い、水浴終了後は塒（ねぐら）に戻り、羽繕いを念入りに行う。また直射日光に当たり乾かすこともある。

シマフクロウの
水浴び前から終了まで

水浴び前

川に入る

水浴びを始める

頭部を水中へ

翼を羽ばたく

上体を低くし腹部、胸部を震わす

尾羽を動かす

そろそろ終わりかけ

水浴びが終了

枝に移り水をきる

⑭凌ぐ

風

　自然界に生きる野生動物は、風雨や暑さ寒さなどを凌ぎ、さまざまな天候に対応することが求められる。強風時は樹木の低部を利用し、風向きと反対側の斜面に入り込んだりしている。飛行を余儀なくされたら林内を縫うように飛行するが、長距離の飛行はなく長くても30mほどで、枝に止まりながら移動する。樹冠部や日ごろよく利用する開けた空間を飛行することはない。

　シマフクロウは翼面積が広く、風にあおられることも少なくない。それらをできるだけ避ける意味で行動を制限している。強風時はそれに耐えるため姿勢を低くし、風に向かって止まっている。

秒速20メートルの強風に耐える亜成鳥

雨、暑さ

　雨を凌ぐといえば雨宿りを連想するが、シマフクロウは雨の日（ただし風のない時）、よく雨がかかる開けた場所の電柱や枝葉のない枯れ木に止まり静止していることがある。これは頭部、背部は水浴を十分にできないため、その代わりをしているのかもしれない。小鳥類が行なう雨浴は、雨に当たりながら羽毛の羽繕いを行うが、シマフクロウは一切行わず、ただ黙って静止している。これは林内にいれば、葉、枝を伝って雨の滴が大粒になり、ランダムに頭部背部にかかる。これを避けていると思われる。毎回同じような行動をしているため、雨浴より滴を避ける意味の方が強いと思われる。

　暑さについては、口は半開きにして喉を激しく動かし熱を放出しているが、気温が高くなくても運動量が増した場合は熱を放出している。

第3章　形態と行動　207

一番下の写真は気温が30度近くに上昇した時で、湿度も80％だった。シマフクロウは体を水平にして、喉を絶え間なく動かしていた。

雨、暑さを凌(しの)ぐ

雨

雨

暑さ

雪

　風を伴わない雪の場合、かなりの降雪時でも通常の行動をしている。しかし風を伴う風雪、吹雪の場合、その度合いにもよるが、視界が数メートルでは全く動かず風に向かって体を低くして耐えている。体の全面に雪が付着しシロフクロウのようになっている。まれに樹洞に入

ることがあるが、たまたま近くにあったからと思われる。基本的に樹洞や巣箱は繁殖だけに使用し、その他の季節は利用しない。ただしまれに食べ物を貯蔵することもある。

雪を凌ぐ

吹雪

風雪

静かに降る雪の場合頭部、顔、背に雪が積もる

⑮歩行

　主な獲物が水辺や水中の生物のため、水際や浅瀬を非常によく歩行する。時には獲物を追いかけ走ったりもするが、最終的にはジャンプして捕らえている。歩く姿勢はやや前傾姿勢だが、速足や走ったりする時は水平に近い姿勢になる。確認数は少ないが、ウオミミズクはほぼ直立姿勢で歩いていた。脚が長く背筋を伸ばしやや大股で歩き、さながらランウェイを歩くモデルのようだった。

　ほとんどのフクロウ類は歩いたり、走ったりすることが多い。シマフクロウは30m以上も歩いて移動することもあり、親子3羽の足跡が雪上に残されていることがある。歩幅に変化がないことから比較的ゆっくりと歩いていたと思われる。また新雪に足を取られて飛び立つことができず、十数メートルをラッセルしたこともある。ラッセルは2個体で観察したが、いずれも段差のついている所までラッセルし飛び立っている。

翼でバランスをとりながら上手く歩く。成鳥も枝上をよく歩く

枝を歩く

枝を歩く

地上を走る

ラッセル跡

雪上の足跡

第3章 形態と行動

⑯氷割り

　冬季、水路などの狭い範囲で水面が結氷した場合、あらかじめ体重をかけて氷割りを行い、その場で待機して魚類がその下を通過するのを辛抱強く待ち、捕獲することがある。これは学習によるものかもしれない。寒冷地に生息するシマフクロウにはこういった行動が頻繁に見られてもよいはずだが、確認は1個体だけだ。

氷割り。あらかじめ薄氷を割り水中に入って、魚や冬眠明けのカエルを探す

⑰天候による行動変化

　通常の行動パターンは、日没ごろから活動を開始し日の出前に塒(ねぐら)につくが、曇りの時は、活動する時間帯が早くなり、塒につく時間帯が遅くなる傾向にある。雨天時は雨量にもよるが活動は遅く始まり、遅くに塒につく。夜間の活動で降雨量が1時間に20mm程度であれば、晴天時と変わらず行動する。行動が一番鈍るのは、強風（秒速15m.以上）になった時で、あまり飛行しない。暴風雪時はほとんど動かない。

夜間でも強風時はほとんど行動しないつがい。左が雌

⑱眠る

　眠るという行動は空腹でなく平穏であれば夜昼に関係なく行う。日中ハンティング場所で餌を探していても、いつの間にか眠っていることもある。それは樹上でも川岸の岩の上でも同じだ。しかし魚の跳ねる音には敏感に反応する。また何かの気配を感じると、薄目を開けて音源を探っている。眠っている時の羽角は目立たず、頭部の羽毛と重なっていることが多い。眠る時は下のまぶたを上にあげている。それ以外は眠っていない。

眠る

完全に眠っている雌

眠る雄

やや薄目を開ける。右が雄

左から雄－雌－亜成鳥の順。雌は眠っている

⑲遊び

　遊びと思われる行動は成鳥も行うが、圧倒的に幼鳥や亜成鳥に多く見られる。地上に落ちている小枝に飛びかかってつかみ、放してはつかみかかる。それを何回も繰り返す。また小枝をかじったりもしている。川岸に張られたロープに乗り、その上を上下しながら前後に揺らす。また電線に止まりブランコをしているように見えることも行う。着木に失敗したらすぐに飛び立ち近くの枝に移ればよいのに、しばらくはバランスをとりながら揺れる電線に止まっている。さらに樹上にいる時は足元にある寄生植物につかみかかったりコケをむしったりもしている。ハンティング中、川岸に捨てられた長靴を見つけるとつかみかかったり、かじったり悪戦苦闘している。ベランダにバネ状の針金に取り付けたプラスチックのフクロウの置物にも日を置いて何回も飛来している。触れば前後左右に動くため、それに引かれるのだろう。まさか本物のフクロウと思ってはいないだろうが。このように遊びと思われるような行為は長くても10分程度で終了している。この行為は

ハンティング、獲物のつかみ方などの向上につながっていると考えられる。そのことは擬傷の項でも触れている。筆者は擬傷行為の始まりは遊びから学んでいると解釈しているが、これらの遊びと思われる行為は、何にでも興味を示すことで、それが成長につながるのだろう。

成鳥においても好奇心の強さを示す行動がある。それは調査のためにブラインドを張り数日放置していると、大抵ブラインドを張った当日に飛来してその上に乗ったりしている。ブラインドは糞だらけだ。そして数日間は必ず飛来している。新しいものに警戒せず興味を示す性格が、事故にもつながるようだ。

コケと遊ぶ

ロープと遊ぶ

プラスチックのフクロウと遊ぶ

⑳アクシデント

事例1：シマフクロウが枝と共に落ちることがある（第8章「人とフクロウ」の項を参照）。

事例2：巣立ち後間もない幼鳥は細枝（直径3cm程度）で眠っている時（通常は太い枝）、バランスを崩し後ろ側に回転し片足で宙づりになって、徐々に趾(ゆび)の力が抜け地上まで落下することがある。落下の途中は翼を広げているが、地上まで落下している。これは枝の上に止まっている時、脚を伸ばしているから趾の力が抜けて、ちょっとしたことでバランスを崩す。脚を曲げていれば、腱(けん)が引っ張られ趾は自然に枝をつかむ形になる。また飛行できるようになってからも着木する枝を誤り、細い枝（直径1cm）に止まり不安定になり、やはり後ろ側に回転し宙づりになり、やがて落下する。しかし幼鳥時と違って地上まで落ちることはなく、途中で体制を整えて飛び去っている。

事例3：親鳥から給餌を受け、一気にのみ込もうと試みるが、魚が大きすぎてのみ込めない。それでも真上を向いてのみ込もうと喉をいっぱいに伸ばししゃくり上げると体が反り返り、そのまま後方に回転し地上まで落下した。それでも嘴(くちばし)には魚をくわえていた。

事例4：捕食者（クロテン）が巣をめがけて駆け上がっていく時、それを見つけた親鳥は雌雄共に飛び立ちテンに攻撃を仕掛けた。しかしテンにうまくかわされてしまった。その代償として雌雄は正面衝突し、雄は地上まで落下したが、すぐに体制を整えて逃げるテンを追っていった。

アクシデント

後ろ側にひっくり返る

まだ両足でつかんでいる

片足が枝から外れる

夜間、片足で枝をつかんでいるが、その後落下

Episode 1

カラスの物まね

　カラスはいろいろな動物や音などの物まねをすることは広く知られていますが、まさかというのがあったので、紹介したいと思います。

　雨上がりで夕日のきれいな時でした。遠くでシマフクロウの幼鳥が親鳥に餌をねだる声がしたのです。少しずつ声のする方へ近づいても、一向にシマフクロウは見つかりません。音源から30ｍくらいに接近したら1羽のカラスが止まっていました。カラスはガアーガアーと鳴き、少しおいて、「ピィヒュッ……キョキョキョッ」と鳴いたのです。これにはびっくりしました。その後も5回繰り返して鳴いて、立ち去りました。いったいなぜこんなまねをしたのでしょう。親鳥がやってきたらいじめるつもりなのか、それとも餌をくわえてきたら横取りするつもりなのか、またのど自慢を披露していたのでしょうか。カラスの物まねにまんまと引っかかりました。

　これとは別のカラスがシマフクロウの「ボーボー」をまねているのを何回か聞きました。でもこのカラスはあまり上手ではなく、シマフクロウが風邪をひいた時のようでした。

3　ハンティング

　シマフクロウのハンティングは、主に日没後から夜明けまでの間に行われるのが普通だが、餌が不足し幼鳥がせがむと日中でも行う。特に繁殖期の4～7月と冬季は盛んに行う。日中のハンティングが最も多いのは、幼鳥の孵化(ふか)後1カ月から巣立ち後1カ月の期間だ。これは幼鳥の摂食量が増加するのと、親鳥の雌雄いずれかは幼鳥を守るためそばを離れることができず、雄1羽の夜間だけでは餌の供給が間に合わないためだろう。しかしこの日中のハンティングは、テリトリー内の餌の多い少ないにも関係する。餌の豊富な所をもつ個体は、昼間のハンティングはあまり行っていない。幼鳥も巣立ち後3カ月にもなると夜昼に関係なく川岸におりハンティングに励んでいる。しかし満足に捕れることはなく、見かねた親鳥が飛来し手助けをしている。捕らえた獲物はすべて幼鳥には給餌せず、まるでハンティング方法を教えているようだ。

　冬季のハンティングは塒(ねぐら)自体が他の季節と多少異なりネズミなどが出没しやすい環境に塒をとっていて、獲物を発見するとすぐにハンテ

ィング行動に出る。これは河川の結氷で開水面が少なく、水温も低下し魚類の動きが少なくなる。さらに魚は水深の深い所にいるため発見しづらく、魚のハンティングには不向きになるからだ。生息環境によって多少異なるが、冬季の餌はネズミ類、鳥類が主な餌種になっている。また魚類の人為的給餌を行っている場所は、完全にそれに依存しているので、他の地域に比べ哺乳類、鳥類の捕食が少なくなっている。

ハンティングの方法
　ハンティング方法は水棲、地上棲、樹上棲、空中棲の各動物において10種類の方法が観察されたが、それぞれに関連性があり、ほとんどが待ちタイプである。その待ちタイプから徐々に獲物に近づく方法もとっている。魚の群れが目前に現れると、その中の1尾に焦点を合わせて眼で追い飛びかかる。また通常と違う動きを見せたもの（弱っているもの）や産卵中の魚は真っ先に捕らえている（図13参照）。

　A．獲物が近づいてくるのを待ち、捕獲する。
　　（2．3．4．6．9）
　B．獲物にできるだけ近づいて、捕獲する。
　　（1．7）

①水中に入って待機（水深0～20cm程度）
　脚の半分くらいまで水中に入り水棲動物を狙うこの方法は、獲物が近づいてくるのを待ち、体はほとんど動かさず、頭部だけを頻繁に動かし餌を探し、獲物が数メートルまで接近すると水面上に飛び出し襲いかかる。かなりの時間静止しているため、潮の干満の影響を受けるところでは、体の3分の1～2分の1ほど水没していることがある。
　この方法の成功率は高く80％に達する。しかし獲物が近づいて来なければ飛びかかることもできず、多少の移動はするものの日没から夜明けまでただの一度も飛びかからなかったこともある。
●捕獲した動物　カワガレイ、オショロコマ、カワマス、カジカ、モクズガニ、ウチダザリガニ、アメリカザリガニ、ニホンザリガニ、エゾアカガエル

②獲物の出没する場所で待機
　この方法は、主にエゾアカガエルをその産卵期に捕らえる時に用い

魚に飛びかかるところ

モクズガニ

モクズガニを食べたペレットと内容物。砕かれた甲羅、爪、砂そして草本類の茎がある。茎は水辺にあったものを一緒にのみ込んだものだろう

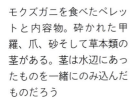

右側に白く見えるのは、腹部を見せる魚。手前は幼鳥

水中に入り待機する

る。

　4月上旬に川床で冬眠していたカエルは目覚めるが、目覚めた直後は仮死状態と変わらず、流れに任せて川面を漂う。シマフクロウは川岸または浅瀬に入り、流れてくるカエルを捕食する。約1週間で流れて来ていたカエルのほとんどは陸に上がってしまう。その後カエルは産卵準備のため、雪解け水でできた水たまりに集結し産卵が開始される。6㎡の水たまりに50頭以上のカエルがいたことがある。カエルの産卵は2週間ほど続く。その間のシマフクロウの餌はカエルが70％を占める。

　最初にシマフクロウは、水辺や水たまり内に入り静止する。水音に反応しカエルは姿を隠すが、十数分もすると再び活動を始める。シマフクロウは、浮上してきたカエルに飛びかかる。待機する場所が樹上の時もあるが、ほとんどが地上かそれに近い高さで、また狙いをつけたカエルとシマフクロウの距離も4m以内だ。1匹のカエルを捕獲すると、ほかは水中の物陰に隠れるため、カエルがまた水面に顔を出し産卵を始めるまで、少なくても15分間ほど同じ場所には飛来しない。その間、大抵は20m以上離れた近隣の水たまりでハンティングを行っている。

　その他の季節では昼、夜も含めてそれほど多くのカエルの捕食はないが、日中塒にいて林床にカエルを発見するとほとんど捕食している。5月、6月の捕食率が上がるのは霧、雨天の日が多くカエルの行動が活発になるため、開けた場所（荒れ地、道路）で捕食している。さらに11月はカエルが冬眠に入るため、林内から川に向かって移動する。それを積極的に捕食するので、捕食率が上がっている。これらの成功率は100％に近い。厳寒期にカエルは冬眠するので通常は捕食できないが、暖気が入ると時々地上（雪上）にはい出すことがある。それを目撃するとすかさず捕食している。営巣中、特にシマフクロウの卵がかえる頃の1カ月間は、このカエルが主な餌となる。これは雛が孵化する時期とエゾアカガエルの産卵期と重なるためだ。

　シマフクロウの営巣場所の近隣にエゾアカガエルの産卵場所が多いか少ないかによって、雛の餌の量は変わってくる。しかしエゾアカガエルの産卵期の体重は1頭当たり平均で20g前後しかなく、他に魚類やネズミ類も積極的に捕獲しなければならない。エゾアカガエルの捕食が多いのは雛に与える餌として質量よりサイズそして捕獲の容易さが関係していると思われる。

エゾアカガエルのサイズ（産卵期）　※総測定数＝10
　　雄　　　最小12.6g　　最大26.4g　　平均18.9g
　　雌　　　最小26.2g　　最大43.0g　　平均31.9g

月別のエゾアカガエルの捕食率　※総確認数＝545、1985〜2012年
　1月　0.5％　　2月　0％　　3月　4％　　4月　60％
　5月　9％　　6月　6％　　7月　3％　　8月　3％
　9月　3％　　10月　4％　　11月　6％　　12月　0.5％

　巣の直下のエゾアカガエルの産卵場所では、なぜかシマフクロウはほとんど捕食していない。カエルとは直接関係がないが、シマフクロウの営巣樹洞と1mも離れていない同じ木の樹洞で、ムクドリが繁殖し雛を巣立ちさせている。またトビの巣の中に小鳥が営巣したことも報告されており、捕食対象のものに全く手を付けない理由ははっきりと分かっていない。

　台湾のウオミミズクの食性（孫、2014年）は、カエルの捕食率が極めて高く、特に動きの緩慢なバンコロヒキガエル（*Bufo bankorensis*）が実に30〜70％と非常に高い。これは魚類よりはるかに多く捕食していることになる。このヒキガエルの体長は10cm以上あり、重さはエゾアカガエルの2倍以上あり、餌の質量としては最適なのだろう。しかしこのヒキガエルの皮膚にはアルカロイド系の毒があるので、皮を剥いで食べることが多い。しかしそのまま雛に与えていることもある。毒に対しては免疫があるのかもしれないが、この毒で人の死亡事故も起こっている。亜熱帯や熱帯地域にはカエルの種類も多く、冬眠するカエルは極めて少ない。ウオミミズクにとってカエル類は全期を通じて重要な餌資源となっている。しかし台湾の別の地域ではモクズガニを始め甲殻類の捕食率が非常に高い。実にカニ類が全体の70％を占めており、生息する地域によって餌種がかなり異なっている。この餌種による地域差はシマフクロウを始めすべてのフクロウ類に当てはまる。

　ロシア沿海地方のマンシュウシマフクロウ（タイリクシマフクロウ）の巣の周辺で採取したペレット15個のうち、ヒキガエルが少なくても10頭以上を占めていた。ウオミミズク類にとってカエル類は動きの鈍い捕食が容易な絶好の餌種なのだろう。

　北海道では在来種のカエルは2種類が生息し、エゾアカガエルの捕食は多いが、ニホンアマガエルの捕食は非常に少ない。エゾサンショ

ウウオの捕食はカエルの捕食と同じで産卵期、雨天時が多いが、カエルに比べ捕食率はかなり低い。

●捕獲した動物　エゾアカガエル、エゾサンショウウオ、エゾヤチネズミ

エゾサンショウウオの産卵

シマフクロウの巣から1mほど離れた樹洞でムクドリが営巣中

地上で待機し、倒木の陰から出てくるネズミを待つ。右が雄

③水際で待機、浅瀬（水深20〜30cm）

待機する場所は岸辺に限らず水面に張り出した倒木や岩などを利用し、獲物の出す音、姿を耳と眼の両方で追うが、眼が主体。6m以内に獲物を発見するとすぐに飛びかかり水底で獲物を押さえる。魚種にもよるが成功率は50％近く。

●捕獲した動物　カワガレイ、オニカジカ、ウグイ、スナヤツメ、カワヤツメ、カラフトマス、サケ、アメマス、カジカ、ギンポ

水際で待機する成鳥の雄

幼鳥も巣立ちし夜昼関係なくハンティングする雄

④水辺で待機（水深50cmまで）

待機する場所は水辺の低木、倒木、岩などいろいろで、いずれも水面から1〜3mの高さ。獲物が水面近くに姿を現すと、すぐに飛び立ち水中に脚だけを入れて捕らえ、そのまま地上や樹上に運ぶ。この方

法は水深にはあまり関係しないように思われるが、実際は水深の深い場所で観察される。

　獲物が水面下40cmほどの所にいた場合は、体の半分ほど水中に没して捕獲し、そのまま飛び出す。

　獲物捕獲後の行動として、脚だけを水中に入れたまま飛行し、岸辺まで移動するというものが時々観察される。この時の獲物はやや大きめだが、いずれも両足で獲物をつかんでいたことが共通している。成功率は30％。

●捕獲した動物　サケ、カラフトマス、サクラマス、アメマス、ウグイ、カワヤツメ

川に張り出した枝から狙う

深みにいる魚を獲る（水深40〜50cm）

逃げた獲物（カエル？）を追う

⑤水辺で待機、ダイビング（水深50cm以上）

観察例は１例だけ。水辺で待機し獲物の動きを眼で追い、シマフクロウは飛行し獲物の上空約４ｍくらいまで上昇し、真下に向かってダイビングを行う。翼の先端部を残し水中に没する。そして浮上すると脚を水中に入れたまま飛行し岸辺まで運んだ。捕獲した動物は40cmほどのカワヤツメだった。

⑥樹上で待機

地上から高さ10ｍほどの位置に止まり、周辺の様子をうかがい、獲物を発見すると飛びかかる。獲物までの距離は10〜100ｍで、ほとんど羽ばたきをせず滑空状態で飛行する。そして地上で押さえ込む。まれだが、獲物だけをつかみ地上には下りず、そのまま飛び去ることもある。この捕獲方法は、樹木の少ない平たんな地形で見られる。成功率は30％。

●捕獲した動物　エゾヤチネズミ

（上左、上右）枝上から襲いかかる

ネズミに襲いかかる

⑦獲物を走って捕らえる（地上動物）

　獲物を見つけると一度地上に下り、そこから歩行して獲物に近づく。獲物が逃げ出すと走って追いかけ、最後に飛びかかり捕獲する。追跡の距離は10mにも達する。雪上や結氷した河川、林道などで見られる。成功率10％。

●捕獲した動物　エゾトガリネズミ、オオアシトガリネズミ、エゾヤチネズミ、エゾアカガエル

雪上を逃げるトガリネズミを走って追い、その後飛行して捕らえた跡。上部の羽型のある場所で捕獲した

⑧樹上で待機（飛行中の獲物）

　1例だけの観察。川辺の枯れ木で待機中、おそらく魚を狙ってのことと思われる。そこにコウモリが数頭現れシマフクロウの周辺を飛行する。シマフクロウはコウモリを目で追い、それに向かい飛行、コウモリの下側約1.5mほどに接近したところで体を反転させ片足をいっぱいに伸ばして捕獲した。

　この方法はシマフクロウの餌種、ハンティングスタイルから察し、コウモリを捕獲することはまれなことと思われる。ペレットからも検出されていない。さまざまな条件が整った時に見られたものだろう。

●捕獲した動物　ウサギコウモリ

（左）川面を見つめる
（右）高所で待機

⑨樹上で待機（樹上棲動物）

　この方法を用いるのは、エゾモモンガ（タイリクモモンガの亜種）を捕獲する時だ。まず樹上よりエゾモモンガを発見しその動きを追い、エゾモモンガが飛行し止まった木を見定めてその木の冠部に飛び移る。エゾモモンガはその音にしばらくの間静止するが、やがて動き出し上に登っていく。シマフクロウはエゾモモンガが1mほどまで接近するとエゾモモンガに飛びかかる。

　目撃は3例しかないが、いずれも成功している。ペレットから比較的多く検出されているので、他の方法で捕食していると思われる。エゾモモンガが使用している樹洞の近くを塒(ねぐら)にしていることがある。

●捕獲した動物　エゾモモンガ

（左）餌を探し待機する
（右）エゾモモンガ。巣穴から出て活動前の毛づくろい

⑩追尾飛行（カモ類の捕獲）…図13（234ページ）のイラストは④に類似

　河川などで翼を休めるカモを発見すると、その場から一気に飛びかかる。カモも危険に気づき飛行または水上を逃げるが、シマフクロウはそのまま追尾し捕獲する。また擬傷するマガモにひっかかり失敗することもある。カワアイサの若鳥を捕獲するとき、カワアイサは飛行することなく水中に潜って逃れ、シマフクロウは浮上を待ち再び襲いかかると、カワアイサも再度潜水する。そのたびにシマフクロウは近くの低木に移り、カワアイサの浮上を待つ。それを何回も繰り返すと、最後はカワアイサが疲れ、潜水が遅れたところを水面上で捕獲された。最初に襲ってから捕獲するまでに少なくてもシマフクロウは10回アタックしており、その間に移動した距離は200mにもなっていた。

●捕獲を目撃した水禽　コガモ、オナガガモ、マガモ、カワアイサ（巣立ち雛から成鳥まで）

逃げるカワアイサ

その他
　ハシボソミズナギドリ、オオセグロカモメは衰弱などで岸辺にいたところを捕獲したものと考えられる。ハンティング方法は不明。また海上のウキ（刺し網）に止まることがあるが、餌を探しているのか、休んでいるのかは不明。カラスの巣立ち頃の幼鳥が餌種に挙がっているが、捕獲方法は不明。巣にいるところを襲っているのかもしれない。
　また食性リストに挙がっているエゾリス（キタリスの亜種）は林内に多く生息しているが、捕食は未確認、ペレットからも検出されていない。昼行性のためと思われるが、エゾフクロウはよく捕食している。シマリスに関しては食性リストにも挙がっていない。冬眠し、かつ昼行性で動きが機敏なせいかもしれない。

　食性リストに挙げた動物の捕獲方法は前述のどれかの方法に属する。
　シマフクロウのハンティングは、他のフクロウ類（一部の種を除く）と同様にほとんどが「待ち」であり、この方法を使いこなせるのは、テリトリーをしっかり作り、そのテリトリー内の獲物の動きを季節ごとに、時間帯、場所など常に把握していなければならない。
　それらを行っていると思われる動きは、よく観察される。餌の獲りやすい場所にいても1週間から10日に一度はテリトリーの巡回を行い、状況を把握している。これは別個体の侵入などを察知するため必要だが、明らかに餌が関係している動きもある。つまり別個体の有無に関わらず行っていることである。そして少なからず捕獲行動は各場所で行っている。
　体の大きなシマフクロウのハンティング方法として、ダイビングと空中捕獲は特記すべきことだ。餌に関する動きで次のような事例がある。9月の集中豪雨によって河川が増水し、その影響でカラフトマスの遡上（そじょう）が多くなる。洪水によって河床が変わり、例年と違う場所がカラフトマスの産卵に適した場所になることがある。このような場合は、河川の水位が落ち着く頃には、必ずといっていいほどそうした場所にシマフクロウの飛来が確認される。それは、産卵のために集まったカラフトマスを獲るためだが、産卵中、産卵後、そして卵を狙ってやってくる小型の魚類をシマフクロウは主に獲るのだ。これはサケをはじめとする群れで遡上する他の大型魚類（サクラマスなど）の時にも同様の行動が見られる。

北海道の淡水魚類は、ほとんどが海と川とを行き来し、産卵のために遡上する魚類が豊富で途絶えることはない。開氷と同時にサクラマスが遡上しウグイ、キュウリウオ、アメマス、カラフトマス、サケと続く。サケの遡上は結氷する時期でもあり、これらは湧水場所で捕獲することができる。捕獲率の増減はあるが、魚類を捕獲できない季節は、ほとんどないということだ。これが魚食性の強いシマフクロウが亜寒帯性気候の北海道に進出でき、そして生存してきた理由であろう。

　全個体に共通することとして、9月ごろから積極的にハンティングを行うようになる。1年のうちで秋から初冬が最も盛んだ。これは体に脂肪を蓄えるためで、体の方も脂肪がつきやすいように変化するらしく、摂食量をほぼ一定にした飼育個体でも秋から体重が増加している。

　捕食行動で、無駄と思われることがしばしば観察される。それは、捕らえた餌をほとんど食べず、新たに別の餌を捕らえることだ。餌の豊富な時期に、こういった行動が一晩に数回繰り返される。魚種はカラフトマスとカワヤツメだった。いずれも遡上のシーズンで、カラフトマスは河川にあふれんばかりいる時。シマフクロウは、捕獲することを楽しんでいるようだ。幼鳥が行うのは、捕獲練習のためプラスになると考えられるが、全個体が行っている。1羽の成鳥が1晩に4尾のカラフトマスを捕らえ、ほとんど食べずにいて、最後に捕獲したアメマスだけを食べていたことがあった。遊びの行動と理解する方がよいのかもしれない。

（左）エゾリス（*Sciurus vulgaris orientis*）をよく食べていそうであまり食べていない
（右）エゾシマリス（*Tamias sibiricus lineatus*）はシマフクロウの食性リストに上がっていない

カワヤツメを捕らえたが、全く食べず放置した。獲ることを楽しんでいるようだ

第3章　形態と行動　233

Figure 13.
Hunting methhods of Blakiston's Fish Owl.

図13 ハンティング方法

第 3 章　形態と行動

ハンティング

冬季、わずかな開水面から産卵を終えたサケを獲る

樹上から狙いをつけ、飛び立つ

狙いをつけて飛びかかる

狙う獲物がかなり近づいたので飛び立つ

飛びかかる

キャッチ直前

捕らえる

大きなアメマスを陸に揚げる。尾びれの近くをつかんでいる

第3章 形態と行動

アメマスを運ぶ。重くてあまり飛べない

ネズミを襲う

ネズミを襲う

ネズミをくわえる

ネズミをくわえて飛び立つ
（巣に運ぶ）

キャッチ直前の後ろ姿

大抵は水中でしっかりと押
さえ込む

幼鳥の前でハンティングを教える雌親

幼鳥と雄親のハンティング場所

亜成鳥となり1羽でハンティングをする

亜成鳥の2羽。ハンティング中

魚をくわえる

魚をのみ込む

雌親が幼鳥にハンティングを教える

第3章　形態と行動

亜成鳥2羽でじゃれ合いながらハンティング

亜成鳥だけでハンティング。親鳥の警護はない

魚をつかみ水中から飛び立つ

地上でハンティング

日中、川に張り出した倒木で餌を狙いながら休息

氷上の亜成鳥。おそらくトガリネズミを狙っているのだろう

幼鳥2羽でハンティング

流れに足をとられる

第3章　形態と行動　243

鰓を噛む

オショロコマをくわえる

大きなアメマスを食べる

サクラマスを捕らえる

サケの食べ残し

幼鳥に給餌した後、樹上で
サクラマスを食べる雌

卵や内臓は食べない

カエルをくわえる雌

カエルをくわえる亜成鳥

アメマスの隠れ家。魚は群れていることが多い 32

冬季に嘴(くちばし)の周りが赤く染まっているのは獲物の血。それが凍り付く

ハンティングの連続(①~⑤)

第3章　形態と行動

春雪とシマフクロウ

体勢を整え羽毛を膨らませ
上体を低くし雌に覆いかぶ
さる雄

第4章
求愛〜産卵

2羽そろってハンティングに出かける。右が雌

1　求愛給餌

　給餌行動には幼鳥に与える行動と雌雄間で行う行動がある。巣内の雛にはほとんど雌が給餌するが、孵化後3週間もたてば、雄も直接雛に給餌する。大きな餌（一口でのみ込めないサイズ）の場合、雄は一度雌に渡し、雌から雛に給餌する。

　雌雄間で行う給餌は求愛給餌と呼ばれ、多くの鳥類が行う。繁殖期だけつがいを形成する種にはこの求愛給餌は重要なものだが、1年を通して行動を共にする種には、あまり重要性はないように思われる。

　シマフクロウの求愛給餌は産卵する1カ月ほど前から行われる。求愛給餌が始まると雌は積極的にハンティングを行わず、雄からの給餌に頼っている。それよりも最も餌の少ない時期がその期間に当たるため雌の健康維持の意味があると思われるが、餌不足の時期でもあり、空腹になると雄からの給餌を待たず雌自らハンティングを行う。シマフクロウの求愛給餌は、儀式的要素の方が大きいと考えられる。それは幼鳥の有無に関係なく、給餌は1年を通して見ることができるからだ。産卵前の給餌と違って回数は少なく、1カ月に1回ないし2回くらい。繁殖期以外の給餌は雌が空腹とかハンティングをしていないからではなく、この給餌は求愛給餌の延長のようなもので、雌雄は通年行動を共にしているため、つがい間のコミュニケーションが必要なのだろう。

　求愛給餌は、雄が餌を捕ると雌のところまで運んでいき、互いにフードコールを発し行う。また雄が餌を捕らえると、雌はその場まで飛んで行き給餌を受ける。また亜成鳥も給餌を受けようと雄の元まで飛んで行き、雌より早く給餌を受けることもある。

　まれにだが、雄が雌に対してフードコールを発しても、雌が近づいて行かない場合がある。そんな時、雄は餌をその場に置き、少し離れて翼を半開きにして地面にぴったり伏せる行動を取る。伏せた状態で5秒ほど静止し、やがて餌から離れ飛び去る。しばらく（2、3分）して雌は餌まで飛行し、それを食べる。雄のこの行動は、雌に対してこの餌を譲るという意味合いがあるようだ。これに似た行動は人為的ペアリングを試みた時にも起こる。ペアリングはケージに入れた雄と野生の雌との場合だ。雌がケージの雄に近づくように、ケージ前に魚を入れたバットを置いた。雌はそのバットから魚を獲って食べ、その後バットの横で同じように5秒ほど伏せ飛び去った。前記とは逆の雌

から雄だが、同様の意味があると思われる。

　求愛給餌の時期に関わらず、大きな餌の場合つがいの片方が独占せず雌雄で食べることがある。この時、亜成鳥がいればこれも加わる。これは嘴（くちばし）による餌渡しではないが、明らかに順番待ちをしている。しかし順位は決まっていない。例えば雌－雄－亜成鳥、雌－亜成鳥－雄、亜成鳥－雌－雄といった具合だ。こうした行動は、餌が乏しくなる頃によく見られる。このように家族における共同生活も一部行っており、求愛給餌を繁殖期に限って改めて行う必要性は弱いと思われる。さらに求愛給餌は、一般にその年の最初の交尾後に観察することが多い。このことからも求愛給餌そのものは繁殖行動の始まりではなく、それに加えてその年の餌の条件が多分に関係すると考えられる。これは他のつがいに関しても同様で、餌が多ければ求愛給餌の回数は増える。

　塒（ねぐら）の近くに餌を置いて求愛給餌の観察を行った結果、日中や交尾直前にもこれを行った。自然の状態では、ほとんどが求愛給餌より交尾を先に行っているが、これは交尾を行う時間帯がすでに決まっており、求愛給餌は通常ハンティングを行う時間帯から考えると交尾後になるのは当然のことで、交尾と求愛給餌は一連した行動ではないと言える。

　求愛給餌の早い記録として、同一つがいで亜成鳥のいない年で1月22日と1月28日、さらに12月31日というのがあるが、これを繁殖に関する求愛給餌と呼べるものかどうか判断が難しい。またそれ以後、餌が獲（と）れても雄は給餌することなく、継続はされなかった。2回目は、交尾を行う2月中旬だった。この早い求愛給餌の前後には、交尾行動は行っていない。

　求愛給餌と亜成鳥への給餌

　亜成鳥への給餌は、つがいごとにその期間が異なり、求愛給餌が始まると亜成鳥にはほとんど行わないつがい、亜成鳥が要求する限り行うつがい、求愛給餌が始まっても気まぐれに亜成鳥へ給餌をする3タイプがみられる。また求愛給餌が始まると亜成鳥が激しく鳴きたて、餌を要求すると攻撃を行うつがいもいる。亜成鳥への攻撃行動は雌親の方が極端に多い。

　あるつがいの亜成鳥への最後の給餌と最初の求愛給餌および最初の交尾、産卵日を表にした（表12参照）。上記の結果、大抵の場合は求愛給餌は、亜成鳥への給餌が終了してから始まっている。中には、亜成

鳥への給餌が求愛給餌後にも見られることもある。それは雌が給餌を拒否した時、雌が近くにいなかった時、雌より早く雄の元へ亜成鳥が飛来した時などだ。

　求愛給餌後も亜成鳥への給餌が頻繁に見られるつがいでは、餌を持った雄が給餌時に発する声を出すと、亜成鳥は素早く雄の元に飛来しハンガーコールを送って給餌を受けている。この時、雄は相手を選んでいないように思われる。給餌後、雌雄、亜成鳥の行動に変化は見られず、雌は亜成鳥を追い払うこともなく、雄は雌に給餌した時と変わらない。しかし亜成鳥に対する給餌も、3年目（すでに成鳥）の個体に対しては行っていない。またその頃になると亜成鳥も親鳥に対してフードコールを送ることは、ほとんどない。

Table 12. Shifing to new breeding season. 1985-1998

表12　亜成鳥への最後の給餌と最初の求愛給餌および最初の交尾と産卵日 1985〜1998年

年度	亜成鳥への最後の給餌	最初の求愛給餌	最初の交尾	産卵日
1985	亜成鳥　なし	2月4日	2月4日	3月25日
1986	2月1日	2月17日	2月17日	3月22日
1987	亜成鳥　なし	1月29日	1月29日	3月9日
1988	2月14日	2月12日	2月4日	3月23日
1991	亜成鳥　なし	2月23日	2月19日	3月27日
1993	2月7日	2月21日	2月21日	3月30日
1996	2月12日	2月19日	2月27日	3月6日
1998	2月15日	2月14日	2月17日	3月10日

1989、1990、1992、1994、1995、1997年——亜成鳥を伴わなかった年

求愛給餌前、魚をくわえて雌の元へ飛来した雄

餌渡しの瞬間。左が雌、右は雄

給餌のため餌を運ぶ雄

求愛給餌前に魚をくわえて雌の元へ（夜）

給餌直前。左が雌

電柱で給餌。右が雄

餌の受け渡し中、夜。右が雌

昼間、餌の受け渡し後。左が雌

雌はのみ込む。昼間、左が雌

2　交尾

　交尾は1月下旬から4月中旬の間に行われる。ピークは産卵する10日前ごろから産卵日で、その後も1週間近く見られる。産卵以降の交尾は補充卵のためと思われる。

　あるつがいで、産卵後の交尾が22日間あったことが1シーズンある。しかしピーク時から比べると回数は少なく、その間4回だけだった。ピーク時は悪天候（強い風雪）の日を除き毎日行う。交尾を行う期間は、その年によって多少異なっているが、30〜50日間だ（表13参照）。

　交尾の場所は、枯れ木などの小枝の少ない樹枝上で行う。トドマツなどの針葉樹の場合は、必ず頂で行う。高さは樹木の場合5〜25m。

日中の交尾

低い位置は、いずれも風の強い日だった。交尾を行った場所で、いくつか変わったものもある。
①防波堤——ハンティング場所に海岸を多く利用しており、安定した止まり場がなかったためだろう（高台の地上と変わらない）。
②送電、配電線の支柱及びTVアンテナ——これらは塒（ねぐら）周辺に多いことと枝などの障害物がないこと。
③地上（雪上）——雄の目の前で雌がネズミをハンティングするため雪上に下りた時。
④氷上——氷の割れ目から噴き出た水を飲むため、雄の目の前で雌が氷上に下りた時。

　いずれも障害物のないところで交尾を行っている。さらに①〜④に共通することは、冬期間のメインハンティング場所から100mも離れていないことだ。263ページ図14－4で示した「塒と巣の関係」に加えて主要ハンティング場所が関係している。すべて交尾を行った近くの河川がメインハンティング場所となっている。これらの三つの場所がリンクして、交尾を行う位置が自然と決まってくるようだ。
　交尾期を迎えると雌雄の鳴き交わす回数が増え、産卵を行う頃にピークに達する。その後も鳴く回数はピーク時の状態を維持し、巣立ちの頃まで継続される。
　交尾は原則として1日1回だが、1回目の交尾が不成功に終わった場合は1時間以内に再度交尾を行う。2回目の交尾も失敗に終わるとその日の交尾は行わない。
　普通の交尾パターンは、塒から雌雄で鳴き交わしを20回ほど行い、雌が最初に塒を飛び出す。間髪を入れず雄も飛び立ち雌の近くに止まり、すぐに交尾に入る。また雌を追って飛び出した雄はそのまま雌の背に止まり交尾に入ることがある。時々背に乗ってからも鳴き交わすことがある。また雄は、背に乗って小声で「ピィシィ…」という声を発する。
　まれに雌が雄に近づき体を水平に倒し雄の下に潜りこむような行動を取りながらグルーミングを行うポーズを見せることがある。交尾を誘っているように見える行動だったが、その時、交尾は行わなかった。
　交尾行動の順は、最初に雄が雌の背に乗り体勢を整える。雌は徐々に尾羽を上げる。雄は体羽を膨らませ雌に覆いかぶさるようにして後方に下がる。この時、雌の頭部に軽く噛（か）みつくこともある。そして尾羽を左右に振る。尾羽が2、3秒停止し交接が行われる。終了後、雄

はすぐに飛び立つ。交接を完了した雌は２、３分尾羽を上げた状態を保つ。
　交尾に要する時間は、雄が雌の背に乗ってから離れるまで10〜13秒で、止まっている場所の安定度が影響している。実際の交接時間は１、２秒だ。

交尾を行った時に共通している項目（1983〜2020年）
　調査は８つがいについて行い、トータル251回の交尾の観察結果となる。
❶塒から鳴き交わしを行い、雌が最初に飛び出した後　90％
❷鳴き交わしがなく、塒から雌が最初に飛び出した時　10％
❸鳴き交わしの有無を問わず、塒から第一飛行で着木した所　80％

　すべての交尾は前記の三つのうちどれかに属する。他は時間帯、天候、雌の止まっている場所の安定度によって成功か不成功かが決まる。263ページ図14－１、図14－２に見るように、交尾を行う時間帯は圧倒的に日没後１時間以内。日の出前や真夜中にも見られるが、非常に少ない。日没後１時間から２時間の間の交尾は、その日の２回目のものが多く、１回目が不成功の時だ。日の出前の交尾は産卵後のものがほとんどで、雌が羽繕いや脱糞（だっぷん）のため離巣した時に行っている。なぜ交尾は日没後に集中するのかは、雌雄が一緒にいる頻度が関係している。産卵前の１カ月は、巣とその周辺が安全かを確かめる意味で塒を巣の近くにとることが多く、雌雄の距離は離れていても30m程度で、互いが目視可能な位置にいる。従って雌が飛び立ったことを雄は確認できることで、前記の三つが満たされ交尾が行われる。また交尾を行うための信号は雌が発しており、飛行などによって雄に背を見せることが必要のようだ。雌の最初の飛行後が多いのは、雌は飛び立つ前には必ず脱糞するのと、雄に背を見せることが交尾を受け入れるサインではないだろうか。夜行性のシマフクロウが日中に飛行することは多くなく、夜間はハンティングのため雌雄が一緒にいる確率が低く、そのため雌雄が一緒にいる日没ごろの時間帯に交尾が集中すると思われる。また前年度に生まれた幼鳥を従えている年（1986、88年）には、幼鳥を連れていない年（1985、87年）に比べ交尾を行う時間帯がやや早くなる傾向にあった。おそらく幼鳥の行動開始時刻が親鳥より早いため、親鳥もそれにつられて早くなったものと思われる。

交尾場所は巣と塒が関係している。調査は同一つがいで行ったが、1983年と84年が類似し、1985年と87年が類似している。この関係は、その巣と周辺の環境を熟知した結果と思われる（表14、図14-3、図14-4参照）。

1999年以降観察したことだが、日中の交尾を2つがいで3回目撃した。いずれも午後、太陽が高い時間帯だった。また巣からの距離は20m以内で行っている。やはり雌が最初に飛び立ち、雄がその後を追い行っていた。この時はいずれも鳴き交わしはなかった。

表13　交尾期間と産卵日　1983～90年

Table 13. Mating period and laying date. 1983-1990

	最初の交尾	最後の交尾	産卵日
1983	2月8日	4月1日	3月27日
1984	2　6	3　12	3　13
1985	2　4	3　24	3　25
1986	2　17	3　25	3　22
1987	1　29	3　21	3　9
1988	2　4	3　28	3　23
1989	2　25	3　21	3　20
1990	2　14	3　22	3　18

表14　交尾位置における巣及び塒からの距離　1983～90年

Table 14. Mating position; distance from roosts site or nest hight. 1983-1990

	1983	1984	1985	1986	1987	1988	1989	1990
塒から最短距離	120m	100m	40m	10m	10m	30m	15m	20m
塒から最長距離	200	200	170	100	150	100	120	120
塒から平均距離	176	170	90	61	76	50	73	42
巣から最短距離	50	70	30	3	10	20	5	10
巣から最長距離	300	300	170	170	180	200	100	100
巣から平均距離	170	180	82	61	78	47	67	33
高さの平均	19	16	8	16	15	12	18	9
巣	A	B	B	A	A	B	A	B
調査目撃回数	17	8	25	20	29	16	12	19

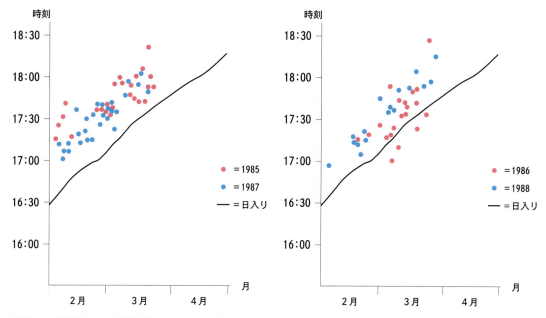

図14-1 交尾を行った時間帯（幼鳥がいない年）1985、87年

図14-2 交尾を行った時間帯（幼鳥がいる年）1986、88年

Figure 14-1. Time of mating : year without subadult. 1985·1987

Figure 14-2. Time of mating : year without subadult. 1986·1988

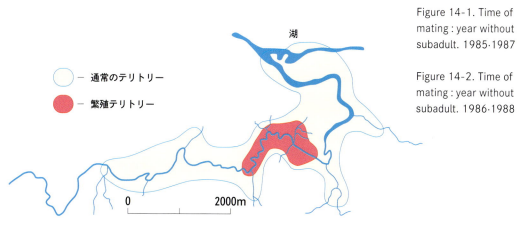

図14-3 通常のテリトリーと繁殖期（交尾期から育雛中期）のテリトリー1983〜93年

Figure 14-3. Usual territory and breeding territory. 1983-1993

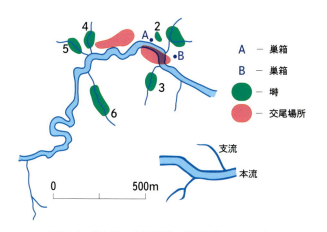

図14-4 巣と塒、交尾場所の位置関係1983〜90年

Figure 14-4. Nests, roosts, and copulating area in breeding territory. 1983-1990

第4章　求愛〜産卵　263

最も交尾を行いやすい環境

非常に少ない雪上（地上）での交尾の跡

背に乗って鳴き交わし

交尾が完了

交尾が完了。側面

第4章　求愛〜産卵

交尾が完了。後面

電柱で交尾

3 巣

　雌雄共に1年を通して巣（樹洞）に興味を示しているが、10月ごろから関心を高め、交尾期になると特に強い関心を示し、夜昼を通してその近辺にいることが多くなる。そして樹洞への出入りが頻繁になり、産座を作りあげる。最初に入るのは、雄が圧倒的に多い。これはテリトリーが形成される以前のシマフクロウの持つ習性が関係しているようだ。雄は巣となりうる樹洞と餌の豊富な所を見つけると定着し、テリトリーを作り雌の飛来を待つ。

　テリトリー内には営巣可能な場所（樹洞）が必ず複数ある。その中で最も適した場所で産卵するが、決定するのは産卵する直前。大量の雪が入りこんだり倒れたりすると使用できなくなってしまうからだ。そのため営巣可能な樹洞はすべてその候補に挙げられている。

営巣の候補に挙げられた樹洞に雄が最初に入り産座を作る。その後に雌が入り、さらに手直しをする。一つの巣の産座が完成すると、別の巣に入り産座を作る。巣として使用可能なものには全てに入り、産座を作っている。完成した産座はすり鉢型をしていて、深さは20cmを超えるものもある。そしてその中で一番適した樹洞で産卵する。選定の条件としては、狩り場への近さ、安全性、樹洞の位置（高さ、樹洞入り口周辺の空間、地形）、入り口の方角（南向きを好む）、巣内の雪の有無、近隣の高木（夜間の雄の見張り場となる）の有無――などが関係している。

　繁殖期以外でも樹洞に入り産座を作るが、その時の産座は浅く皿型をしている。巣の底部は樹洞内部の木くずが細かくなり土状になっているものが多いが、中には木くずらしいものは全くなく、底面が磨かれたようになっているものもある。巣箱の場合は、巣内に木くずを20cm以上の厚さに敷き詰め、産座を作りやすくしている。また保温効果をよくする意味もある。

　2008年に起こった出来事だが、理解しがたい行動もある。それは営巣可能な樹洞の近くで雌雄が塒（ねぐら）をとり、3週間が経過。3月初旬に雌が確認できなくなった。おそらく産卵のため樹洞に入っていると思われた。雄はその樹洞のある木の近くにいた。その後1週間は雄の行動に変化はなく、日中は樹洞のある木の近くで塒をとっていた。しかし8日目に雄はその場からいなくなり、約500m離れた壊れかけた巣箱の近くにいた。その日の夕方に鳴き交わしを確認すると、雌はその巣箱内から鳴き声を発していた。今にも落下しそうな巣箱だったため、卵を回収し仮親に抱卵させた。その後、仮親は通常通り抱卵し孵化（ふか）、そして巣立ちをさせた。孵化日から逆算して、雌が最初に産卵したのは最初に姿が見られなくなった頃ということになる。

　雄がなぜ雌のいない樹洞木の近くに、1週間も塒をとっていたのかは不明だ。給餌はどうしていたのか、夜間の鳴き交わしもなかったのか、疑問の残る行動である。想像だが、雄は最初の樹洞で雌が産卵すると思っていたのだろう。もちろん雌が巣箱に入っているのは分かっていたが、産卵しているとは思わず通常のチェックをしているくらいに思っていたのだろう。それにしてものんきなのか、いい加減なのか、理解しがたい行動だ。また雌は夜間に急に産気づき近くにあった巣箱で産んでしまい、そのまま抱卵に入った。まさか筆者の行動を気にして1週間フェイントをかけていたのかも……。似たようなことが別の

つがいでもあった。巣から数百メートル離れた所の樹上で卵を産み落としたことがある。おそらく巣まで戻れなかったのだろう。通常、産卵前はあまり行動しないものなのだが……。

　北方に生息するフクロウ類は、営巣場所に関して大別して2種類ある。それは、樹洞に固執する種類と、地上や他の鳥類の古巣など樹洞以外でも営巣可能な種類だ。樹洞タイプは小型種が多く繁殖期も遅い。

　繁殖期の早い大型種では、シマフクロウ以外全ての種類が樹洞に固執していない。大型のフクロウ類の場合、まだ雪の多い時期に産卵することが多い。樹洞以外なら産座に積もった雪は風によって飛ばされるか、また自ら除雪することも可能だ。また抱卵、抱雛中に降った雪も身震いするだけで除去することができる。このような理由により樹洞以外の場所で営巣することが多いのだろう。だがシマフクロウはほとんどの場合は樹洞を利用している。これはシマフクロウの生息場所が、比較的降雪量の少ないことが大きな要因だろう。逆を言えばシマフクロウは樹洞にこだわるために、降雪量の少ない所を生息地として選んでいるのかもしれない（270ページ図15参照）。

　シマフクロウも樹洞以外の繁殖が2例ある（岩棚、トビの古巣）。その場所の近くに非常に良い餌の狩り場があったが、営巣に適した樹洞がなかったことと、降雪量が他の地域に比べやや多かったことが関係しているものと思われる。さらに岩棚は上昇気流が発生するため、棚にはほとんど積雪がなかった。ロシアではマガダン近郊でオオワシの古巣を利用しているのが確認されている。

　ロシアのウスリー地方シホテアリニ山脈西側では、積雪量が1～1.5mほどあるが、樹洞で営巣している（完全に上部がふさがれたものではない）。おそらくこの積雪量は上限であろう。また東側の日本海側の積雪量は少ない。この地方の巣のタイプは図15のBとCに属し、オープンタイプに近い巣で、産座から入り口までが浅いことが多い。このような巣は北海道でも多く利用されている。これは積雪があっても除去が容易なため、樹洞以外の巣の利用がないのだろう。

　飼育下でオープンタイプの巣箱を設置し利用を確かめたが、設置後2年目に利用した。その後はまた樹洞タイプの巣箱を利用している。

　営巣のために利用した樹種は、ハルニレ（*Ulmus Davidiana*）、オヒョウ（*U. laciniata*）、ミズナラ（*Quercus mongolica*）、カツラ（*Cercidiphy japonicum*）、シナノキ（*Tilia Japonica*）、イタヤカエデ（*Acer Mono*）、ダケカンバ（*Betula Ermani*）の7種類。これらの樹種は比較的樹洞が

できやすい。また河川の近くに多くみられる種でもある。樹齢はいずれも200年以上経過しており、胸高直径は80〜130cmくらいある。国後島ではほとんどがオオバヤナギ（*Toisusu urbaniana*）を利用している。利用している樹種はすべて広葉樹のため、巣箱にトドマツの樹皮を張り利用を確かめたが、普通に利用していた。またトドマツに直接巣箱を設置しても利用度は変わらなかった。つまり樹洞は営巣できる空間があれば、樹種は関係しないということになる。

　樹洞の入り口は、地上２メートルから十数メートルの高さで、樹洞内の直径は約60cm。底面積は１〜1.3㎡が標準サイズだが、さらに小さい樹洞でも繁殖可能だ。

　ＣとＥを除く他のタイプは雪、雨の影響を受けやすく、底部の水はけの良しあしが、卵の孵化と幼鳥の成長に影響すると思われる。猛吹雪によって樹洞内に雪が入り込み、抱卵を中止したこともある。この時の巣のタイプはＢで樹洞の深さは入り口から70cmあり、雪は入り口から20cmのところまで積もっていた。

　巣の深さは入り口から底部まで10〜80cm。大抵は、抱卵中の雌の頭部が見えるか見えないかの25〜40cmくらいの深さだ。

　営巣木の位置は、水辺から５〜400mの間が最も多い。中には川や湖に張り出した木がある。この場合、巣の直下は水面となる。まれに水辺から1,500mも離れていたことがある。現在は営巣可能な樹洞をもつ木が非常に少なく、選択する余地がないと思われる。

　巣箱を特定のシマフクロウを使って、最も好む場所を選び出した。その結果、水辺に近い条件に加え、地形が重要だということが分かった。選んだ場所は水辺に最も近い河畔林より、河岸段丘上またはその斜面だった。おそらく河畔林の木は川の氾濫で倒れることが予想され、さらに巣立ちした飛べない幼鳥が地上にいる時に洪水が起ればひとたまりもなく流されてしまう恐れがある。このような理由から、ハンティングに便利な氾濫原にある河畔林内より河岸段丘の林内を選んだものと思われる。

　また営巣木はうっそうとした林内ではなく、明るい林の中か林縁部にある。そして樹間距離は５〜10mくらいだ。おそらく営巣できるだけの樹齢の森では、これ以上の間隔の樹間をもっている。逆に樹間距離がこれ以上狭くなると、飛行が困難になるだろう。また巣の入り口前方は広範囲に開けているのが普通だ（271ページ図16参照）。

　ロシアのウスリー地方の営巣木に関して、氾濫原と段丘上の３例を

みると、いずれも河畔から50m以内で、樹木の間隔は10mを越えている林内にある。しかし氾濫原の森全体の樹木が2段層になっており、高木は高さ30m、中木は同13mほどで、高木の横枝が多く出るのは地上高20～25m辺りだ。このため地上高13～20mの間は空間ができている。シマフクロウはこの空間を利用して飛行していると考える。巣もその空間の高さにある樹洞を利用している。

　北海道内の天然の営巣木は、これまでに述べた条件をすべて満たしているものはない。巣の位置は次のような所にあり、良い環境下にあるとは言えない。

①人家の庭先、河川まで約50～200m
②牧場の外れ、河川まで10m

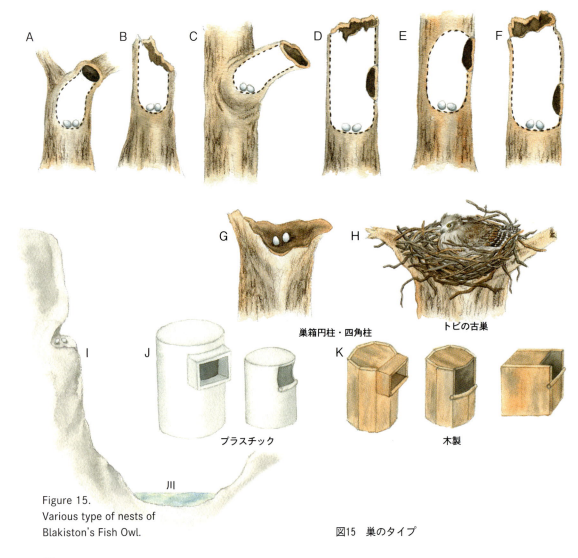

Figure 15. Various type of nests of Blakiston's Fish Owl.

図15　巣のタイプ

③約20度の斜面上、河川から300m以内
④氾濫原、河岸から30m
⑤他は河川までの距離は異なるが、すべて河岸段丘上の二次林
⑥針葉樹主体の森でハンティング場所まで1kmほど離れている

Figure 16. Cross section of supposed most suitable location of nesting tree.

図16　最も良いと思われる営巣木の位置（断面図）
河畔はヤナギ（*Salix*）、ハルニレ、ハンノキ（*Alnus hirsute*）段丘上はヤチダモ（*Fraxinus mand shurica*）ダケカンバ、ミズナラが主体となる。

産卵直前抱卵のため抜け落ちた腹部の羽毛。自分でも抜くことがある

河川から1km近く離れたミズナラの巨木。入リロは地上高13mあり上部はオープン

河岸段丘の斜面のダケカンバ。樹洞は地上高は6mで樹洞入リロは上向き

氾濫原の平らな地形にあるハルニレ。樹洞は地上高10m

4 産卵

1年を通して雌雄共に樹洞に興味を示していること、繁殖期以外でも樹洞への出入りがあり、産座はほぼ完成していることはすでに述べたが、産卵前は産座がより深くなりすり鉢状だ。しかし産卵直前にはやや深めの皿型の産座に作り変わっている。

産卵が近くなると雌の行動範囲が狭くなり、巣への出入りも多くなる。あるつがいの雌は産卵2週間前ごろから産卵日まで、一晩の移動距離が500m以内ということがある。餌はほとんど雄の給餌に頼る。巣に入った時は必ず産座の補修と巣の周辺を嘴（くちばし）で噛む行動を取る。これは雌雄共に行い、一種のマーキングと考えられる。しかし入り口の大きな巣ではこの行為は比較的少なく、単なる入り口の拡張を行っているだけかもしれないが、入り口の狭い巣でも周辺をかじらない個体も少数いる。また巣内の周辺もかじることから産座の材料にしていることも考えられる。

掘られた産座の中心が産卵位置とはならない。産座は樹洞のほぼ中央部に作られるが、実際の位置は産座の中心から10～20cmほどずれている（図17参照）。この方が親鳥の抱卵が安定するのかもしれない。抱卵が開始された頃は産座ははっきりしているが、親鳥の出入りで徐々に崩れ、孵化（ふか）する頃にはわずかくぼみになっている。

産卵は、普通3月上旬から中旬にかけて行うが、その時期は餌の多い少ないによって左右される。雌の健康状態によっても産卵期が変動することもあり、場合によっては産卵しないこともある。また産卵期の早い遅いは個体自身の特徴としても現れている。それは巣と巣の距離がわずか数キロしか離れていない場所で、餌の条件などはほとんど変わらなくても、2週間から3週間の違いが生じているからだ。

全てのつがいに共通することだが、交尾までは順調に行われても、産卵直前に餌の条件が急激に悪化すると産卵を行わないことがある。

また気温にも左右されるように思われるが、実際は気温の急変に産卵自体はほとんど影響されないようだ。強いて言えば、平均気温の低い年の方が産卵日が早くなる傾向にある。この現象は根室地方に顕著に現れる。それは気温が低い年の方が圧倒的に晴天日が多く、おそらく日照時間が関係すると思われる。それよりも降雪量が直接影響している。これは産卵直前の風雪が最も影響している。風雪によって巣内

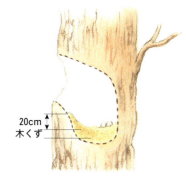

図17　産座の状態

Figure 17.
Common nest bed shape and egg position.

に大量の雪が入り込むと、その巣は使用不可能になってしまい産卵しない場合もある。また巣内に積もった雪の上に産卵することもあるが、その場合は孵化しないことがある。

産卵日は地域によってかなりの差があり、早いものでは2月20日に産卵した例がある。また、はっきりとした産卵日は不明だが、巣立ち後の幼鳥の成長度合いから推定し、遅くとも2月上旬から中旬にかけて産卵していたと思われる記録がある。

同地域の3つがいの産卵日の比較

	1983〜98年	1999〜2019年
①	3月1日−3月10日　平均3月3日　観察回数=12　根室	2月27日−3月2日　平均3月1日　観察回数=19
②	3月6日−4月1日　平均3月18日　観察回数=16　根室	2月25日−3月6日　平均2月28日　観察回数=21
③	3月7日−3月13日　平均3月10日　観察回数=16　根室	3月8日−3月13日　平均3月10日　観察回数=21

1998年までは①と③は平均で7日間の差だが、①と②では2週間ほどの差がある。産卵前の行動にもそれだけの差があるかというと、求愛給餌や交尾行動でも触れているが、それほどの差は見られない。気候の急変（吹雪などで巣穴が使用できなくなる）、巣の消失（営巣木の倒壊）などもなく、原因は不明だ。ただ雌の健康状態は、野外観察で見る限り異常はなかったが、良好でなかったのかもしれない。また産卵していても巣内で産まずに、巣外で産み落としたことも考えられる。この巣外産卵は2例で確認した。1例目の初卵は巣内で産み、2卵目は巣から10mほど離れた雪上で産んでおり、軟卵のためすでに破卵していた。2例目は巣から数百メートル離れた樹上で産み落としたもので、落下のショックで破卵していたが、軟卵ではなく正常卵だった。

遅い産卵の一部のものは補充卵とも考えられるが、補充卵の観察記録は少なく飼育個体を含め5回しかない。補充卵の卵数は全て1卵である。②の遅い産卵はいずれも1卵で、遅い産卵は1回目の産卵を何らかの理由で失敗し、補充卵だった可能性も考えられる。しかしこのつがい自体産卵は3月中旬以降が多く、体調の不調などで卵数が減り産卵日も遅れただけかもしれない。

1999年以降①と②の産卵日が早くなっているのは、つがいの片方が変わっているからだ。①では差が見られないが、②は平均で20日ほどの差が生じている。これは雌の入れ替わりで、産卵日は雌の状態で決

定しているようだ。

　根室地域以外のつがいについては、知床半島では3月15日ごろから同月25日ごろの産卵が多い。しかしこの地域でも例外はあり、2月初旬ごろに産卵していたことが確認されている。十勝地方では3月中旬ごろが最も多い。釧路地方では3月初旬ごろに集中している。全地域に共通しているのは、冬季に人が給餌を行っている地区の産卵日は、総体的に早くなる傾向を示すことだ。このことからも、餌の条件が産卵日を決定する重要事項だということがうかがえる。

　産卵するころは、前年度に生まれた幼鳥も亜成鳥となっており、しばらくの間親鳥と別の塒(ねぐら)をとることが多かったが、交尾期になるとまた塒を共にすることが多くなっている。これは亜成鳥自身の学習の一つと考えられるが、親鳥にとっては邪魔な存在だ。実際、亜成鳥が交尾の邪魔をしたことがある。しかし亜成鳥の有無が産卵を遅らせているとは考えにくい。

　通常は初卵を産むと抱卵を開始するため、他の地域も含めこれまで2羽同時孵化の例はない。卵数は2卵が多く、2〜7日の間隔で産卵する。産卵間隔は3〜4日が最も多い。

3卵。飼育下では非常に珍しいが最高4卵の例がある

卵の周りにダウンを敷いている

未孵化卵のため採卵する

（上左）巣内に半ば埋められた未孵化卵

（上右）破卵。未孵化卵の場合は破卵して巣外に捨てるか、殻を食べる

雪上に産卵された軟卵

図18 卵の形と大きさ（原寸）

Figure 18.
Variation of the eggs shape and size.

Table 15.
Size of eggs.

卵の重さは、抱卵開始と同時に減り始め、卵によって多少異なるが、シマフクロウの卵は一日に約0.2gずつ減少する。そのため産卵直後に測定しなければ正確ではないが、野生の状態では不可能であり、推定卵重にした。また産卵日の特定も難しく、産卵日の不明のものは除外した。一腹の産卵で初卵がやや大きくなる傾向を示し、補充卵においては計測数は少ないが、さらに小さくなっている。

表15 シマフクロウの卵サイズ

		長径mm	短径mm	卵重g	推定卵重g	備考
A	01.	59.9	50.4			
	02.	59.9	50.0			
	03.	57.6	49.2			補充卵
	04.	58.9	49.8	72.85		補充卵産卵1カ月後計測
	05.	60.4	49.0			
	06.	57.8	50.4	77.45	78.9	産卵1週間後計測
	07.	60.3	50.6	81.95	83.4	産卵1週間後計測
B	08.	66.8	51.2	94.45	95.9	産卵1週間後計測
	09.	66.6	50.5	93.40	94.8	産卵1週間後計測
	10.	69.4	50.0			
	11.	68.0	50.4			
	12.	64.8	50.4			補充卵
	13.	67.0	51.2			
	14.	66.7	51.0			
C	15.	61.2	50.8	84.90	86.7	産卵9日後計測
	16.	61.8	51.4	88.95	90.4	産卵7日後計測
D	17.	64.8	52.0	83.30	89.3	産卵1カ月後計測
	18.	62.6	51.4	80.60	86.6	
E	19.	64.5	52.1	85.90		
	20.	66.1	51.1	78.50	90.5	産卵2カ月後計測
F	21.	62.0	52.8	85.90	93.9	産卵40日後計測
	22.	62.9	51.3	78.50	86.5	産卵40日後計測
G	23.	55.9	49.0			
最大		69.4	52.8			
最小		55.9	49.0			
平均		63.0	50.7			

補充卵を除く平均　長径63.7mm　短径50.9mm
推定卵重＝採卵時の重さ＋抱卵日数×0.2g

5　抱卵

　樹洞内で営巣するシマフクロウの抱卵、育雛(いくすう)を知ることは難しく、また警戒心も個体によってかなり異なり、うかつに近づくと抱卵中止につながる。筆者は一度巣箱にビデオカメラを設置し、抱卵、育雛の行動を調査したことがある。結果は幼鳥の行動や親子関係など多くを知ることができた。そして2羽の幼鳥も無事巣立ちを行った。しかしいずれの幼鳥も、通常の巣立ち日数より1週間から10日も早く巣立ちしてしまった。また親鳥が幼鳥を巣外へ誘導する行為が頻繁に見られた。通常の巣立ち日数（52～55日）ではこのような行動は見られない。これは明らかに警戒した結果と思われる。ただし別の地域で同様の調査を行っても、雛(ひな)は通常の日数で巣立ちしており、親鳥の警戒心の強弱によるものかもしれない。

　親鳥の幼鳥の呼び出し行動は、孵化(ふか)後65日を過ぎても巣立ちしない時に見られる。また餌が不足している時や、1羽目が巣立ちし2羽目はそれにつられて同じ日に出てしまうことがある。

　調査中は別段変わった行動も確認できなかったが、結果的にはこのように巣立ちを早めてしまった。幼鳥の成長過程で巣立ちのころの1週間の差は大きく、特に脚力の違いは歴然としている。巣立ち後の幼鳥の生死に大きく関わってくる問題だ。以後、これらの調査は親鳥が離巣した隙に、親鳥に気づかれないようにして巣内の状態を調査している。そのため断片的なことしか分からないが、巣内の調査は飼育個体で行う方が無難で、そうする方が保護意識の向上にもつながると筆者は考え、実行している。

　第1卵を産卵すると抱卵に入る。しかし雌によっては2卵目を産卵するまで1卵目を継続して抱かず、凍らない程度に抱き孵化する時期を調節していると思われる個体もいる。2卵目産卵までの3～5日間は、昼夜を問わず雌は頻繁に巣を出入りしている。このような抱卵方法を取っているが、同時孵化はなかった。

　抱卵は雌だけが行い、その期間中雄が巣に入ることはほとんどない。餌渡しも巣の入り口で行うが、給餌の際に雌が餌を受け取らないことがまれにある。雄はくわえていた餌を巣の中に落としていくか、巣内に入り餌を置くと早々に去る。底部の直径が1㎡もあるような樹洞なら簡単に入れると思われるが、そんな大きな樹洞に産卵した例はなく、調査した巣は雌が抱卵姿勢、または立ち上がった姿勢で巣の入り口に

いる雄と餌渡しが可能で、単に雄が入る必要がなかったためかもしれない。

　雄がよく巣内に入るようになるのは、抱雛の必要がなくなり、雌もハンティングに出かけ、巣が留守になる孵化後20日を経過したころからだ。

　卵は35日間から38日間で孵化する。最も多いのは35日間だ。また最も長い抱卵期間は41日間という記録がある。抱卵日数の違いは、雌の抱卵の状態によって生じるため、孵化日を調整していたのかもしれない。2卵目の産卵は1卵目から1週間後だった（早矢仕、私信）。

　抱卵期間中の雌の総離巣時間が5、6時間の場合は、35日間で完全に孵化が終了している。そして孵化1日前にはすでに嘴打ち（はしう）を行っており、卵内で鳴き声を頻繁に発している（4つがい）。抱卵状態は、それぞれのつがいによって多少異なる。

　雌の離巣は主に排便と羽繕いのためで、1日に1〜3回行う。1回の離巣時間は5〜20分が普通だが、中には抱卵期間中に1〜3回ほど長時間の離巣を行うつがいもいる。この離巣は通常では考えられないほど長いもので、最長3時間40分も巣を離れていた。その距離は巣から1.5kmも離れており、さらに雌雄一緒で巣は全く無防備となっていた。離巣時の気温は氷点下1度から同3度だった。長時間離巣する個体はその時間こそ変わるが毎年行っており、これによって未孵化に終わったと思われる年もあった。しかし3時間40分離巣した年でも、無事に孵化している。これには長時間離巣する時期が関係していると思われる。検討するだけのデータはないが、産卵から2週間以内で長時間離巣を行っても孵化する確率は高く、抱卵期間中の後半では離巣時間が1時間でも未孵化となるようだ。さらに離巣時間だけではなく離巣時の天候や外気温度も影響すると思われる。なぜこのような長時間の離巣を行うのかは不明だ。別個体の侵入などは確認されなかった。他のつがいではこのような長時間の離巣はあまり確認されておらず、単にその個体だけの特徴かもしれない。またこのつがいの雄は他のつがいの雄に比べ非常によく鳴き、その量は2倍以上にもなっている。これも雌の離巣を誘引する行為と思われる。原因は隣接するつがいへのけん制が考えられる。長時間の離巣時は鳴き交わす間隔が非常に短い。通常は1分前後で鳴き交わすが、それが10〜15秒間隔と短く、それも点々と移動しながら鳴き交わしている。移動中はすべて雌が最初に飛行し雄が後を追うもので、雄が雌を呼び戻しているようにもとれ

る（調査対象1つがい、1983〜84年、98年、2001〜10年）。

　また縄張りの境界付近では孵化直後でも1時間ほどの離巣がある。この時も雌雄そろって鳴き交わしているので、巣は無防備の状態だ。しかし転々と移動することはなくその場で鳴き交わし、間隔も通常だ。この離巣が原因で雛が死亡した例はない（表16参照）。

　調査地の冬季から春季は、北海道内の各地と比べ気温の低下は少なく、抱卵期間中においても最も低下した気温は氷点下23度だった（1983〜2019年）。他の繁殖地域ではさらに低下している所も多く、この程度の温度変化が孵化に影響するとは考えられない。

　雌は普通、雨天、強風、風雪時は通常の時間帯（日没ごろ）には離巣せず天候が回復してから離巣している。まれに猛吹雪が続き、雪が巣内に入り中を埋め尽くすような時は、巣を離れることがある。こういった場合、卵は雪で埋もれてしまい、また低温で巣内に入り込んだ雪の表面が凍り付き、雌は卵を掘り出すことができずその時点で抱卵を中止したことがあった。

　離巣中の巣内の温度変化を調べるため、木製巣箱に温度センサーを置き測定した。抱卵期間中、外気温度が氷点下10度程度まで低下することがよくあるが、産座の温度は直接雌が接していない所でも0度以下になることはほとんどなかった。また離巣した時でも温度低下が少なく、外気温度氷点下5度で20分間の離巣では、巣の入り口辺りだけ外気温度と同じくらいになるが、産座を含め巣内部の温度変化は少ない。樹洞においても同様だ。シマフクロウは他の鳥類に比べ離巣する時間が長いが、巣内部の温度変化が少ないため卵に与える影響は少ないと思われる。厳寒期の産卵もこのことを考えると納得いくものである。

　抱卵中の卵下部の温度は、温度センサーが卵、親鳥に直接触れていない状態でも28〜33度を保っている。産座を含め巣内の温度変化が少ないのは、産座に敷かれた羽毛と木くずが保温の役割をしているためと思われる。

　抱卵の放棄は、抱卵開始後25日目から孵化日数を過ぎた45日目までの間で行われている。まれに2カ月間も抱卵を行った個体もいる。孵

表16　抱卵期間中（35日間）の時間帯別離巣時間　1983年

時間帯	離巣時間	回数
18:00-19:00	243分	24回
19:00-20:00	31	5
23:00-24:00	65	4
3:00- 4:00	15	2
20:00-23:00		
24:00- 1:00	計109	7
4:00- 5:00		

Table 16. Time and frequency of the female's departure from the nest an example of a 35-day incubation period in. 1983

化日数（35日）に満たない日数での放棄は、原因は不明だ。おそらく巣または自身のアクシデントと思われる。いずれも補充卵の産卵は見られなかった（※観察事例数＝13）。また人工孵化のため採卵し、人為的に抱卵を中止させた場合や原因不明の抱卵中止（いずれも初卵産卵後2週間以内）は、5例中4例までが補充卵の産卵を行っている（飼育下含む）。

　孵化すべき日数が経過しても卵がかえらない場合は、雌はその7～10日後に抱卵を中止して巣を出る。しかし雌は巣から完全に遠ざかることはなく、特に日中は巣の近くにいることが多い。抱卵中止後、10日ほどが経過すると巣への関心が薄れ、巣から遠ざかっていく。その場合、卵は巣内の木くずに埋めるなどして残されたままのことが多い。しかし巣内に卵殻などの痕跡がないことがある。一度だけ破卵した卵が巣の直下で見つかったことがあり、親鳥が破卵して巣外に捨てているのは確かだ。未孵化卵の抱卵中止は、最終交尾が関係しているように思われる。それは最終交尾後、孵化日数の35日間は確実に抱卵しているからだ。

　2卵産んで1卵だけが孵化した場合は、その幼鳥が巣立っても卵は巣内に残っている場合がある。その卵は巣の中心部から離れた位置にあり半ば木くずに埋まっていた。これは雌や雛の動きで自然に埋まったものではなく、雌が故意に埋めたものだ（飼育下含む）。また飼育下ではあるが、抱卵放棄後のケージ内、巣内に卵、卵殻が残っていないため、親鳥が食べたものだろう。

　1983年3月10日に産卵し抱卵を続けていたが、4月5日の丸1日続いた猛吹雪で、抱卵を中止したことがある。後日、雪に埋もれた2卵が発見された。この巣は入り口が北側にあり、入り口から産座までの深さが45cmで、雪が産座から入り口までをふさぐ状態だった。この時の補充卵の産卵はなかった。またこの猛吹雪で別のつがいも巣を頻繁に出入りしており、その後も抱卵を続行していたが、未孵化に終わっている。おそらくこの時の雪と低温で卵の発育が停止したものと考えられる。

　補充卵が孵化したという例は、確実な記録として1例あるが、これは巣立ちまでいかず、孵化後40日強で死亡している。後日の解剖の結果、先天性免疫不全だったことが分かった。

　そのほか非常に遅い巣立ちで補充卵が孵化したと思われるものは2例ある。これは確認した幼鳥の推定日齢から逆算して産卵が4月に入ってからと思われ、非常に遅い産卵か補充卵ではないかと考えられる

からだ。もともと繁殖率の低いシマフクロウは、補充卵によって孵化させるより、餌的に条件の整う次年度に通常産卵を行う方が有利であり、そのため早期抱卵失敗の時だけ補充卵を産卵するのかもしれない。

抱卵中の雌の餌は、ほとんどが雄によって巣に運び込まれる。回数は餌の獲れ具合、大きさによって変化するが、普通は1日に1〜4回行う。天候の関係で数日間、雄が餌を巣に運ばなかったことがあったが、雌の行動に変化は見られなかった。シマフクロウでは餌不足による抱卵中止は確認されていない。しかし他のフクロウ類ではしばしば報告されていることから、シマフクロウの場合も十分あり得ると思われる。繁殖個体数も少なく調査不足であろう。

抱卵中の雌の食事量は、通常の摂食量の30〜70％だ。またこの時期巣内に餌を保存することはあまり行わないが、餌が十分に獲れていないため保存できないことも考えられる。ただし孵化間近になると保存量が増える。1,000g以上保存していることがあったが、このようなことはまれで普通は200g程度、魚類に置き換えると20cmほどのサイズが2、3尾くらいだ。保存量が多いのは雛が孵化して2週間くらいまで。それ以後は、雛の食事量が増えるためか巣内にはほとんど残されていない。

抱卵中の雌はハンティングを行わないのが普通だが、抱卵期間中の雌の捕食は、筆者は何回か確認している。しかしそれは積極的なハンティングではなく、巣から遠く離れることもなく（200m以内）、脱糞のため巣を出た時に偶然に見つけたネズミ、カエル、魚類であり、それらは巣に持ち帰らず捕らえたその場で食べている。

抱卵中の雌。雄の声に反応して鳴く（飼育下）。抱卵は入口から遠い位置で行うことが多い

抱卵中、巣内から外をうかがう雌

フクジュソウ。卵がかえるころには一面に広がる

6 孵化

　孵化には、1日から1日半ほどの時間を必要とする。嘴打ちから卵の4分の1近く割るのに24時間以上かかり、その後は一気に進み、半分に割ったような形で卵から出る。

　また孵化までの過程で得られたことは、産卵直後の卵の比重は水とあまり変わりなく、温めることにより卵内の水分が蒸発するということだ。胚が発達すると血管などが形成され、さらに卵は軽くなる。この差で成長の有無が判別できる。未発達の卵は1日に0.05〜0.1gずつ重量が減少し、発育している卵は0.2〜0.25gずつ減少していく。孵化が近くなると減少の度合いがさらに大きくなる。この割合は卵重が85g

のもの。孵化が近くなると聴診器をあてると心音を聞くこともできる。心拍数は1分間に120〜130回。

通常の孵化進行

雛(ひな)は、嘴打ち前から卵内で鳴き声を発している。

破卵していく順は孵化過程で異なり、通常は周囲にひび割れを作り孵化する。図19は比較的少ないタイプ。1、2、3の順で広がるが3の後は一気に進み穴を押し広げて出てくる。最初のひび割れは卵の中央部より気室寄りだが、この位置からの輪切りの感じで穴を広げるのでなく、進行はやや尖部(せんぶ)に向かって進む。まれに卵の尖部側にひび割れが入ることがあるが、これは雛(ひな)の位置が通常とは逆の位置のために起こる。通常は卵の中央部辺りから穴を開け、そこから輪切りのようにほぼ一周にひび割れを入れ　そして殻を押し広げて出てくる。このような割り方をする方が早く出られる。それでも嘴打ちから丸一日かかっている。

孵化した雛は思うようには動けないが、親鳥の羽毛の下に潜り込もうとする。また親鳥も雛を抱こうと少し移動するため、もう1卵が孵化していない場合、抱卵していた位置がずれることがある。このとき他の1卵を動かすことはほとんどない。孵化後数日間はそうだ。雛は早いものだと孵化後1時間で親鳥の給餌を受ける。これは孵化した時間や巣内の餌の残物の有無で変わってくると思われる。人工育雛においては雛には、孵化後半日以上は餌を与えない方が適切とされている。

図19　孵化の進行方向

1、2、3の順で広がるが3の後は一気に進み穴を押し広げて出てくる

Figure 19. Hatching process.

卵の一部にひびが入る（雛の声がする）

第4章　求愛〜産卵

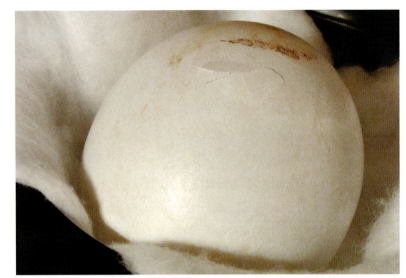

10時間経過。15mm四方にひび、中央部がやや盛り上がる

17時間経過。8×5mmの穴があく

23時間経過。10×6mmの穴になり、ひびは放射状

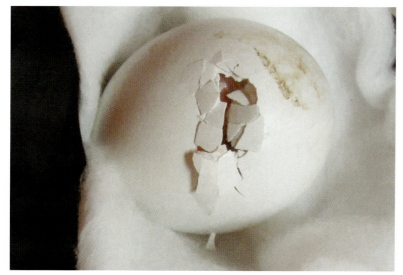

26時間経過。15×6mmの穴になる

30時間経過。50×8mmの穴になる。ほぼ周囲に広がる

33時間経過。60mmほどになり、押し広げて一気に卵から出る

第4章 求愛～産卵

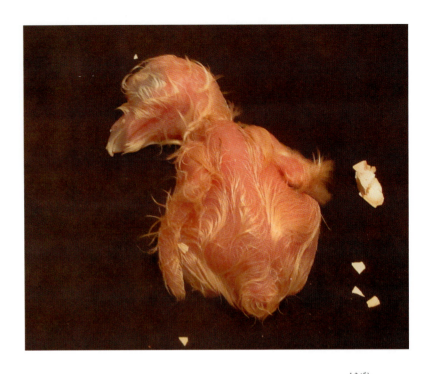

孵化完了

　雛に与えられる餌は親鳥が1cm以下の大きさにちぎり、嘴(くちばし)で十数回ほど噛(か)んで柔らかくしている。このように柔らかくした餌は、孵化後1週間ぐらいまで与えられるが、その後は小さな餌はまるごと、大きな餌はのみ込めるサイズにちぎるだけだ。この時期、雛への給餌は全て雌親が行う。雄親が雛に直接給餌をするのは雌が離巣している時で、孵化後2〜3週間経過してから。それも一口サイズの餌だ。雄親が雛に餌をちぎって与えることはなく、これを行うのは雌だけである。

　雌の抱雛は、孵化後2週間くらいまで。その後も雌は巣内に残っているが、抱雛はあまり行わない。ただし寒冷日や風雪日は抱雛を行う。また雌の離巣時間帯は抱卵期とさほど変化はないが、雛の成長と共に巣を空ける時間が長くなり、孵化後3週間が経過すると雌も盛んにハンティングを行うようになる。

　これまでに死ごもり卵は3例確認されている。死ごもりとは卵の発達が後期まで順調に進むが、孵化間近になり停止すること。シマフクロウは大抵の場合2卵を産卵するが、うち1卵はほとんど発達しない場合が多い。この卵は無精卵なのか有精卵なのか特定できていない。また孵化しても正常でない個体は人工孵化を含め3例あるが、いずれも後に死亡している。先天的に異常を持つ卵は発達しないものなのかも分かっていない。また死ごもりについては多くの原因があり、死因の特定に至っていない。

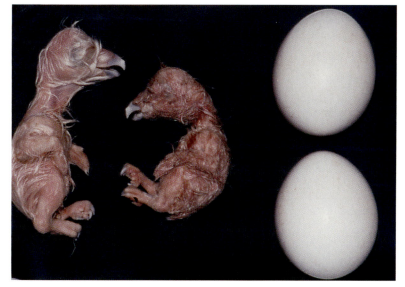

孵化日数に達するまでに抱卵中止した死亡卵。大きい方の雛は孵化3日前くらい。雛が死亡したことを察し抱卵を中止したのかもしれない

孵化直前、発達停止卵（死ごもり卵）内の雛の様子

孵化後数日の雛。死因は不明で野生の個体

Episode 2

キツネ対策

　交通事故を未然に防ぐため、営巣中は飛来する場所の近くで魚の給餌を行っているが、キツネに魚を捕食されることが多い。給餌場所の周りをネットで囲えば穴を掘って入るし、ゴルフネットは破って入るし困っていた。仕方なく近くに高さ2m強の物置小屋があり、その上に餌の魚を置くことにした。はしごを使って登り魚を置いた。しかし数時間たって見に行ったら魚は全部なくなっていた。シマフクロウが食べたにしては多すぎる。しかしキツネはどこからも上がれないはずなのに。

　そこでセンサーカメラを仕掛けてみた。すると、はしごをうまく登り、うまく下りるキツネの姿が写っていた。はしごは7段でほぼ垂直に立てているのに……。なんと器用なキツネだろう。しかし考えればイヌが曲芸ではしごを渡ったり、登ったりするものもいるくらいなので、キツネが食べ物に魅了され、そんな芸当をしても不思議ではなかった。その後、はしごは常に外している。

はしごを下りるキタキツネ。はしごを垂直に立てると登れなかった

必ずソファーの上でリラックス。人工孵化(ふか)の幼鳥

クマゲラの子育て。巣穴から顔を出す雄

孵化後14日

第5章
子育て〜幼鳥の成長過程

幼鳥とオオバナノエンレイソウ。孵化後55日

1　孵化から巣立ちまでの育雛

　卵が孵化する数日前から、雄は巣の近くで他の抱卵期間中に比べよく鳴くようになる。その都度、雌は巣内で鳴き応える。おそらくその時点で雄には嘴打ち、もしくは雛の声が聞こえていて、雄はその存在に気づいていると考えられる。そして巣をのぞきこむ時間が長くなる。それは巣の入り口に止まったり、巣の中が見える位置に止まったりしてのぞきこんでいる。他の抱卵期間中も鳴いたり、巣を警護しているが、巣をのぞき込んだりはせず、巣が確認できる位置に静止しているだけだ。このように巣の近くにいる時間が長くなっても、巣に運ぶ餌の量に変化はない。また雛が孵化しても、餌を運ぶ回数は大きく変化しない。巣に残された餌は雌が食べ、雛には新しい餌を与えていることが多い。雌は餌を与える前に必ず餌を雛の嘴、頭部に軽く接触させ、小声で「クッ、クッ、シィィィ」という声を出してから給餌している。

　雌は孵化後2日間ほど、離巣を行わないことが多い。離巣しても1分から2分程度で帰巣している。しかし孵化後3日目で52分間という長時間の離巣を行ったことがある。この時は2卵目が孵化していて、外気温度もそれほど低くなく、雛の成長には影響していないように思われた。孵化後の初期の段階での雌の離巣は、2卵目が孵化していることが必要と思われる。なぜなら雛同士が体を寄せ合って互いに温め合うことができるからだ。長時間離巣する時は5分程度で一度雌が帰巣して、雛の状態を確かめ、雛同士が離れている場合はそれらを強制的に寄せ合わせて、再度離巣している。

　2卵目が孵化し6日目に雌が水浴を行い、すぐに帰巣したことがある。羽毛はずぶぬれの状態で、巣内ではおそらく抱雛は行っていないと思われる。この時期の雛はある程度体温調整ができるため、連続した抱雛は必要ないのだろう。また巣内の湿度調整のために濡れた羽毛で帰巣したとも考えられるが、この10日前にはまとまった雨と雪が降り、巣内が乾燥していたとは考えにくく、単に雛の抱雛がそれほど必要でなくなり、汚れた羽毛をきれいにして帰巣しただけかもしれない。また雛への水分補給かもしれない。

　雛への餌運びが一段落すると、雛が小さいうちは巣に戻り、抱雛や雛の横についていることが多い。その時雄親は巣の警護をあまりしておらず、雄のいる場所もいろいろで、巣から1km以上離れていること

も少なくない。そんな時は眠っていることが多い。

　孵化後3週間目ごろから、雌もハンティングに出かける。この頃は、ほとんど抱雛の必要がなくなっている。その後は個体によってさまざまで、ハンティングが終わると帰巣しそのまま巣にとどまる雌や、時々巣に戻り巣内を確かめる雌もいる。雌は帰巣しても抱雛はほとんど行っていない。しかし日中は巣内にいることが多く、雛の方から雌の腹部に潜り込むことがある。雌は巣内にいるときは、跗蹠をつけてしゃがんでいる。孵化後5週間目になると、雌は給餌を除いて夜間はほとんど巣に戻らなくなる。日中も時々巣の外にいることもある。この時期から雄は直接幼鳥に給餌するようになる。それまでは雌がいったん餌を受け取り、雌から雛に給餌していた。しかし餌が大きくて幼鳥がうまくのみ込めそうにないときは、巣まで餌を運んできていても巣の近くで雌の帰りを待ち雌に渡している。このような行動は4つがいで観察された。孵化後6週間もすると、雌は夜昼とも巣に入ることはなく、終日近く（50m以内）で巣を守る。この時雌雄が同じ位置にいることはまれで、巣の前方に雌、後方に雄といった具合に離れていることが多い。これは外敵の発見をより早くするためのものと思われる（299ページ表17参照）。

　育雛中の餌の量は、獲物の大きさや雛の数によって多少異なるが、20cm程度の魚は1晩に3〜5回運んでいる。カエルの場合は1晩に10〜15回も運ぶ。特に雛が小さいうち（孵化後4、5日）は、雄は小さい餌を意図的に選び巣に運んでいるようだ。大きいものは雄自身で食べている。雛の摂食量ははっきりとは分からないが、雛が餌を丸のみできるようなサイズの魚を使って摂食量を調査したことがある。これは雌もハンティングを行うようになってから巣立ちまでの20日間のものだ。初期の段階では餌をひきちぎって与えるため雌も同時に食べることがあり、不明瞭な部分が多いため調査は行っていない。結果は、雛の摂食量は1羽あたり20日間で7kgだった。人工育雛でも、ほぼこれに近い数字を得た。

　雄は、その日の最初に捕らえた餌は自分で食べず、必ずと言ってよいほど巣に運んでいる。幼鳥が巣内にいる期間では約90％がそうだ。特に前半は100％に近い。また大型の餌の場合は頭部だけを食べ巣に運んでいることが多い。頭部のなくなった魚類が10尾余り巣内の縁に並べられていたことがある。巣内の餌の保存は、雄の運んでくる量にも関係するが、孵化前後に最も多く保存されている。雛が成長するに従

って巣内の保存量は少なくなり、雌が巣に戻らなくなる頃にはほとんど残されていない。これは幼鳥が食べ尽くし、1日に食べる量と運ばれてくる餌の量が一致しているか、逆に足りないため餌の残物がないのかもしれない。雌雄に人工給餌で多く餌を与えても、雌雄共に積極的に巣に餌を運ばないことから、雌雄である程度餌の量を制御しているようだ。この頃は気温が上昇する時期でもあり、餌の残存量が多くなると腐敗して悪臭を放ち、他の捕食動物を引き寄せる原因になる恐れがあるため、巣内に餌を残さないのではないだろうか。他に巣立ちの頃になると食べ残しの魚がある時があるが、この時期は幼鳥は自分で引きちぎって食べるため、大きい獲物は食べ切れず残っているのだろう。

　別属のフクロウだが、変わった行動として一部の地域に棲む特定のカラフトフクロウ（*Strix nebulosa*）の巣内は、雛の排泄物（ペレットを含む）で悪臭を放ち、天敵に発見されやすくなるため、親鳥はそれらを食べて巣から離れた場所で吐き出している。巣をきれいに保ち、雛を捕食動物から守っているのだ。しかし雛が成長するに従って排泄物の処理が追い付かず悪臭を放つようになる。そのためか雛は飛べないうちに巣立ちしている（Duncan、2016年）。逆にリュウキュウオオコノハズク（*Otus semitorques pryeri*）の巣内は、雛の排泄物で強烈な刺激臭（アンモニア臭）を放つ。その結果、吸血虫を寄せ付けないという報告がある（朝日・小泉、私信）。こういった行動はその種全個体が行うものではなく、学習によるものと想像する。ペレットを巣外に出す種類は多くいるが、糞まで捨てるのはこのカラフトフクロウだけのようだ。

　シマフクロウの巣で何らかの理由で2羽の雛のうち1羽が死亡すると、その状態で残る1羽は成長し、巣立ち後も巣内に死体がきれいに残っている。ただし踏まれて平らになっている。また死亡した雛が食べられていたことが3例ある。2例は明らかにシマフクロウ（親鳥か幼鳥かは不明）に食べられており、餌不足から生じたものと思われる。ただし死亡の原因は不明。残る1例は捕食動物（クロテン）により食いちぎられていて、シマフクロウが食べた痕跡はなかった。

　雛数の多い種類は餌不足が生じると明らかに小さい雛が餌となっているが、死亡原因は衰弱死したものか兄弟げんかの結果なのか、はっきりとは分かっていない。

表17　シマフクロウの育雛期における雌の離巣時間　1987年

	離巣時間（分）		離巣時の気温（℃）		
1日目					1卵目孵化
2	離巣なし				
3	02		8.0		2卵目孵化
4	09	52	9.0	7.5	
5	離巣なし				
6	06		8.0		
7	03		8.0		
8	16		6.0		水浴
9	離巣なし				雨
10	16		5.5		
11	08		4.0		
12	07		6.5		
13	23	10	7.0	6.0	
14	06		8.0		
15	12		12.0		
16	26		10.0		
17	42		12.0		
18	51		8.0		雌ハンティング
19	08	30	7.0	5.0	
20	離巣なし				暴風雨
21	離巣なし				暴風雨
22	05	51	7.0	5.5	雌ハンティング
23	60+		6.5		
24	02	60	12.0	10.0	水浴
25	70		12.0		
26	10		11.0		
28	28		8.0		
29	36		7.0		
30	71		4.5		雌ハンティング
31	63		5.0		
32	60+		6.0		
33	37+		7.0		
34	60+		8.0		
35	50+		8.0		
36	68+		8.5		
37					雌終日　離巣

その後巣立ちまで雌の帰巣はなかった

Table 17. Time of female's departure from the nest during the 1987 breeding season 1987

完全人工孵化とその成長過程

孵化直前。1997年

孵化終了。1997年

孵化後12時間。羽毛はほぼ乾く。2013年

孵化後5日。薄目を開ける。ピンク色だった趾は灰色に変わる。2013年

孵化後7日。完全に目が開く。体重測定。1997年

第5章 子育て〜幼鳥の成長過程　301

孵化後12日。給餌を行う。もうすぐ卵歯が取れる。1997年

孵化後12日。5、6歩、歩行できる。ビル・スナッピングも行う。歩くとき第4趾は後方に向き、前方2、後方2の形になる。1997年

孵化後21日。何にでも興味を示し、ヘッドターニングを頻繁に行う。1997年

孵化後27日。脚がしっかりして走ることもできる。1997年

孵化後46日。日光浴。3歳児と比較。1997年

孵化後52日。巣立ちの頃。1997年

第5章　子育て〜幼鳥の成長過程

（左）孵化後2カ月。体重も順調に増えている。1997年
（右）孵化後4カ月。すいすい飛行できる。1997年

孵化後6カ月。巣立ち後に保護したもう1羽と同じケージに。左が人工孵化個体。1997年

孵化後6カ月。そろそろ換羽も終了する。1997年

孵化後9カ月。亜成鳥になる。1998年

孵化後4年。初めて産卵する。2001年

野生の幼鳥の成長過程と給餌

野生個体の巣内の様子。卵と食べ残しのカレイ

孵化後3日の雛と嘴打ちしている卵。産座の周辺には保存している魚類とカエルがあり、ほとんど頭部がない。卵殻も一部残る。まだ気温が低いため餌は腐らない。3月

孵化後7日目と16日目の幼鳥。3月

孵化後16日目と20日目の幼鳥。巣の周囲が糞で汚れだす。4月

岩棚の巣。孵化後約30日目。5月

育雛

巣の入り口で侵入者を見張る雌。雄は巣から30mほど距離を置き、別の角度から巣を見守る。5月

巣を守る雄。巣から30mほど離れていることが多い。必ず巣の見える位置にいる。5月

巣の入り口に出る雌。5月

巣から飛び立つ雌。5月

巣内に巣立ちの近い幼鳥がいる。5月

巣立ち間近。巣の入り口に出ている。24時間以内に巣立ちすると思われる。5月

巣の入り口にいる幼鳥。親鳥の帰りを待つ。5月

魚をくわえて帰巣する雄。昼。5月

魚をくわえて帰巣する雄。夜。5月

夕方、ヤチネズミをくわえて戻った雄。5月

カエルをくわえて帰巣する雄。5月

魚をくわえて帰巣する雄。5月

幼鳥に餌を渡しすぐに巣から離れる雄。5月

幼鳥に給餌のため帰巣した雌。5月

第5章　子育て〜幼鳥の成長過程

給餌。5月

雌はすぐに巣を離れハンティングに出かける。巣内にはもう1羽の幼鳥がいる。5月

巣立ち直後、地上に落下した。6月

魚をくわえて飛来した雄から、雌が魚を受け取る。そして雌は幼鳥に給餌する。6月

旧タイプの巣箱。幼鳥1羽は巣立ちもう1羽は巣の入リ口に。6月

巣立ちして20mほど歩いて登りやすい木にだどり着く。広葉樹の森は葉が枯れると非常に明るい森になるが、夏になると鬱閉度は90％ほどになる。6月

幼鳥の塒。偶然だろうか、うまくカムフラージュされている。6月

2　幼鳥の成長過程と幼鳥への給餌

　幼鳥が巣立ちを行うのは平均で孵化後53日目だが、最も早い例は45日目で、逆に最も遅いのは69日目だった。早く巣立ちしたのは後から孵化した個体で、最初に孵化した個体の巣立ちにつられて巣から飛び出したものと思われる。これは巣立ちというより巣から落下したと言った方がよいかもしれない。また巣の縁に止まっていてバランスを崩して完全に落下したものもいる。さらに雌が巣内にいる幼鳥に餌を与えようと入り口にいる幼鳥を押しのけて入ろうとして、入り口にいる幼鳥はバランスを崩し片足を巣箱の縁にかけたまま宙づりになり、その後落下した。従来、シマフクロウの幼鳥は一度巣を出ると、再び巣

エゾノコリンゴの花と幼鳥。6月

に戻ることはないとされていた。しかしその後の調査で、巣立ち後に巣に戻った例を2回目撃した。1例目は通常通りの55日で巣立ちをし、4日目は巣から20mほど離れていた。しかし翌日の朝は巣に戻っていて、親鳥は巣に餌を運び給餌していた。巣に戻って3日後の夕方、幼鳥は2度目の巣立ちをした。それ以後巣に戻ることはなかった。この時親鳥は幼鳥の呼び出しは一切行っていない。もう1例は同じ木の上下に2個の巣箱を設置した事例。下の巣箱が老朽化したため、上の巣箱を新設したものだ。営巣は上の巣箱で行った。51日目の夕刻に幼鳥は巣の入り口まで出てきて、その2時間後に巣立ちし地上にいた。翌日確認すると、雛は下の巣箱に入っていた。明らかに巣箱のある木をよじ登り、下の巣箱に入ったのだろうが、戻るという行為には間違いなく、巣に二度と戻らないというのは間違いだった。また巣が替わっても親鳥は警戒もせず幼鳥に餌を運んでいた。この戻った幼鳥は4日後に2度目の巣立ちをした。それ以後、巣には戻らなかった。

　飼育していたベンガルワシミミズク（B. bengalensis）が、地上から3mの高さに設置した巣箱から巣立ちし、再度巣に戻ったことがあるが、巣内には巣立ち前の雛が2羽いた。おそらく雛の声、雌親の声に反応し戻ったと考えられる。通常のワシミミズクの営巣場所は地上が多く、雛は早い段階で巣の周りを歩いて探索しているため、この帰巣は特段変わった行動ではないようだ。

　アメリカ在住の知人から聞いた話だが、ある日アメリカワシミミズクの雛を保護したので預かってほしいとある人から言われた。知人に留守をすることが多く飼育は難しいと言ったものの、この人物は半ば強引に置いて帰った。困り果てて思いついたのは、別のアメリカワシミミズクに託すことだった。比較的近くにアメリカワシミミズクの巣があったので、その雛を巣の隣の木に止まらせ帰宅した。翌朝、巣を訪れるとその雛は巣の中に入り、そこにいた2羽の雛と一緒に巣にうずくまっていた。仲間がいたからか、それとも餌がもらえるからか、巣に入ったのだろう。1週間後に巣を見に行ったら、雛3羽とも巣立ちし親鳥も近くにいた。親鳥は自分の子供として育てているようだった。このように保護した雛を別の親鳥に託すことは、アメリカではよく行われている。帰巣した親鳥は最初のうちは面食らっているようだが、すぐに受け入れ給餌をしている。おそらく他のフクロウ類も同様と思われる。さらに人工孵化させた雛を、成長が同程度の雛がいる巣に連れて行き、仮親に育雛させるということも行われている（アメリ

カワシミミズク、アナホリフクロウ）。

　シマフクロウの幼鳥が巣にとどまる日数は、雛が2羽の時より1羽の時の方が長い傾向がある。60日を越えるのは全て1羽の時だ。これは親鳥からの給餌を雛同士先を争う必要がないためだろう。そして巣に何も危険が迫らなかったからと思われる。
　カラスなどによる巣への干渉が多くなると、親鳥が幼鳥を巣の外へ呼び出すことがある。親鳥は巣から0.5〜2mほど離れ給餌時に発する「ピィー」という声を盛んに出す。また餌をちらつかせ呼び出すこともある。巣立ち日数50日までの時に見られた。
　巣立ちは大抵の場合、地上に下りる。巣の近くの枝に移ることもあるが、地上の方が圧倒的に多い。地上に下りた幼鳥は、倒木や傾斜した樹木を見つけ登っていく。垂直の木を10m近くよじ登ったこともある。途中で幹にしがみついて一休みをし、徐々に足が疲れ宙づりになり、そして落下したこともある。登った木の枝間に空間があり歩いて移動できないときは、また地上に落下し、別の木を登っていく。一晩で50〜100m歩行する。まれに日中の歩行もあるが長くは歩かず、身を潜められるような所に入り込み静止して夜を待つ。また歩いての移動で落下した所が斜面であれば、必ずそこを登り、下ることは決してない。ただし足場が悪くすべり落ちることはある。これには理由があり、登りは脚がスムーズに出せてバランスがとれるが、下りはそうはいかないためだ。
　巣立ち後、時々親鳥の片方が地上に下り、幼鳥を先導して歩行することがある（平たんな地形）。また巣内にもう1羽の幼鳥が残っている場合は、巣立ちした幼鳥の移動は非常に少なく、1週間が経過しても巣から50mも離れていない。おそらく親鳥が幼鳥の行動を制御していると考えられる。69日間巣にとどまった幼鳥は近くの枝に飛び移り、その後も枝上を転々と移動し、ただの一度も地上に下りなかったことがある。
　幼鳥が2羽の場合、必ず巣立ち日にずれが生じる（過去1例だけ同日）。この場合、親鳥は激しく鳴く幼鳥を優先して餌を与える。また2羽とも鳴き方が同程度であれば、巣に残っている方を優先する。これは親鳥が幼鳥の成長の度合いを見極めているのではなく、巣への執着心がそうさせているようだ。というのは、2羽とも巣立ちして巣にいない状態でも巣に餌を運ぶことがある。親鳥は巣立ちした幼鳥の位置

は把握している。この帰巣は保存のためではなく、巣内に幼鳥がいないことを確認したら、巣を離れて幼鳥の元へ飛行し給餌している。また幼鳥が巣立ちして巣が空となっても、そこに接近する外敵があれば激しく攻撃を行う。逆に外敵が幼鳥に接近しても、それほど激しい攻撃は見られない。

　幼鳥が捕食動物（キツネ、イヌ）に襲われるのは、この時期が最も多い。襲われる地域はほぼ決まっており、キツネは幼鳥の巣立ち時期になると、巣の近辺で待機しているようだ。また幼鳥が1羽の時より2羽の時の方が、片方が捕食される率が高い。最近は巣内でクロテン（*Martes zibellina*）に襲われることが多くなっている。やはり雌が抱雛しなくなった時期から巣立ちの頃に、多くの幼鳥が犠牲になっている。次に狙われるのは、個々でハンティングを行う頃で、巣立ち後1カ月くらいからだ。この危険は常について回るが、その後は飛行も上達し危険は薄れていく。しかし幼鳥は全くの無防備で警戒心もない。魚の動きに気をとられて、背後からの接近に全く気づかないことが多い。筆者はこの状態のときに背後から2mまで近づいてみたが、まったく気づかずにいたことが何回もある。親鳥はこのように幼鳥が無防備のため、終始近くにいなければならない。幼鳥に危険が迫ると親鳥は、「クワッ、クワッ」と咳払いに似た声を出し幼鳥に教えると同時に、接近する者に自分の存在を知らせ危険を回避させる。それがなお幼鳥の方に接近すると、親鳥は擬傷を何回か行う。それでも幼鳥に接近すると攻撃を加える。しかしこのようになることはそれほど多くなく、大抵の場合、親鳥の警戒する声を聞くと幼鳥の方で安全な場所に移動する。

　幼鳥が親鳥について飛行するようになるのは、孵化後3カ月ごろからだ。この時期から1日の移動距離が長くなり1〜2kmは移動する。塒（ねぐら）の変更もあるが、一定の塒からの飛び出すことが多い。さらに日が経過すると、親鳥と一緒にテリトリーを巡回するようになる。1週間ほどで一巡するが、1、2時間立ち寄る程度の所が多い。これは幼鳥が餌をねだるので、餌の獲（と）りやすい場所に長くとどまっているからだ。その後さらに1日の移動距離が長くなり、テリトリーの端から端まで1日で移動することもある。巣立ち後5カ月が経過すると幼鳥もほとんど自力で獲物を捕獲し、あまり親鳥から給餌を受けなくなる。この時期の行動は各つがい、幼鳥によってかなりの違いがあり、巣立ち後4カ月ほどで自力で捕獲する幼鳥もいれば、この先も移動分散開始す

るまで餌をねだる幼鳥もいる。また巣立ち後7カ月目に入ると幼鳥に対して強制的に給餌を行うつがいもいる。この強制的な給餌については、亜成鳥の分散の項で触れる。

このようにつがいごとに親子関係にかなりの違いがみられる。さらに同じつがいでもその年の幼鳥によっても異なり、親子関係はかなり複雑なものとなっている。隣接するつがいでも異なった行動を取っているため、地域差ではなく、そのテリトリーの状況と個々の幼鳥の成長差でこのような違いが生じているのだろう。

雄と幼鳥2羽。6月

雄と幼鳥1羽。6月

巣立ち直後に木に登る。6月

巣立ちした幼鳥2羽。6月

巣立ち後5日の幼鳥2羽と雌。6月

巣立ちした幼鳥に給餌する雄。6月

地上で給餌する雌。6月

餌をくわえて飛来した雄親。その後、餌を雌親に渡し幼鳥に給餌する。6月

給餌後の雌と幼鳥。7月

雄親と幼鳥。7月

ヒオウギアヤメ。幼鳥が親鳥と一緒に塒を転々とするころ開けた場所に咲いている。7月

雌親と幼鳥。8月

雌親から給餌。8月

巣立ち後1カ月半の幼鳥と雌。親鳥は次々に餌を運ぶ。8月

雄親と幼鳥。雄は魚をつかんでいる。9月

雌親と幼鳥が川岸でハンティング。9月

川岸に雌親と幼鳥2羽。9月

サクラマスを食べる若鳥。10月

翼で隠して食べる。10月

雌親と亜成鳥になった2羽。左の2羽が亜成鳥。11月

河川が凍り出す。単独で餌を探す亜成鳥。12月

一緒にいるのもあとわずか、分散間近の亜成鳥2羽と親鳥。左から雄 – 雌 – 亜成鳥2羽。2月

ペレットを出す。3月

ペレットを出してくわえる。3月

ペレットを食べる。3月

第5章 子育て〜幼鳥の成長過程

そろそろ分散開始。3月

幼鳥は、孵化後50日間ほどは巣内にとどまっているが、巣内にいる期間の体重の変化を記録することは難しい上、人が近づくことによって親鳥の帰巣に変化が生じるので野外での体重変化は調査していない。環境省の増殖事業の一環で幼鳥の性別と個体識別用標識リングを装着する調査を行っており、その時に測定したものだ。ほとんどの測定は巣立ち直後に行ったもので、一部は巣内の幼鳥にも行っている。日齢の判明している個体だけを選出した（330ページ表18参照）。

　幼鳥は孵化後50日で体重が2,000g前後に達している。この時点で雄と雌とでは多少体重差がある。成鳥になるとさらに差が大きくなり、400〜1,400gの差が生じる。

　孵化後50日目の体重は幼鳥の数や餌となる動物の多い少ないも関係するが、この体重は人工孵化した幼鳥の体重とほとんど差がない。このため摂食量と成長曲線は、野生の状態と人工育雛とで大差がないと考えられる。孵化直後は体重60gほどだが、7日目で140g、2週目で460g、4週目で1,290g、7週目で2,100gに達し、孵化当時の35倍になっている。孵化後20週目には3,900gとなる。交通事故に遭った孵化後20週目の幼鳥（雄）の体重は3,540gだった。また標識調査のため捕獲された孵化後38週目の亜成鳥雌は体重が4,350gあり、人工育雛の同週目の雌の個体の体重4,510gとほとんど差がなかった。比較例は少ないが雌雄差、個体差を考慮すれば、体重の増加率は健康な個体であれば、野生と人工育雛とはほぼ同じということが言える。

　体重の増加は、孵化後40週目ごろがピークとなり、徐々に減少し始める。これは厳寒期に入り餌が獲りづらくなることが関係している。しかし、この時期は飼育下の個体でも運動量が少なくなり餌の量が減少する。餌を豊富に与えても食べないことから、厳寒期を迎え今までに蓄積した脂肪を利用する生理的な適応が起こり、食べ物の摂取量が減少すると考えられる。その結果体重は下降し、孵化後1年に当たる52週目ごろには1,000g近く減っている。その後は多少の増減があるがほぼ一定しており、2年目の秋ごろから増加し始め、冬には4,500g前後にまで達する。これが幼鳥から亜成鳥そして成鳥への過程の体重変化だ。このデータは雌個体のものだが、雄の場合は雌ほど顕著に変化せず、ピーク時でも3,500gに満たない。時期的な減少はあるものの、雄は最も減少している時でも3,000g前後だ。単独の雄個体を厳寒期の2月に捕獲したが体重は3,150gあり、胸筋の周りは脂肪が覆っていて触っても胸峰（竜骨突起）は確認できないほどだった。

秋季から冬季そして春季にかけて体重の増減はその年に繁殖した個体にもみられ、幼鳥と同様に秋季から初冬にかけて体重が増加し厳寒期に備える。ピーク時の初冬には雌で4,500g前後になり、春には1,000g前後減少している。雄も幼鳥の体重変化と一致しているが、変動は顕著に現れない。

筆者は15年間継続し、同一個体の雌雄の四季別の体重変化を記録した。測定は捕獲しなくて済むように体重計に止まり木を設置し、自然の状態で測れるようにした。その結果、雌雄とも春季に一番減少し、初冬に増加のピークが見られた。雌のピークは12月から1月初旬で最高4,600gに達し、最低は4月と6月で3,300gだった。ただし100g程度は食べ物の摂取の前後で変化する。春から夏の体重変化は少ないが、時には夏季に最低を記録することもある。秋季には摂食量もやや増え、体重の増加が顕著になった。その変動は幼鳥の成長過程と類似する（119ページ表4-1参照）。

幼鳥の1日の摂食量は、孵化直後から日増しに増えるが、孵化後25日目ごろからはそれほどの増加はなく、1日当たり250gくらいになる。この量は成鳥の1日当たりの摂食量と同程度だ。1羽の幼鳥が巣立ちを行うためには、孵化からの50日間ほどで約10kgの餌を必要とする（人工育雛）。図20では孵化後30日ごろに食事量、体重が減少しているが、この時は堀田裂頭条虫（*Diphyllobothrium hotlai*）に寄生されている時で、排出後は回復している。

野生の個体が巣に運んだ餌種は、ウグイ、アメマス、ヤマメ、ニジマス、カワヤツメ、ハナカジカ、ギンポ、カワガレイ、エゾヤチネズミ、アオジ、オナガガモ、コガモ、マガモ、オオセグロカモメ、エゾアカガエル──以上だが、生息環境によって餌種に偏りがあり、どの地域でもエゾアカガエルが大半を占めている。

人工孵化の雛に与えた餌の種類は、ヤマメ、ニジマス、アメマス、チカ、ワカサギ、エゾヤチネズミ、ハツカネズミ、アオジ、コガモ、エゾアカガエル──で、ヤマメ、ニジマス、エゾアカガエルをやや多めに与えている。

巣立ちを行った幼鳥は、摂食量は変わらないが数日間は体重の増加がなく、横ばいか多少減少する。これは運動量が関係していると思われる。巣内にいる時は、広くても1㎡の空間しかなく運動に限りがある。巣立ち後の幼鳥は木によじ登り落下、地上を歩き、また木によじ

表18　日齢における幼鳥の体重1985〜1998年

孵化後		
52日	2150g 雄	
52日	2040g 雄	
58日	2340g 雌	
54日	2190g 雌	
59日	2100g 雄	
55日	2060g 雄	
56日	2140g 雌	
54日	1960g 雄	
56日	1960g 雄	
53日	1950g 雄	
56日	2100g 雄	
53日	1920g 雄	
41日	2000g 雄	巣内
36日	1650g 雌	巣内
45日	1880g 雄	巣内
58日	2000g 雄	
55日	2100g 雌	
30日	1350g 雄	巣内
48日	1800g 雄	
45日	1700g 雄	巣内
47日	1950g 雄	巣内
40日	1920g 雄	巣内
37日	1700g 雄	巣内
50日	2150g 雌	人工孵化

Table 18. Some cases of weight of young bird. 1985-1998

登る。これを繰り返すため運動量はかなり多い。その歩行距離は1日に50m以上になることがある。よく歩行する幼鳥は、人為的な給餌などの援助のないまったく自然の個体だ。これは餌の獲りやすい狩り場に移動する親鳥の動向に伴うものと思われる。従って狩り場が遠いか近いかで幼鳥の移動距離も変わってくる。逆に人為的給餌を行っている場所の親鳥は餌を求めての移動があまり多くないので、幼鳥の移動距離も短い。

　約1週間で幼鳥は、枝から枝へ飛び移れるようになる。その後の1週間は塒の移動はあまりなく、1日の移動距離も短くなる。主要なハンティング場所に近づいたためと思われる。飛行練習は夜昼関係なく行い、徐々に木から木に移り、間もなく50mくらいを飛行できるようになる。この頃になっても移動距離が短い場合は、よい環境の塒とよいハンティング場所を確保できたためと思われる。その後は1日の移動距離は数百メートルとなり、親鳥について飛行するようになる。これは塒として良い環境から別の良い環境までの移動を行っていることを意味する。

　またこの時期になると、ハンティングを行おうと川岸に下りたり、浅瀬に入ったりして、流れてくる落ち葉や小枝に飛びかかったりする。この時、偶然にスジエビやスナヤツメを捕らえることがある。これが最初のハンティングと思われがちだが、実は最初のハンティングはすでに巣の中で行われている。親鳥が運んできたまだ生きているエゾアカガエルや、巣に飛び込んできたガ、ハエなどに飛びかかり捕食しているのだ。人工育雛では、孵化後24日目で巣に入ったハエを捕らえて食べた。巣立ち後のハンティングは、最も早いもので10日目に行っている。まだ飛行もおぼつかない頃だ。飼育下では巣立ち直後にたらいに魚を入れどのようにするのか確かめたところ、確実に捕らえて食べた。これらハンティング開始の早い遅いは塒の環境で変わり、塒としている所に小さい沢や池があり、かつ餌が豊富にあって安全性が高ければ、早い時期からハンティングを行う。また給餌などを行っている場所では相対的に開始時期が遅くなる。これは親からの給餌だけで摂取量が満たされるためと思われる。

　飛行できるようになったこの時期でも、まだまだ親鳥の監視下にある。日中幼鳥が休んでいる場所から50m以内に必ず親鳥がおり、常に幼鳥を監視状態にある。夜間は親鳥と幼鳥との間の距離が昼間より長くなるが、幼鳥の声が聞き取れる距離に親鳥がいて、幼鳥を見守って

いる。

　巣立ち後2カ月が経過すると幼鳥の自由行動が目立ち出し、親鳥がしきりに鳴き声を発し幼鳥の行動を制御している。まれにだが幼鳥が単独で24時間以上を過ごし、そして塒も親鳥との距離が1km以上離れていたことがあった。

　巣立ち後3カ月が経過すると幼鳥は単独で2日以上過ごすことがある。しかし餌は満足に摂取できておらず、親鳥と一緒になると激しく鳴きながら親鳥に近づき餌をねだる。時々幼鳥がしつこく餌をねだるため、たまりかねた親鳥は幼鳥から遠ざかることもある。しかし幼鳥を追い払うような行動は見られない。

　幼鳥は徐々に親鳥に餌をねだらなくなり、成長していく。この辺りから各つがいで、幼鳥に対する行動に違いが現れてくる。

　あるつがいは、幼鳥にハンティングのチャンスがくると親鳥は積極的にハンティングをせず、幼鳥にその機会を与えている。それは夜昼関係なく行い、そういった光景を何回も目撃する。

　別のつがいでは、幼鳥が少しでもハンガーコールを発するとすぐに餌を獲りに行く親鳥もいる。逆に幼鳥にあまり関与しなくなる親鳥もいる。また昼間幼鳥だけでハンティングを行っていると、親鳥がやって来て魚を獲り幼鳥に給餌するものもいる。

　表19と表20のデータは、孵化後1年ほどで分散を開始した亜成鳥(*10)のものだ。これは単年度の結果だが、同じつがいから生まれた13羽の幼鳥に対する9年間に及ぶ調査でもほぼ同じ結果が得られた。孵化後2年目から3年目に分散を開始する個体も、孵化後1年間の状況は前記幼鳥とほぼ同じだ。孵化後1年を経過した後は、親鳥と塒を共にすることが極端に少なくなるが、1km以内にいることが多い。夜間は時々一緒になるが、親子の関係が出ることはほとんどなく、親鳥のテリトリーを間借りしているようなものだ。しかし例外もあり、夜間はそれほど親鳥の近くにいなくても、日中は親鳥から50m以内にいることもある。それは孵化後13カ月から24カ月の期間だった。ただしヘルパー的行動や親鳥へ餌の要求など、親子関係に結びつく行動は一切なかった。別個体の例では、1歳違いの幼鳥に給餌をしてヘルパー的なことを行う亜成鳥がいた。この亜成鳥は親鳥が幼鳥に給餌を行う時、常に親鳥につきまとっていた。亜成鳥のヘルパー的行動はおそらく一種の学習と思われるが、他の地域ではこういった行動は観察されていない。また、ほとんどの亜成鳥は親鳥の抱卵中にも巣の入り口に止まり巣内

*10
幼鳥が成長して新天地を求めて親鳥のテリトリーから出ていくこと

*11
孵化後しばらくして成鳥羽への換羽が始まり、孵化後7、8カ月で全て換羽せず一度終了する。その時点から亜成鳥となる。そして翌年の春から残った未換羽の羽毛が換羽し成鳥となる。ただし初列、次列の風切羽は一部だけ換羽する（第6章「換羽」の項参照）

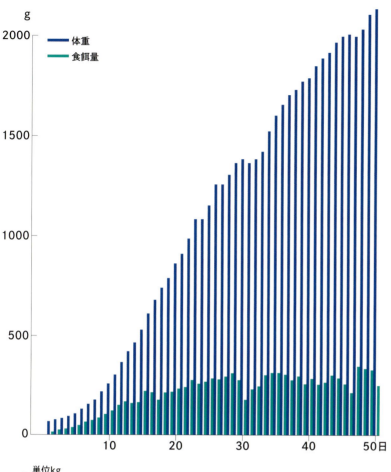

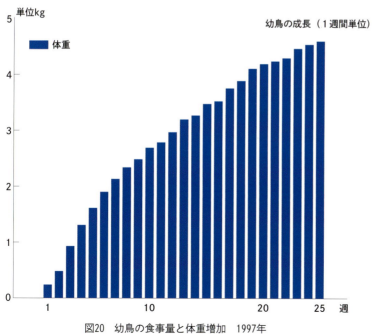

図20　幼鳥の食事量と体重増加　1997年

Figure 20.
Increase of food intake and weight increase of chick (51days after hatch).
Increase of weight of chick per week (25 weeks).1997

表19　日中の塒において幼鳥から50m以内に親鳥がいる確率（5月30日巣立ちの幼鳥）　1995年

6月……99％	N＝25
7月……92％	N＝26
8月……88％	N＝23
9月……91％	N＝23
10月……85％	N＝27
11月……84％	N＝25
12月……90％	N＝20
1月……68％	N＝25
2月……80％	N＝21
3月……60％	N＝25

＊Nは調査日数
翌年4月15日分散を開始する

Table 19. Frequency of the case under 50m distance of daytime roosts of parent and chick. 1995

表20　塒において幼鳥から50m以内に親鳥がいない時の幼鳥と親鳥間の平均距離　1995年

6月…………150m
7月…………150m
8月…………100m
9月…………200m
10月…………500m
11月…………1,000m
12月…………600m
1月…………800m
2月…………500m
3月…………500m

6〜8月は、親鳥から幼鳥が目視可能な位置で、他の月は目視不可能

Table 20. Distance over 50m of daytime roosts of parent and chick. 1995

をのぞきこんだり、入り口周辺を嘴で嚙んだりすることがあるが、抱卵中の雌も、巣の近くで見守る雄も無反応だ。これも学習の一つと思われる。亜成鳥はこのように抱卵中、育雛中にも頻繁に巣を訪れている。しかし他の地域において亜成鳥は、この時期にヘルパー的な行動を取ったことはない。

3　亜成鳥の分散

　シマフクロウは孵化後約7カ月目から亜成鳥になる。その時点の換羽状態は一部の幼羽（初列雨覆、大雨覆、次列雨覆）を残し、換羽は一度終了する。そして次の換羽が始まる翌年5月までの期間を、亜成鳥と呼ぶ。亜成鳥になり分散を開始するのは、およそ孵化後12カ月目だがまだ亜成鳥で、その年の5月ごろから残った羽毛の換羽が始まり、終了した時点で成鳥となる。なぜ7カ月目で成鳥と呼ばないかは、早くに分散してつがいを形成しても繁殖行動は行わないからだ。

　幼鳥は亜成鳥となって分散を開始するが、その時期は生息場所によってかなりの違いが見られる。また亜成鳥の性別によっても分散時期に違いが生じている。根室地方での記録で分散開始は、早いものは孵化後10カ月目、遅いものは同38カ月目で行っている。最も早いものは雌で、最も遅いのも雌だった。10カ月目（2月10日）に分散した個体は1週間後にはペアリングしている。ただしその年は雄からの繁殖行動は全て拒否していた。

　A地区での亜成鳥の分散開始は、雄で孵化後11カ月目から13カ月目、雌は10カ月目から22カ月目。B地区では雄が12カ月目から35カ月目、雌が13カ月目から28カ月目だ。C地区では雄は22カ月目、雌は24カ月目となる（調査日数＝65日）。

　なぜこのような違いが生じるのか明らかな理由は分からないが、その地域の特徴（餌が多いか少ないか、分散移動経路が多いか少ないか、隣接の別個体の有無）と親鳥のテリトリー確保の意識の強弱、親鳥の亜成鳥に対する行動、亜成鳥自身の能力などが影響していると考えられる。

①分散開始が早い場合

　早い時期での分散は別個体の鳴き声、親鳥の鳴き声が強く関係している。親鳥は繁殖に入る頃、雌雄で鳴き交わすことが多くなる。それは別個体についても同様で、互いのテリトリーの境界近くでほとんど

氷上の亜成鳥。冬季、開水面を見つけるとすぐに飛来

毎夜鳴き交わす。亜成鳥も親鳥と一緒にやって来てその行動を見ている。時には親鳥と別個体の闘争も起こる。一晩に数時間互いに鳴き交わしを行っており、それに同行している亜成鳥も1週間もしないうちに別個体の声に反応し始め喉を膨らますことが多くなり、やがて鳴き声を発するようになる。最初はうめくような声だが、雄の亜成鳥の場合、鳴き声を出すようになってからはっきりと「ボーボー」と聞こえるようになるまでに1週間近くかかる。雌の亜成鳥の場合は、2、3日で鳴けるようになっている。親鳥と同じ鳴き声を出すと、親鳥は亜成鳥の声に反応し亜成鳥に攻撃を加えるようになる。別個体に対する攻撃とは異なり、亜成鳥に体当たりをする。亜成鳥が飛び去るか鳴きやめばそれ以上の攻撃は行わない。このような行動が始まると、亜成鳥は親鳥から遠く離れて独自に鳴き声を発するようになる。亜成鳥に対する親鳥の攻撃が始まって10日以内に亜成鳥は、親鳥のテリトリーを出て行っている。そして二度と親鳥の元には飛来していない。この時期まで亜成鳥は、一度も親鳥のテリトリーを出たことがなかった。

②分散時期が遅い場合

分散時期が遅い場合も11カ月目に入った亜成鳥は親鳥の声、別個体の声に反応し、親鳥と同じ鳴き方をするようになるが、親鳥はほとんど気にしない。親鳥は鳴き声を発しない亜成鳥にも、鳴き声を発する亜成鳥にも同様の行動だった。また亜成鳥はこの時期になると親鳥のテリトリーからしばしば出るようになる。時にはテリトリー外を塒(ねぐら)にすることもある。しかし大半はテリトリー内にいる。孵化後12カ月を

経過するとテリトリー外へ4～5kmも出ることがたびたび観察されるようになり、この時、隣接地に単独の異性がいればそのままつがいをつくり、その地に定着している（調査回数＝8回）。

　近隣に別個体がいなければテリトリーの出入りを繰り返すうちに出る距離も長くなり、テリトリー縁部から10km以上も離れ、さらに1カ月間も親鳥のテリトリーに戻らないようになる。それを繰り返すうちに再飛来しなくなり、新天地で定着するか遊動を続ける。こういった場合はテリトリーの出入りが始まって定着するまでに早くても約6カ月間を要しており、定着しないまま4年を経過している個体もいる。

　亜成鳥の成長過程で、事故（翼脱臼、片目失明）により一時的に通常の行動ができなくなった個体は、分散時期が遅くなっている。こうした例は、同一親鳥から分散していった15羽の亜成鳥の中で2羽観察されている。普通は孵化後13カ月目までに分散するのに対し、この2羽は分散までに同18カ月以上を要した。

　分散に利用するコースは、河川やその支流、また湖沼の沿岸に沿っての移動が多いが、道路に沿って10km以上移動した例がある。この地は台地状の分水嶺となり数キロ先には湖と河川がある。この分水嶺に沿って道路があり、両サイドは植林地となっている。植林地を100mも入ると小さな谷となり沢が現れる。沢の流れは道路と直角になっており、同様の沢が移動した道路沿いの10km区間の両サイドに十数本見られる。このような地形で道路に沿って移動したのだ。

　テリトリー内での移動は、牧草地や集落を横断したり、送電線沿いを飛行コースにしたりしているが、これは目的地がはっきりしているので、前述の時間短縮のためや飛行しやすいことが理由であろう。道路に沿っての移動の場合、餌をどこで獲るかが問題だが、絶食にも長期間耐えられることから、飛行しやすいということが大きな魅力となって使用したのであろう。

　今までの観察で、シマフクロウが河川や湖沼沿いに移動していれば、つがいができたと思われた場所が何カ所もあった。道路に沿って移動したために別個体と出合わなかった可能性が高い。そうであれば、発達した道路網はシマフクロウのつがい形成をより困難にしていると言えるし、逆に今まで移動が難しかった地域への移動を容易にしたとも言える。

　移動については街中を横断したことがある。札幌市、帯広市からその報告がある。また根室市では日中カラスの大群に追われ街の中心部

に飛来したこともある。根釧地域の市街地経由の移動はかなりあるものと思われる。

4　雌雄による分散時期の相違

　この違いはヘルパー的行動の有無が、ある程度関係していると思われる。観察の結果、ヘルパー的行動を行うのは雌の亜成鳥だけだ。巣穴（樹洞、巣箱）に興味を示すのは雌雄両方だが、より強く示すのは雄の方。しかし親鳥の抱卵中に巣を訪れるのは雌の亜成鳥の方が圧倒的に多い。また雄親が巣へ餌を運ぶ時に行動を共にするのも雌の亜成鳥の方だ。さらに巣立ちした幼鳥に親鳥が給餌する時も、雌の亜成鳥はよくつきまとっている。

　亜成鳥から幼鳥への給餌は頻繁に行われるものではなく、幼鳥のハンガーコールに刺激され反射的に行っている。この給餌の確認は、巣立ち後から約3ヵ月目までの幼鳥に対してだけ。雌親の抱雛中や、巣内で幼鳥だけのときは、亜成鳥からの給餌は未確認だ。

　亜成鳥のこれら行動は親鳥の子育てを邪魔しても、手助けにはなっていないように思われる。しかし親鳥は亜成鳥を追い払うことは一切なく、その行動を受け入れている。おそらく雌の亜成鳥の繁殖に対する学習の一環のためと考えられる。また逆に巣立ちした幼鳥に与えようと雌親が餌を持ってくると、それを奪おうと亜成鳥がやって来て幼鳥への給餌を邪魔することがある。そんな時、雌親は一度幼鳥に給餌を済ませ、その後亜成鳥を追い払う。亜成鳥の行動と親鳥の行動は各つがいによって異なり、その家族の持つ独自の親子関係が、分散時期に違いを生じさせているのではないだろうか。

5　幼鳥に対する親鳥の行動の特異な事例

　1例だけ確認されているのが次の事例だ。孵化後7ヵ月目（亜成鳥になっている）に入って、特定の亜成鳥に対する親鳥の給餌拒否並びに攻撃が始まった。幼鳥は2羽で雌と雄だった。親から拒否され始めたのは雄の亜成鳥の方だ。またこの行動は雌親に強く現れ、雄親もその亜成鳥に対して給餌は拒否していたが、威嚇ポーズや攻撃はなかった。

　雄の亜成鳥がハンガーコールを発し親鳥に近づくと、雌親はその亜成鳥を追い払うため攻撃を行う。亜成鳥は何が起こったのか分からないらしく、再度親鳥の元へ飛来しハンガーコールを発するためまた攻

撃を受ける。それが繰り返されるうちに、亜成鳥の方が一定の距離（約30m）を保つようになるが、その距離でも時々雌親は攻撃姿勢を取った。しかしもう一方の雌の亜成鳥に対しては、両親は常に給餌を行っていた。

　孵化後6カ月目までは2羽の亜成鳥は差別なく給餌を受けていたが、このように7カ月目に入り急変している。原因は不明だが、考えられることは雄の亜成鳥はどこかで鳴き声を発しているのではないかということだ。

　またこのつがいは、他の地域のつがいと異なった生態面を持っていた。それは亜成鳥に対する給餌だ。他のつがいは亜成鳥が自力でハンティングが可能になる孵化後7カ月ほどで、亜成鳥が要求しない限り給餌をほとんど行わなくなる。ただし亜成鳥が要求すれば頻繁ではないが給餌している。これは特異なケースとして挙げたつがいも含め、全てのつがいで共通だ。

　しかしここで挙げたつがいは7カ月目の後半から8カ月目にかけ、幼鳥からの要求がなくても給餌を行うようになる。この給餌は非常に激しく、亜成鳥が飽食の状態でも執拗に行い、幼鳥が嘴と足に餌を持った状態でも親鳥は餌を運んできてこれを渡そうとする。亜成鳥はつかんでいた餌を落とし、嘴にくわえていた餌を足に持ち替え親鳥からの餌を受け取る。さらに親鳥（雌雄どちらか）は、餌を運んできて幼鳥に受け取らせようとする。たまりかねた幼鳥は逃げ出すが、それでも親鳥は餌を渡そうと追いかける。このような行動は毎夜観察された。

　この異常な行動を筆者は「強制給餌」と名付けた。強制給餌の時でも、8カ月目から親鳥に拒否されていた亜成鳥は給餌を受けることはできなかった。ただ一度、雌の亜成鳥は度重なる雌親からの給餌を避けるため結氷した川面を走って逃げている時、雄の亜成鳥は雌親に近づき給餌を受けている。これは雌親にとって意志に反した行動と思われる。つまり雄の亜成鳥が間近でハンガーコールを送ったため、反射的に餌を与えたものと見受けられた。その後は、雄の亜成鳥に対しては拒否し続けている。雄親からの給餌も全くなかった。しかし親鳥の求愛給餌が始まると、雌の亜成鳥への給餌はなくなる。ただし雄親が雌親に給餌しようと雌の横に飛来したが、雌に逃げられ（満腹状態と思われる）、雄親は餌をくわえたままでいた。そこへ雄の亜成鳥が近づき、ハンガーコールを送って雄親から給餌を受けている。これも反射

的に行った行動と思われる。

　雄の亜成鳥は、攻撃を受けるようになってからは親鳥と一緒に塒(ねぐら)をとることが少なくなり、近隣にいても最低でも40mの距離を保っていた。そして徐々に親鳥と夜昼を問わず一緒にいることは少なくなった。この個体が分散を開始したのは、孵化後22カ月目だった。

　分散を開始したこの個体は、移動後数日でテリトリーを持っている単独の雌と出合ってつがいとなり、その年から繁殖を行って1羽の幼鳥を巣立ちさせている。その後も毎年繁殖を行った。2019年、繁殖中に別の雄が侵入して闘争が起こり、2羽の雄は共に行方不明になった。おそらく2羽とも致命的な傷を負ったのだろう。これまで何度か雄の侵入があり全て勝利していたが、32歳で姿を消した。この雄の伴侶は途中で3回入れ替わったが、北海道一（おそらく世界一）繁殖成功率の高いつがいだった。

　亜成鳥が分散を開始する時期は、生息している場所の環境（餌の豊富さや移動経路の有無など）や、それに加えてその鳥自身の健康状態、能力が左右していると考えられる。

　親鳥が分散に関して干渉するのは、その亜成鳥の行動や能力（鳴き声など）から別個体としての認識が高まり、親子関係から脱し始めた結果干渉するものと思われる。

　雌の亜成鳥の分散時期が比較的遅いのは、ヘルパー的な働き（亜成鳥から見れば学習）によって、そうした行動を行わない亜成鳥より長く親子関係が持続されるものと思われる。また年齢の異なる亜成鳥が同居している場合で、若い方の亜成鳥が最初に分散を開始したことがある。これは前述の分散個体の性別や能力などを考慮すれば、十分考えられることだ。

亜成鳥への給餌は初冬から始まり雌雄の求愛給餌が始まるまで行う。12月

巣立ち後7カ月。初冬から始まった給餌は強制的に亜成鳥に食べさせる。亜成鳥はすでに魚をくわえている。12月（強制給餌）

巣立ち後8カ月、1月。亜成鳥は魚をくわえているのに、さらに親鳥は魚をくわえ給餌しようと亜成鳥の元に飛来する（強制給餌）

雄親がネズミを捕らえた所に亜成鳥となった2羽が飛来し1羽に給餌後、雄親は飛び去る。巣立ち後9カ月。別のつがいは給餌をしているが、強制ではない。2月

抱卵中の雌に餌を運ぼうとする雄に近寄り給餌を受けようとする亜成鳥。この後、亜成鳥は給餌を受ける。巣立ち後10カ月、3月

6　亜成鳥の分散後の定着
①孵化後3年目の若鳥（成鳥）の分散

　早い記録では親鳥のテリトリーを出て数日後に定着した例があることはすでに述べた。これは隣接して別個体のテリトリーがあり、偶然に2カ月前に雄を亡くした（原因不明）雌が生息しており、この雌と移動を開始した雄の若鳥が出合いすぐにつがいとなったものだ。2月の初旬だったのですぐに繁殖行動に入り、1羽の幼鳥を巣立ちさせた。

②2年目（孵化後10カ月）の亜成鳥の分散

　このケースも親鳥のテリトリーを出てわずか1週間で、約10km離れた場所でつがいとなっている。分散した亜成鳥（雌）は、すでにテリトリーを作っている雄とだ。この雄は4年前に一度雌の飛来があったが、その雌は2週間後に病死している。その後雄は2年間単独で生息していた。出合ってすぐに鳴き交わしをして一晩でつがいになり、その後は常に行動を共にしていた。雄は再三交尾行動をとるが雌は全て拒否しており、その年の繁殖はなかった。翌年は2羽の幼鳥を巣立ちさせている。このことから前記の若鳥同様、孵化後2年間（3年目）にならないと性成熟しないものと思われる。2年目の春では亜成鳥ということになる。

　このように単独個体が生息している場所が近隣にあれば、分散後比較的早い時期に定着し、つがいが形成される。つがい形成はお互いの距離や分散方向にも関係するが、60kmで約1カ月を要している。逆に

14kmでも1カ月を要している個体もいる。さらに10km先に別個体が生息していても、出合うことなくそのテリトリーを横断して通り過ぎている例もある。全体の個体数がまだ少なく、移動経路がある程度決まっている。それは森林が消滅し回廊となり得る森がなくなっているからだ。従って個体同士を結びつけるには、それなりの条件と偶然性が必要で、餌の多い場所が移動しやすいルートにあるとか、そこを通過するときに定着個体がたまたまその場にいるとか、それとも鳴き声を発しているかで、つがいが形成できるかどうかが決定される。

　図22のつがい形成は、ほとんどの個体同士が血縁関係にある。これは図21、表21に見られる移動距離の短さが関係している。原因は移動経路が断たれていることが最大の理由と思われるが、シマフクロウの持つ生態の一つかもしれない。

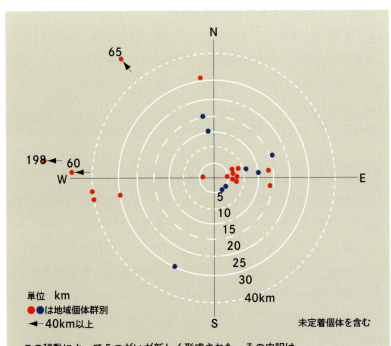

Figure 21.
Direction of moving and distances of subadult. 1987-1998

図21　亜成鳥の移動方向とその距離　1987～98年

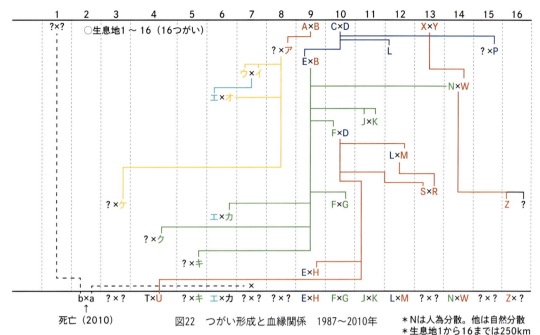

図22 つがい形成と血縁関係 1987〜2010年
＊Nは人為分散。他は自然分散
＊生息地1から16までは250km

Figure 22.
Pair formation and family tree of owls at 16 locations.
1987-2010

　分散開始後転々と移動し、元いた場所の近くに舞い戻るといったこともある。このような例は、別種のワシミミズクでも確認されている。定着可能な地が見つからなかったのか、帰巣本能が働いたものか、原因は不明だ。またテリトリーを持つつがいの周辺で生活し、そこに割り込める時を待つ個体もいる。これはその地域で個体数が増えてきているか、その地域ではもはや定着できる環境がないかのどちらかだ。他の猛禽類でも、このようなことは報告されている。移動を開始した亜成鳥の定着は、今の環境から察すると非常に難しいものと思われる。人為的にそれらを解消しない限り自然分散での定着、つがい形成は困難な状態だ。また今のままではさらに近親交配を誘発してしまう。個体識別調査が始まって三十数年で、すでに5例の近親交配が確認されている（親子、兄妹）。ただし近親交配の悪影響は今のところ確認されていない。シマフクロウの知られている生態から推測すると、減少する以前にも近親交配は何例もあったと思われる。筆者は現在生息する地域個体群は、すべて血縁関係があると推測している。今恐れることは、何代か後に悪影響が出る可能性があるということだ。もしこれらが淘汰されれば、個体群は消滅しやがて絶滅の道をたどるだろう。

　増殖事業で人為的に定着させる場合は、それらを念頭において行わなければならない。現在知られている若鳥の定着地は、半世紀前には定着個体のいた所で全くの新天地ではない。ただし養魚場などの建設

で人為的に餌となるものが豊富になったため、新しい定着地となった所はある。近年まで生息していたということは、その地に餌があり営巣できる場所（樹洞）があったということだ。それにもかかわらず何年も空き状態になっていたということは、その周りでの繁殖率が低かったからだ。そして再度そこに定着するようになったのは、保護増殖事業により周辺での繁殖率が向上したことが大きいだろう。

　亜成鳥が定着するためには新天地を含め全地域に餌が豊富であり、移動を妨げないような森林帯の確保が必須条件だ。

　2010年ごろまではこのような移動でつがい形成は比較的スムーズに行われたが、それ以降は分散方向が西方への偏りが見られるようになった。2010年以降、東方はつがい数が増え移動定着を妨げ、別方向への移動を余儀なくされ、このような偏りになったと思われる。西方にはかろうじて餌を得られる河川と身を隠す森林が残されているので、集中したのだろう。そしてこのルートを移動すれば当然定着しているつがいと出くわす可能性が高くなっている。それによって闘争、そしてつがいの片方の入れ替わりが起こるようになっている。つがいの生息地をうまく回避し移動できれば新天地で定着することができるが、現在この東西100kmの区間に15つがいが定着繁殖しており、さらに増える可能性も秘めている。これだけ密集している中、このルートを利用すれば個体同士が出合わずに済む確率は少ない。他の移動経路はすでに消滅しているためアリー効果が発生し(*12)、同一地域の個体を増やすことになる。しかしこれは永遠に続くものではなく、密度低下に転じれば近親交配を助長し、やがて個体数が減少していき種の存続の危機に陥る。希少種の多くはこれに直面している（図22参照）。

　表21は根釧地域100km²ほどの範囲におけるシマフクロウの移動距離だ。これによると雌雄による移動距離に大差はみられない。根釧地域は移動経路が限られており、分散すればほとんどの個体が同じようなルートを使い移動する。仮に雄が最初に移動して定着すれば同じ経路をたどり雌が移動し、つがいを形成する。その逆も同じで、雌が最初に移動し定着しても同様に雄と出合いつがいを作る。また単独の個体が移動後遊動を続け、別つがいのテリトリーに入り込めば、つがいの同性個体と闘争が起こり、勝利すればつがいを形成する。敗れれば再度挑戦するか、また遊動を始める。つまり移動経路の少なさは各個体の移動距離を短くし、つがい形成を容易している。それにより近親交配が発生している（図22参照）。

*12
生物集団の個体密度が繁殖率や生存率に及ぼす現象。個体密度の増加に伴い個体の適応度が増加する一方で、密度が低下すると交配相手が減少し、近親交配を誘発する。そして生存が困難になり、やがて絶滅の危機が増大する。

表21　シマフクロウの出生地から定着繁殖地までの移動距離〜根釧地域　2000〜2020年

距離 \ 性別	羽数 ♂	羽数 ♀
0 km	1	0
5 km	6	5
10 km	2	4
20 km	0	1
30 km	2	2
50 km	1	2
60 km	1	1
70 km	0	2
80 km	1	3
小計	14	20
合計	34	

北海道全域　最長200km以上　最短0km

Table 21. Distance between natal and adult trritories in the Kushiro and Nemuro areas. 2000-2020

7　亜成鳥が分散、定着後にリターンした例

　亜成鳥の分散後、生まれた場所へのリターンは少ないが、数例ほどが確認されている。つまり両親の片方とつがいを形成しているのだ。分散した時どの程度の距離を移動していたかは分からないし、リターンした時すでに片親になっており、そのままつがいになったのか、闘争により略奪したものか詳細は分からない。

　分散を開始しても10km程度の移動では、何回も出入りがあり、移動地に長くとどまることもない。これは正確には分散と見なされないだろう。このような行動は雌雄とも見られる。しかし20km以上移動し、3カ月間も移動地でとどまっていながら戻って来ることが確認されている。しかし親鳥のテリトリーには長くはとどまらず、また分散を開始する。調査確認の例が少ないが、こういった行動は特異なことではなく、シマフクロウにとっては普通の行動なのかもしれない。他の雌のシマフクロウの行動を考えると、ある程度は納得のいく行動でもある。それは分散した個体が雄ならば良い狩り場、よい営巣場所を見つけるために移動を続け、それらが満たされればその地で定着する。しかし雌の場合は良い狩り場、営巣場所を所有している雄を求めて移動している。このため雌は単独での定着性が弱い（雌単独で定着していたのは2例）。雄を求め遊動を続けた結果、偶然に出生地にリターンしたものと考えられる。舞い戻った個体は、当初親鳥から攻撃を受けるが、約1週間後には親鳥の近隣に塒（ねぐら）をとり、夜間は親鳥と少し距離を置くものの行動を共にしていた。さらに兄弟、1歳違いの幼鳥とも闘争などなく、親鳥のテリトリー内で4カ月間過ごし、再び移動してい

る。移動先は前回しばらくの間定着していた場所だった。おそらくこの個体は、移動先でつがいが形成されるまでこのような行動を続けると想像される。

8 亜成鳥（雄）が分散後に別つがいのテリトリーに入り定着

　亜成鳥（雄）は 3 年目に別つがいのテリトリーに入り、巣立ち間もない幼鳥を連れたつがいと闘争もなく 3 年間過ごした。夜間はもとより塒（ねぐら）も数メートルの距離にとり、また同じ枝で休んだりして、本当の家族同様だった。そしてつがいが繁殖に入っても決して邪魔することもなく過ごしていた。居候 3 年目に入った時、つがいの繁殖中に新たな雄の侵入があり、つがいの雄と 2 年目を迎えた亜成鳥 2 羽は追い出されてしまった。抱卵中の雌は巣を放棄し、新しい雄と鳴き交わしをしていた。3 日後、居候の雄は蝋膜（ろうまく）から出血しているのが確認され、闘争があったことがうかがえた。その相手は不明だ。ただ居候の雄の近くに抱卵を中止した雌がいた。その夕方に鳴き交わしが始まり、雌は居候の声に応えていた。そして居候が飛行すると必ずその後を雌は追った。つがい形成が成り立っていると思われた。侵入してきた雄は完全に追い出されたと思われ、それ以後状態は変わらず、翌年はその居候の雄と雌のつがいで繁殖した。こういった行動は他では見られず、特異なことと思われる。

　この居候が入ってくる約 1 ヵ月前に、この地で生まれた 2 年目の亜成鳥が分散している。筆者の想像だが、親鳥はこの居候を 2 年目の亜成鳥と勘違いしていたのではないだろうか。そう考えれば納得のいく

手前は居候していた雄。蝋膜に傷が残る。後方がつがいとなった雌

ことだ。親子のペアリングは他でも確認されているから当然の行動なのかもしれない。しかし何故、居候がこの地にきてすぐに闘争が起こらなかったのか。成鳥となっているので乗っ取りを企ててもいいはずだが、そうした行動もなく同居していたことは、説明のつかない行動だ。居候と雌とのつがいの関係は現在（2022年）も継続している。

9 つがい形成と繁殖年齢

　幼鳥は孵化後、約7カ月目で一度換羽が終了する（381ページ図24「換羽」参照）。亜成鳥となり単独で生存することが可能となる。ただし分散までにはもう少し日数がかかり、孵化後10カ月間が最低でも必要となる。分散を開始した亜成鳥は、個々に移動を行う。移動は餌を求めながら行うので、主な移動ルートは河川や沢沿いとなる。その過程で異性の個体を確認すると、その個体とつがいを形成する。この場合テリトリーを作っている個体は、雌雄どちらでもよいが、大半は雄のテリトリーに雌が入り込む。雌は単独でテリトリーを持つことは少ない。そして最初に出合った異性とつがいになっている。8つがいで確認したが、雄のテリトリーに雌が入り込んだのは6例で、雌のテリトリーに雄が入ったのは2例だ。

　移動してきた個体は異性の鳴き声を確認すると、すぐその声に反応し鳴き応える。雄の声に雌が応えるのが普通だが、出合ってから数日間は雌の声に雄が応える例がしばしば確認される。お互いの声に反応することでつがいが成り立ったと判断される。さらに付け加えると、雄が飛行すると必ず雌が追尾する。それらの行動以外、次の交尾シー

右が雌

ズンまで特別な行動は見られない。

　最初に出合った個体、移動してきた個体の双方とも、鳴き声を発しない限り異性と判断できないため、最初は必ず闘争が起きる。その闘争は、双方ともに飛びかかり胸のあたりにつかみかかる。しかしすぐに離れ、1回か2回これを繰り返し双方ともに飛び去る。翌日もほぼ同じ場所で出合いこれを繰り返すが、数回出合ううちにどちらかが鳴き声を発し、異性ならばそのままつがいとなり、同性であれば移動してきた個体はまた移動を開始する。また1回目の出合いで闘争を行い、そのまま遠のいていく個体もあるが、数カ月から半年後に再びこの地に飛来し闘争が起き、そして鳴き声を聞き異性と確認してつがいとなった場合もある。片方が鳴き声を発し異性と分かれば、出合って数分後にはつがいが成立している。同性であれば再び移動を開始する。

　つがい形成の時期が春季に多いのは、一般に鳴く回数の多い時期でもあり、お互いが異性であることを確認しやすいためだ。さらに分散開始時期が春季に多いことも関係する。しかし他の季節でもつがい形成は可能だ。2～4月のつがいの入れ替わりは多くは略奪である。

つがいを形成した月　1986～99年

月	1月	2月	3月	4月	5月	6月	11月	12月
回数	1	2	1	1	3		1	1

　2000年以降はさらに4月に集中しており、その数は11回を記録している。これらすべて侵入者との闘争により新しいつがいが形成されている。逆に侵入者が弾き出されることも少なくなく、その場合は再度侵入を試みている。1年間に4回試みているのは確認したが、実際はもっと多いと思われる。

　亜成鳥の分散でも述べたが、つがい形成は孵化後10カ月目で可能なことが調査によって明らかで、ペアリングした亜成鳥は雄の度重なる交尾行動には全て拒否しており、孵化後1年で繁殖することは不可能と思われる。実際の繁殖に関わる行動が見られるのは孵化後23カ月、つまり3年目の春だ。最初の繁殖は大抵のつがいの場合、交尾、産卵、抱卵までは行うが、孵化まで成功した例はあまり多くない。成功しているつがいは、片方が繁殖経験を持つつがいだった。雌雄とも繁殖経験がないつがいの初回の繁殖で成功した例は少ない。

以前は、大型の猛禽類には相性があり、雌雄が出合ってもそれだけではつがいは成立しないといわれてきた。それはシマフクロウも同様だ。しかしこれは飼育下における結果であり、野生での調査は全くといってよいほど行われていなかった。野生個体の観察では、事例が少ないがすべて最初に出合った異性とつがいを形成している。従って仮に相性の問題が存在していても、それほど重要ではないと思われる。ただ2000年ごろまではシマフクロウの生息数は少なく、若鳥が移動分散して異性と出合う確率は生息数と分布状況からみてかなり低いはずであり、異性と出合うことそのものが偶然の出来事だった。実際10年近くも単独で生息していた個体が複数羽確認されている。これらの個体は、異性と出合うことなく、その地で死亡している。しかし生息数が回復してきている現在（2022年）では異性と出合う確率は高く、そうなればつがいとなる相手を選択するかもしれない。ただし選択している事実は確認されていない。

　地域個体群として個体数に比較的余裕のある地域では、つがいの相手の入れ替わりが頻繁に確認されている。雄同士の争いで優位に立つのは、声量がありよく鳴く個体だが、一度闘争が起こると勝利した方となる。雌同士だと、鳴き声は関係なく闘争により勝利した方だ。

　つがいの入れ替わりは、侵入者が雄の場合は、テリトリー境界近くで雄同士の闘争が起こり、数日間継続される。雌はつがいを作っている雄の声に鳴き応えるが、時々侵入者の雄の声にも鳴き応えている。この時点では勝敗ははっきりしていないが、やがて片方が鳴き声を出さなくなり、逆にもう一方が盛んに鳴き出し、鳴かなくなった方がその場を去って行く。その間雌は終始雄同士の闘争を見ていて、結果が出た時点で雌はよく鳴く雄の声に反応し鳴き応える。つまり声量のある声でよく鳴けば、テリトリー確保には有利なため、軽度の闘争で互いが傷つくことなく入れ替わりが起こっている。これは相性と呼べるものではなく、自らの遺伝子、種の存続に有利な、野生動物の本能に従っただけなのだろう。

　また逆につがいのテリトリーの近隣に雌の単独個体がいる場合は、雌同士の闘争が見られる。闘争の場には雄も一緒にいることがあるが、雌同士だけのことのほうが多い。また雄と近隣の単独の雌とだけで出合うこともあるが、雄はほとんど鳴いていない。

　移動中の亜成鳥はしばしば、別のつがいのテリトリー内を横切ったり、1カ月近くテリトリー内を間借りしたりしている。この場合、先

住者に見つかり攻撃を受けることがある。しかしその攻撃も長くは続かず、亜成鳥はテリトリー内にいる限り決して成鳥と同じ声では鳴かず、必ず幼鳥の時に発する金属的な声を出している。

この声はある種の服従の意味があるらしく、その声を発している限り攻撃を受けることはない。しかし亜成鳥または成鳥の方も長期間滞在することは決してなく、新天地を求めて飛び去っている。間借りしている間、隙をみて乗っ取りをたくらんでいるのかもしれない。

同一個体同士のつがい形成の継続期間は、最長が20年間で、続いて19、18、17、16年間となる。これは1982年から2021年までの調査結果だ。2000年以降、新しくつがい形成を行ったペアの継続期間は1〜10年間で、短いものは半日と2日間という例がある。これはつがいのテリトリーにほぼ同時に2羽の同性の侵入個体が現われた結果だ。このようなアクシデントが起こるのは、やはり生息できる環境が少ない、移動経路の寸断、個体数の増、さらにシマフクロウの持つ独特の生態が関係している（345ページ表21参照）。

10　営巣中つがいの片方が入れ替わり子育て参加

自分と血縁関係のない雛(ひな)に対して子育てをする鳥類は比較的多く見られるが、他のフクロウ類においてそういった例の報告はない。

シマフクロウでは血縁のない雄の子育てが2回起こっている。非常にまれなことと思われる。1998年から2020年までに雄（成鳥）の入れ替わりが5回、雌の入れ替わりは6回確認した。繁殖相手の入れ替わりは、いずれも抱卵中か育雛(いくすう)中だ。ほとんど一晩のうちに入れ替わり

餌を運びすぐに巣を出る雄

が起こっている。雄の入れ替わり時、雛がいればそのまま雄も餌を運び子育てに参加している。その例を挙げてみる（353ページ図23参照）。

　つがいは例年通り3月上旬に産卵し、4月中旬には1羽が孵化し、順調に育雛を行っていた。このつがいの雄は1996年2月に隣接する別つがいの雄とのテリトリー争いで片眼を負傷し、その傷は徐々に悪化していた。おそらく片眼の視力はないと思われた。5月1日、日没1時間前に巣から200m離れた所で木の頂に止まり、警戒姿勢をとって鳴いている雄を確認する。おそらく亜成鳥が近くにいるとその時は思われた。約20分で平常の行動に戻った。その後2日間は変化がなかったが、同月4日の夕方にはすでに雄が入れ替わっており、抱雛中の雌と鳴き交わしをしていた。雄同士の闘争なのか事故なのか、原因は不明だ。新しい雄は、同月8日までは雌と幼鳥に満足に餌運びを行わず、その間幼鳥の餌は雌が与えていた。しかし翌9日からは新しい雄も餌運びを行うようになり、1週間を経過すると雌より積極的に餌運びを行うようになった。その後は、通常通りの日数で幼鳥は巣立ちし、通常の親子と同様に行動した。巣立ち後3カ月が経過しても、この新しい雄は常に雌より積極的に幼鳥に給餌していた。

　この行動はつがい形成がその時期や、どのような状況下でも可能であることを示唆している。雌雄とも単独であれば、繁殖期はつがい形成には最適の時期だが、営巣中は雌には必ず巣内に卵か雛がいるので通常のつがい形成は困難と思われる。1年を通してつがいは行動を共にしている。このことは前項でも述べたが、雌雄の行動が別々になるのも営巣中なのだ。雌は抱卵か抱雛、雄はハンティングだ。雄は何時間も巣の警護ができない。それに時間帯もほぼ決まっていて、侵入者が最も入り込みやすいのはこの時期なのだ。

　前述の場合、雛にあまり影響を与えずにつがい形成に成功したのは、侵入者が雄であったことと、雛が適度に成長していたことに加え、シマフクロウの持つ独自の生態によるものと思われる。その独自の生態とは、飼育下における観察だが、つがいとなっていない雌雄同居のケージで雌が産卵し抱卵を開始すると、それまで全く無関心だった同居の雄が抱卵中の雌に給餌する行動が見られたこと。さらに抱卵中の雌のいるケージ近くに野生下のつがい（繁殖に失敗したもの）が飛来した時、その雄の方が餌を運んできてケージ内の雌に給餌しようとしたことがある。これら雄の行動は、ヘルパー的な行動を持つ生態、また巣に就いている雌や雛がいたら餌を運ぶという行動がインプットされ

ているからと考えられる（366ページ「特異な行動」参照）。前述の繁殖中の雄の入れ替わりも、雄同士の闘争などがなくても片方がいなくなれば侵入してきた個体を雌はすぐに受け入れ、侵入してきた雄はヘルパー的な行動が優先して、前の雄に代わり子育てを行っても不自然ではない。シマフクロウの持つ生態から想像すれば、当然のことかもしれない。しかし営巣中の雌の入れ替わりはどうだろう。おそらく難しいと考える。特に抱卵期、抱雛期の初期は無理と思われる。しかし今回のように終始抱雛しなくてもよい時期であれば入れ替わりは可能と思われ、雌は巣内で鳴く雛の声に反応し給餌を行い、抱雛も行うだろう。雄は巣内にいる雌、雛の声に刺激され通常通り餌を運ぶので、雛も正常に成長すると思われる。

　以上の行動からシマフクロウは、自らの遺伝子の存続より種の存続を優先しているとも考えられる。ライオンなどではこういった場合、子殺しという行動に雄は出るが、それは自らの遺伝子を継ぐ行為が優先となっている。

　一夫多妻のフクロウ類がかなり確認されているため、フクロウ類も自らの遺伝子を優先するということだが、今回の繁殖途中の雄の入れ替わりは、2回目の繁殖を行うには時期的に難しく、種の存続が優先された事例とも考えられる。一方で飼育下と野生という異なった環境下で、野生の雄の給餌行動は自分の声にケージ内で抱卵中の雌が鳴き応えたことで、インプットされている声の情報が働いたものと思われる。

　声はシマフクロウにとって、全ての事象につながる重要な位置づけにあることは間違いない。雄の入れ替わりで子育てを行った2羽の雄の時も、雛が巣内で鳴き、なおかつ雌も巣内で鳴き応えていることによるものだ。その他の入れ替わりはすべて卵の状態だった。抱卵中の雌はすぐに巣を離れる。そして帰巣はするが、またすぐに巣を出て中止している（2日以内）。それは雛と卵では執着心が異なるためだろう。さらに巣外で雄が盛んに鳴くためと思われる。雌の入れ替わりはすべて卵の状態だ。また雌が入れ替わると卵は新しい雌によって処分されている。

　以上、雄の子育ては雌および雛の鳴き声によって眠っていた遺伝子情報が呼び起こされ、子育てに参加したものと考えられる。他の地域では観察されていないが、個体数が増えれば頻繁に雌雄の入れ替わりが生じるだろう。近年各地で繁殖失敗のつがいが多く見られることも、そのことを示唆している。

つがいの片方の入れ替わりの例

　雄の侵入により行方不明になったつがいの雄（32歳）は、31年間全て繁殖を行っていた。そのうち6回は巣立ちまでいかなかった。それは雌の侵入が3回ありすべて雌が替わり、雄の侵入は2回あって、最後の1回は入れ替わった。残りの1回は巣のアクシデントだった。その間に36羽の幼鳥を巣立ちさせ、回収した3卵はすべて仮親に託され成鳥になっている。この雌雄の入れ替わりは全て繁殖中に起きていた。この雄の率いるつがいは、非常に繁殖成功率が高かった。2020年からは新しい雄と繁殖している（395ページ「寿命」参照）。

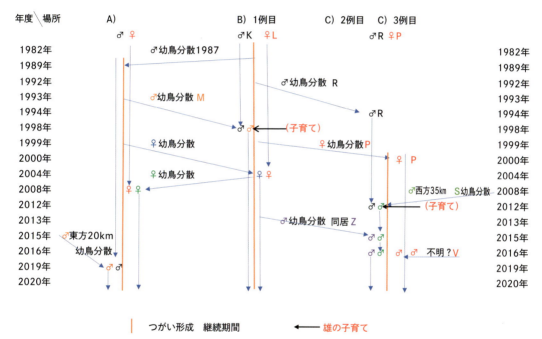

図23　血縁のない幼鳥に対して雄の子育て、その移動とつがい構成　1982〜2020年

Figure 23.
Male's Blakiston's Fish Owl rearing an unrelated chick pair formation and locations.
1982-2020

つがいの片方が入れ替わり、闘争により伴侶を獲得した雄。勝利した証に蝋膜を負傷している

11　親子関係

　シマフクロウの親子関係は成鳥・幼鳥の行動で述べてきたように各つがいによって異なり、一般生態として表すことは難しい。幼鳥への給餌だけをとっても大別して3タイプがあり、それぞれの中間的行動を取るつがいも存在する。幼鳥の成熟度、性別によっても同一つがいでも行動に違いが生じている。同一テリトリー内にいる、つまり家族単位で生活している限り、かなり高度な親子関係があると想像される。人間的な表現をすれば、親鳥は子の動向、能力を把握しながらその接し方を変え、子は親鳥の行動から分散時期を決定している。

　また親子関係は普通、育雛(いくすう)から分散までの期間だけ持続されているが、その後でも短期間は継続していると思われるような行動があり、親子関係が継続する期間を断定することは難しい。しかし親子関係は永遠に続くものではない。親子、兄弟でつがいをつくっている個体は、これらの移動経路、ペアリングした場所などから察して、少なくても片方は血縁であることを把握しているように思われるが、実際は親子関係などの自覚はないようだ。またシマフクロウの記憶力は他の行動からみて把握できるのは長くても2、3年と想像される。その行動は次のようなことだ。

　初冬に大雪が降り一晩に30～40cmの積雪となった。シマフクロウはいつものように川岸近くの雪上に舞い降りた。しかし新雪のため柔らかく踏ん張ることも除雪することもできなくなり、羽ばたきながらラッセルを20mほど行い段差のある場所でようやく飛び立つことができた。約5分間の出来事だ。その後シマフクロウはその冬中、さらに次の冬も雪上に直接降りることは極力避け、特に降雪直後は絶対に降りなかった。シマフクロウの行動で雪上に降りることは頻繁にあり、ほとんど毎日の出来事だ。前述の行動は、その時にあった苦い経験を記憶していたためと思われる。

　これと同様に親子関係を扱うのは無理があるかもしれないが、記憶するという点からみれば、数年と判断してよいと思われる。

　知床で起こったことだが、川岸に捨てられた漁網に絡んでいるシマフクロウが保護された。すぐに放鳥されたが、2年後、同じシマフクロウが同じ場所で漁網に絡み死亡していた。漁網に絡んだことは、すでに忘れていたようだ。

　また巣立って間もない幼鳥を保護し、短期間で親鳥の元へ放鳥しよ

うとしても、あまりうまくいった例がない。

　事故などに遭って幼鳥が死亡した場合、親鳥は最低２日間その事故現場に、通常より早い時間帯に飛来し静止している。つがいの片方が死亡した時もそうだ。そしてその場所にいる時間は数時間に及ぶ。おそらく親鳥は幼鳥の姿、声を確認しようとしていると思われる。しかしこの行動も何日も続かない。おそらくその幼鳥の存在が薄れる上にもう１羽の幼鳥の面倒をみるという仕事があり、また自分のハンティングのため断ち切っているように思われる。

　人為的保護の場合も、それが短期間であっても幼鳥と親鳥の双方が親子関係をはっきりと自覚していなければ、それを継続させることは難しいと考えられる。この関係を元通りにさせるには、双方の鳴き声が大きなポイントとなっている。

　事故などで収容した幼鳥を野外の親鳥の元へ戻すまで長時間かかった場合、親鳥は自分の子として見ず、単に幼鳥として見ているように思われる。このような状況はそうたびたびあるわけがなく、数件の事例で判断しているため不明確な部分が多い。２週間程の収容で親元に戻したことがあるが、幼鳥もかなり成長していたこともあり、非常にスムーズに事は運んだ。

　最初は親鳥がよく飛来する所に幼鳥を放したが、移動はほとんどせず近くの木に止まった。やがて遠くで親鳥の声がした。徐々にその声が近くなると、幼鳥はフードコールを単発に発し出した。親鳥は鳴きやんだ。そして２分もしないうちに幼鳥の近くに飛来した。幼鳥は激しく鳴き餌をせがんだ。親鳥（雌）はすぐに飛び立ち、15分後に餌をくわえて戻ってきて幼鳥に給餌した。翌日は親鳥と一緒に塒（ねぐら）をとっていた。この時のキーポイントは親鳥の声と幼鳥の声で、鳴き声の持つ意味は大きい。

　テリトリー意識が増大している繁殖期に、まったく血縁のない飼育下の幼鳥と野生の成鳥が出くわしても双方とも興味を示すが、攻撃などの行動は全くない。ただし幼鳥がビル・スナッピングを行うと攻撃を受けることになる。それはたとえ親子関係にあってもそうだ。

　シマフクロウの親子関係の持続時間は、親子によるテリトリー争い、兄弟同士のテリトリー争いが分散後約１年で起きていることから、長くてもそのくらいの年月で関係が消滅していると思われる。

12 亜成鳥が幼鳥に行う行動

2年目の亜成鳥は、幼鳥に興味を示し、特に巣立ち直後の頃に幼鳥の近くにいることが多い。時には給餌を行うこともあり、ほとんど無害だ。しかし1例だけ攻撃したことがある。巣立ち後3日目の幼鳥につかみかかり、幼鳥が逃げようとするとさらに激しくつかみかかった。この行動は地上で行っていたが、おそらく樹上でつかみかかりそのまま落下したと思われる。この状態を親鳥は近くで鳴きながら見守っているだけで、亜成鳥を攻撃したり仲裁に入るような行動は一切取らなかった。幼鳥と亜成鳥を人為的に離すと親鳥は亜成鳥に近づき攻撃姿勢を取るが、亜成鳥が、「ピィー」という声（幼鳥と同じ声）を発すると普通の姿勢に戻っている。

この行動を目撃したのは1回限りだった。これから察すると、この幼鳥へつかみかかった行為は攻撃ではなく、亜成鳥がよく行う遊びと理解したほうがよいかもしれない。遊びの項でも触れているが、木切れや枯れ葉、川岸に放置された布切れ、長靴などにも興味を示し、嘴で噛んだり、つかんだり襲いかかる格好をしてその周りをうろうろする。やがて興奮してきて動作が激しくなり、布や長靴を引き裂いたりする。しかしそれほど長くは続かず10分程度で興味を示さなくなる。さらに巨木についたコケをむしったり、つかんだりもしている。こういった行動は亜成鳥には頻繁に見られるもので、幼鳥への攻撃は巣立ち後に野外で初めて見る幼鳥に興味をひかれ、それが高じたものではなかろうか。また幼鳥も成長して自力でハンティングを行うようになる秋ごろには、幼鳥同士や亜成鳥も加わった絡み合いがよく見られるようになる。そのほとんどが餌に関係しているが、餌の横取り、闘争などの行動はなく遊びの延長と思われる（214ページ「遊び」参照）。

13 成鳥が亜成鳥に行う行動

親鳥が分散期を迎えた亜成鳥を攻撃することだが、かなり激しくつかみかかり亜成鳥がけがをすることもある。この行動は2つがいで目撃したが、攻撃を行うのは主に雌親だ。

亜成鳥は最初の攻撃を受けた時は面食らっているが、2回目からは早めに逃げ去り、あらかじめ親鳥と距離を取るようにして攻撃を受けづらくしている。親鳥が亜成鳥に向かっていくと、鳴き声を発しながら飛び去る。最初の攻撃を受けてから1カ月ほどで分散している。分

雄親からの攻撃。雄親は攻撃威嚇姿勢をとるが、つかみかかることはない

亜成鳥に飛びかかろうとする雌親

散を促していると思われるが、少し激しすぎる。このように攻撃を受けて分散していった個体は再飛来することはない。攻撃を受けないで分散した個体は1カ月程度テリトリーを出ては舞い戻り、また出て舞い戻るということを数年近く続けることがある。

14 非繁殖期のつがいの行動

　繁殖を行わなかったり、繁殖に失敗したつがいは、5月ごろまでは雌雄がほとんど一緒に行動し、特に日中は産卵した場所や営巣可能な場所の近くにとどまる。産卵までいった個体は時々巣に出入りすることもある。しかし日が経過するとともに巣への関心は薄れ、抱卵中止後1カ月ほどで巣に立ち寄ることはなくなる。その辺りから雌雄の行

動に変化が現れる。

　それまでは、雌雄は目視または鳴き声が互いに確認できる距離で行動し、昼間に塒(ねぐら)にいる時もほとんど一緒だった。それが２、３日間一緒にいないことが多くなり、長いと１週間も別行動を取るようになる。しかしテリトリーの中に雌雄の待ち合わせの場と思われる場所があり、数日間相手を待つという行動も見られる。待ち合わせの場所は、そのつがいにとって主要なハンティング場所であることが多い。お互いが出合う確率が上がるからだろうが、最高で雌の個体が３日間待機したことがある。主にどこでハンティングをするかによって待ち合わせ場所が接近していたり、テリトリーの両端に位置したりとまちまちだが、その数は３ヵ所ぐらい存在する。全つがいがそうかは分からないが、少なくとも筆者の確認した７つがいはそうだった。

　また確認例は少ないが、つがいの片方が相手を探し転々と移動することもある。これはつがいになって日の浅い個体に見られた。
　いずれにしても２羽が一緒になると必ず鳴き交わし、長い時には一晩中鳴き交わしていることもあった。しかし繁殖期に比べ鳴き交わす回数はそれほど多くない。またその間隔も長くなっている。
　塒の項でも述べたが、シマフクロウの雌雄はおおむね年間を通して行動を共にしている。雌雄の塒が１kmほど離れていても活動前の鳴き声によって互いの位置が分かり、その後両者は接近し行動を共にする。
　幼鳥のいるつがいの行動は、繁殖期を除く200日の調査で雌雄が一緒にならなかったのはわずか７日間で、実に97％は雌雄が行動を共にしている。この結果は繁殖中の２月から６月と変わらない（155ページ「塒」参照）。
　別個体の侵入はどの時期に起きてもいいはずだが、つがいの片方の入れ替わりはほとんどが繁殖中に起きている（350ページ「営巣中つがいの片方が入れ替わり子育て参加」参照）。これに比べ非繁殖期は単独になっても不定期で、互いに鳴き声を発しないので、別個体からはその存在が確認しづらく侵入が少ないものと思われる。

15　仮親の子育て
　これは飼育下においての観察である。仮親を務めた１羽のシマフクロウの雌は人工孵化(ふか)で生まれ、その後も野外に出たことのない鳥だ。孵化後４年が経過して産卵するようになった。ほぼ毎年２卵を産み抱

卵を続けていた。その抱卵期間は野生の個体が未孵化卵を放棄する期間（40日強）と変わらなかった。

▶１回目　2008年、野生で営巣中の巣箱に不具合が生じ抱卵を中止せざるを得なくなった。そのため２卵を採卵し、飼育下で雌が抱いている孵化しない卵と交換した。抱卵中は筆者が雄の役目をし、餌を巣まで運んだ。孵化予定日は推定で、おおよそ見当がついた。孵化はさせるだろうと思ったが、育雛には疑問があった。しかし孵化すると間もなく雛に給餌した。野生の親鳥がやる行動と全く同じだった。一番驚いたのは餌の与え方で、雛へは一口サイズの餌を嘴で何回も嚙んで柔らかくしてから与えた。もちろん与える前には「シィーシィー」と小声で鳴き、雛の嘴の付け根から頭部に軽く触れる。すると雛は大きく口を開ける。そこへ餌を与える。この一連の行動は学習ではなく、すでに遺伝子情報としてインプットされていて、何かの刺激によって呼び起こされたものと思われる。単独で産卵、抱卵を行ったのは、時折飛来する野生の雄の声に反応し卵巣が発達し、卵を持ちそして産卵したのだろう。それは実の親ではない雄が子育てに参加するのと同じで、育雛の刺激は声、特に雛の声ではないだろうか。そして孵化後10カ月に入ると亜成鳥になっている２羽に対して攻撃を行うようになった。その後はケージを別に移した。

▶２回目　2019年、繁殖中に別の雄が侵入し雄同士の闘争が起こり、どちらも行方不明になり１週間が経過した。抱卵を続けていた雌は日中に巣を空けるようになったので、仕方なく採卵した。１卵はすでに発達を停止し、残りの１卵は生きているようなので２度目の托卵を試みた。そして孵化した後は前回と同様に育雛を行い一人前に育てた。はた目ではいくらか手を抜いているように見えたが、前回は雛が２羽、今回は１羽だったせいかもしれない。この幼鳥は亜成鳥となった孵化後８カ月目からは、完全に自立していた。そして分散の開始時期になっても仮親から攻撃を受けることはなかった。

　次のような面白い行動を見せてくれた。それは巣立ち後２カ月が経過した時だった。仮親がマウスを食べている時、幼鳥も食べたいらしく仮親の嘴を突きねだった。しかし仮親は全く与えようとせず幼鳥に背を向けて全部食べてしまった。そして背を向けたままゆっくり歩いて幼鳥から離れようとした。その時、幼鳥は何を思ったのか仮親の背を両足でキックした。餌をもらえなかったことに腹を立てたのだろう。しかし親を足蹴りするとは感心しない。また仮親も全く動じず、振り

返りもせずにゆっくりと歩き去った。幼鳥のしたことに何の反応も示さない仮親。「親も親なら子も子」であって、動物らしからぬ行動を見たように思えた。その日の夕方には、幼鳥が餌をねだると仮親は給餌していた。

　この仮親の雌は2015年、フクロウ類の保護・研究に貢献した人物やフクロウそのものを顕彰する組織、国際フクロウセンター（米国、International Owls Center）が主催する賞「フクロウの殿堂」（World Owl Hall of Fame）のフクロウ自身に贈られる賞「Lady Glay'l Award」を受けている。

仮親による子育て
（2008、19年撮影を併用）

抱卵中。2008年

孵化後3日。小さい3卵は鶏卵（擬卵用）で、他の一つがシマフクロウの卵。2008年

孵化後5日、親鳥の羽毛に潜り込む。2019年

顔を出しハンガーコールを送る。孵化後11日。2019年

雛に給餌する。孵化後14日。2019年

第5章　子育て〜幼鳥の成長過程

盛んに鳴く。孵化後2週間。2019年

雛同士で温め合う。孵化後16日（大きい方）。2008年

仮親鳥の抱卵斑。水浴び後。孵化後3週間。2008年

孵化後23日。2019年

孵化後28日目。2019年

幼鳥2羽と仮親。孵化後1カ月。2008年

第5章　子育て〜幼鳥の成長過程

孵化後1カ月。2008年

孵化後44日。幼鳥の1羽が片翼を出し巣立ちの直前。2008年

餌をくわえ巣の近くに来る雌親。孵化後44日。2008年

孵化後4カ月。左が生まれ
が4日違いの弟。2008年

孵化後1年。2009年

孵化後3年目を迎えた。左
が若鳥。2021年

第5章 子育て〜幼鳥の成長過程

16　特異な行動

「営巣中つがいの片方が入れ替わり子育て参加」の項でも触れているが、つがい形成していない雌雄同居のケージ内で雌が巣箱に産卵し、抱卵を続けていた。ケージ内の雄はこれまで全く関心を示さなかったが、雌が抱卵したことにより時々雌に給餌するようになった。ただし交尾は行っていない。

繁殖に失敗した野生のつがいが時折飛来して鳴き声を発し、その声に抱卵中の雌が鳴き応え、常に鳴き交わしを行うようになった。ケージ内の雄は一声も発していない。ある晩つがいの野生の雄が魚をくわえてやって来た。そしてケージの前に降り立ち、巣内の雌に対してフードコールを発した。抱卵中の雌はこれに応え巣を出て雄の前までやってきた。しかしネットが邪魔で給餌することができず、やがて雄はその魚を食べた。その間15分ほどだったが、野生の雌は見ていただけで何もしなかった。ケージ内の雄も終始静止していた。

野生の雄の行動は一種のヘルパー的な行動の延長と思われるが、雄だけに見られることから、雄は雌が巣の中にいる限り（抱卵、雛の有無に関係なく）餌を運ぶ。なおかつ鳴き声に反応すれば、それが助長されるものと思われる。それはそういった状況下では、雄は餌を運ぶという行動がインプットされていると思われ、これら条件が整えば一夫多妻が生まれる可能性を秘めている。他のフクロウ類のいくつかの種類（キンメフクロウ、フクロウ、シロフクロウ、ワシミミズクなど）で一夫多妻が報告されている。

17　人家に接近した営巣場所

シマフクロウの営巣環境は以前から原生林内と言われてきたが、その原生林がほとんどなくなった現在、シマフクロウも営巣環境を大幅に変更しなければならなくなった。

筆者がシマフクロウの調査を開始したのは1973年だ。その時は、すでにほとんどの原生林がなくなっていた。かろうじてその面影のある時期に調査したのが、当時釧路管内弟子屈町在住の永田洋平氏である。しかし永田氏の調査でも原生林内の営巣はほとんどなく、河畔林か湖沼に近い明るい森だった。また永田氏の著書にも出てくる営巣場所として、人家の庭先がある。これは開拓に入った当初のことで、ネコ、子イヌなども捕らえていたらしい。この出来事は、鳥類学者がシ

マフクロウの巣を躍起になって探していた頃の話だ。このシマフクロウは何も人家近くを意識して営巣したのではなく、おそらく以前から使用していた営巣木の近くに急に人家ができたのであろう。そしてその木が安全と判断して営巣に入ったと思われる。

　最近の営巣箇所を見てみると、人工物の近くが多い。それはそれだけシマフクロウの生息地に人間が入り込んでいる証拠だが、あえてそのような場所に営巣するように見える部分もある。

　筆者はフクロウ類の飼育経験が長く、現在でも筆者の元には保護されたフクロウ類がたくさん持ち込まれる。そのため自宅には何棟ものケージがある。中には飛行訓練のため縦10ｍ、横20ｍ、高さ８ｍの巨大なものもあり、そのフライングケージを使用してシマフクロウを飼育し、自然復帰させたこともある。そのケージも老朽化し天井部の網が破れたため取り除いてしまった。しばらく使用する予定はなかったので、補修は行わなかった。その時点で野生のシマフクロウは１カ月に１、２回の割合で近くに飛来していた。つがいを作って間もない若い個体同士だった。そして繁殖期を迎え交尾も周辺で見かけた。周囲１km以内にはすでに巣箱を設置し、さらに営巣可能な天然木もあり、そのうちどれかで営巣に入ると思われた。しかし結果は未産卵に終わってしまった。雌が若すぎたせいなのか餌不足のせいか、はっきりとした理由は分からなかった。

　とりあえず飛来した時には餌を与えてやろうと思い実行した。給餌にはそれほど執着しなかったが、次年度の１月、その使用していないケージ内に野生のシマフクロウが２羽、日中に入っているのを確認した。その時は風雪をしのいでいると思ったが、それ以後ケージ内にいる回数が日増しに増え、２月には連日、雌雄そろってケージ内で過ごすようになった。ケージ内には巣箱もあり、ひょっとすると使用するのではと期待した。夕方に飛び立って行き、夜明け前に戻るといった生活サイクルだった。交尾や求愛給餌も近辺で何回も確認した。

　そして３月６日、雌の姿がなく雄だけケージ内にいた。おそらく産卵したと思い、雌の位置を確かめようと夕方の鳴き交わしを待った。やがて雄が鳴き、雌は巣箱内で応えた。数分後に雌は巣から出て、雄と鳴き交わしを10分間行い巣に戻った。雄はハンティングのために飛び去った。これは他のつがいの抱卵中の行動と同じだった。後日、２卵産卵していることが確認できた。しかし残念ながら45日間抱卵していたが、未孵化に終わった。雌雄とも初めての営巣だったため孵化に

成功しなかったのかもしれない。

　これが人家近くで繁殖した時の経過だ。筆者の家は森の中にあるわけでもなく、近くに小規模なクルミ林があるだけ、他は牧草地で、川までは200mほどある。そして小さい子供たちが庭で騒ぎ遊ぶ、ごく普通の家庭だ。

　ここで問題は、なぜシマフクロウが他に（人からみれば）良い環境があるのに、騒々しい人家近くまできて、さらにケージ内で営巣に入ったかということだ。飼育下から放鳥してそのまま居着くことはよくあるが、加えてそのケージに隣接した別のケージには保護しているシマフクロウが３羽もいた。全く理解しがたい行動だ。

　しかしこのようにも考えられる。ケージ内は十分とは言わないものの餌がある上に、巣となるものがあり、周囲のネットで防風、防雪がなされ、カラスなどからもある程度遮断される。そして飼育中の３羽のシマフクロウとの間には、ケージという目に見えるものでテリトリーが強制的に作られており、自分のテリトリーが侵されることがない──そうしたことから、この特殊な環境でも営巣したと思われる。さらに騒々しさにも慣れ、人の出入りも外敵と判断しなかったものと想像する。つまりケージ内は、このつがいにとって他の場所より安全性、居住性が高かったということになる。

　他のフクロウ類でもこういったことはある。特に小型種に多く、日本でもアオバズクやフクロウが人家の密集する小公園や庭先で営巣している。餌となる動物が容易に獲れるためだろう。特にアオバズクは昆虫が主食で、外灯周辺が格好のハンティング場所となっている。

　開拓当時はシマフクロウも人家の庭先の大木で営巣しているが、その頃は人の方がシマフクロウの居住地に入り込んだといえる。今回のようにケージ内で営巣するのは、シマフクロウの方が人の居住地に入ってきたことになり、開拓当時の状況とは違ってきている。今後このようなことが他に起こる可能性は大いにあると思われるが、それには人とフクロウとの信頼関係が必要だ。

　営巣とは直接関係はないが、シマフクロウは人工物をほとんど気にしていないように思われる節がある。実際に橋の欄干や電柱などは、よい止まり場の一つとなっている。これらは設置されてから月日が経過しており、鳥も危険なものかそうでないか経験上判断できる。しかし急に姿を現した工事用のタワークレーン車や重機類、車両などにもすぐに止まる。これらは頻繁に場所が移動しているものだ。特にタワ

ークレーン車は見晴らしの良い見張り場と化している。また送電線などは適度な空間があり、よい見張り場と飛行コースになっている。このような性格をシマフクロウは持っているため、事故などにも遭いやすいのだ。逆にそういったものに対して警戒心の強い鳥ならば棲む場所がなくなり、とっくの昔に絶滅していただろう。

　保護し個体数を増やしていくためには、森や川を以前の状態に戻すことは大切だが、彼らにとって安全な場所をつくってやることが先決ではないだろうか。しかし野生動物には、われわれには理解しがたいことが多い。良いと思ってしたことが裏目に出ることも多々あるのだ。

電気のコードで遊ぶ若鳥

車の屋根に止まり一休み。車も動いていなければ、よい止まり場となる

第5章　子育て〜幼鳥の成長過程　369

屋根やTVアンテナにもよく止まる。親子3羽

パワーショベルのアームに止まる

18　保護個体の自然復帰例と親子関係

　幼鳥の収容個体は自然復帰が不可能な場合が多い。仮に自然復帰が可能な状態になっても、収容場所の関係で一時親子の関係が断たれており、親子関係が復帰できるか断定できない。また人的にも多くの手間がかかるので、今まではほとんど行われなかった。さらに収容された個体が幼鳥といっても巣内収容か、巣立ち直後か、飛行はできるか、分散可能な時期か…などによって大きく変わってくる。筆者は巣内収容ではない4タイプの幼鳥を収容したことがあり、その時の自然復帰の状況と親子関係について述べる。

①巣立ち直後の収容（1988年）

原因 巣立ち後2日目、両足が使えない状態の幼鳥を発見し収容した。原因は不明だったが、巣立ち時に脊椎の軽い損傷の可能性があると診断された。

収容後1ヵ月で歩行が可能となったが飛行はできない。自然界であれば飛行はかなり上達している時期で、親鳥について飛行することが可能だ。歩行可能となった時点（飛行はできない状態）で親鳥と面会を行う。場所は親鳥がよく利用するハンティング場所を選び、日没後から待機し親鳥の飛来を待った。川岸近くに止まり木を設置し、幼鳥をその木に止まらせた。結果は雌雄の親鳥、前年度生まれの亜成鳥とも警戒することなく、1、2時間互いが確認できる位置で過ごした。面会を始めて4日目には、雌親と亜成鳥は幼鳥の横に飛来し数分間過ごしている。雄親はさらに3日後に幼鳥のそばにやって来た。幼鳥は時々フードコールを発していたが、どの個体も給餌は行わなかった。1週間ほぼ同じような状態が続き、雄親がグルーミングを行おうとして幼鳥の羽毛を嚙んだ時に幼鳥は羽ばたき、激しいビル・スナッピングを行った。雄親はすぐに離れたが、数分後再度幼鳥のそばに飛来し今度は幼鳥につかみかかった。幼鳥は止まり木から落ち地上でビル・スナッピングを行うと、雄親は再度幼鳥につかみかかった。この時点で幼鳥を収容する。その後は幼鳥を網かごに入れて事故防止策を講じて面会させたが、雌親も攻撃姿勢を取るようになり、親元への復帰を断念した。

幼鳥につかみかかり嚙みつく

その後この幼鳥は飼育下で飛行訓練とハンティングを習得させ、翌年の7月に別の場所で放鳥した。面会させた初期の段階で幼鳥が飛行可能な状態であれば、親鳥についていくことも予想され、この個体については親元への復帰の可否は、飛行できるかできないかが左右することとなった。

②巣立ち後約1ヵ月目で収容（1997年）
　原因　巣立ち後1ヵ月、2羽の幼鳥のうちの1羽（後から巣立ちした個体）が、両眼（りょうめ）とも開くことができず、さらに嘴（くちばし）、趾（ゆび）、翼角から出血している状態で発見された。ハチ、カ、ヌカカなどに無数に刺されたことによる出血と腫れが原因で移動することも不可能な状態となり、体重は著しく減って十分飛行できる時期にもかかわらず飛行不可能だった。
　収容2週間後、数十メートルの飛行が可能となり、体重も増加し放鳥可能となった。その後、性別検査で雄と判明する。
　日没から、親鳥のハンティング場所で待機する。間もなく親鳥が雌雄そろって飛来する。もう1羽の幼鳥は、約300m離れたところで待機させている。
　ケージから収容していた幼鳥を出し、親鳥から20m離れた位置に置く。親鳥は幼鳥を見ているが、何の反応も示さない。また幼鳥も同様に静止している。親鳥は餌を獲（と）り、待機させているもう1羽の幼鳥への給餌のため雌雄ともに飛び去る。20分後、雌雄とも飛来しハンティングを行う。幼鳥には無反応だ。1時間後に2羽とも飛び去る。
　翌日も同様に行ったが、結果に変化がなかった。合計10回試みて結果はいつも同じだった。親鳥は頻繁に鳴き交わしたが、幼鳥に対しての給餌の声や幼鳥を呼ぶときに発する声は、一声も発しなかった。また幼鳥も一声も発しなかった。
　巣立ち後1ヵ月の幼鳥は十分飛行できる状態で、親鳥についてかなり飛行している時期だ。ところが収容した幼鳥は親鳥についていくこともなく、鳴き声も発しなかったことが、復帰不可能となった原因と思われる。この個体は飼育下に置かれた。
　その後、遠く離れた北海道北部で単独の雌1羽が生息しているのが確認された。収容している個体は雄だ。そこでその単独の雌と収容中の雄をつがい形成させる話が浮上した。早急に放鳥を計画し、冬が来る前に実行に移した。放鳥後間もなく2羽は鳴き交わしを行い、つが

いが形成された。しかし翌年２月、詳しい状況は不明ながら、放鳥した雄が間接的な感電事故に遭ったらしく元気を喪失した。しかし一命はとりとめ、体調も徐々に回復の兆しがあった矢先、ハンティング中に養魚池に落ち込み、上がることができず溺死してしまった。

　③巣立ち後２カ月以降、飛行可能な時期（1991年）
　原因　1991年10月、交通事故のため飛行できなくなった幼鳥。これについては「親子関係」でも述べている。
　この幼鳥は飛行できなかったが、骨折などはなく翼の打撲と診断された。収容後２週間で飛行可能になり、保護した場所の近くで親鳥の飛来を待つ。１、２日目は親鳥は飛来しなかったが、３日目に親鳥の鳴き交わしを遠くで確認する。ただちにケージから出し地上に放す。幼鳥はしばらくして近くの木に移る。親鳥の声は徐々に近づき、親鳥が100mくらいまできた時、幼鳥は激しく鳴き出す。その声を聞きつけた親鳥（雌）は幼鳥の元へ飛来する。幼鳥はさらに激しくハンガーコールを発した。約５分後に雌親は飛び立ち、15分後には餌をくわえて幼鳥のそばに飛来し餌を与えた。雄親は約50m離れた所で終始鳴いていた。
　翌朝、放鳥した個体を含む４羽は、同じ木で塒（ねぐら）をとっていた。その後も親鳥の攻撃など異変はなかった。親鳥の元への復帰が順調に運んだのは、この幼鳥の親鳥を呼ぶ声が、大きく影響したと思われる。これはその幼鳥の持つ性格も大きく左右すると考えられ、全ての幼鳥に共通しているとは思えないが、空腹時にはよく鳴き声を発することから、空腹の状態で親鳥と面会させることは有効と思われる。

　④分散間近な幼鳥＝亜成鳥（1993年）
　原因　道路の端にうずくまっているのを発見し保護した。前年生まれの亜成鳥と判断する。外傷もなく原因は不明だが、軽い接触の交通事故の可能性が高い。収容後約１時間で激しく暴れ出し、逆にけがをすることも考えられ、収容した地点へ運び放鳥する。亜成鳥はすぐに飛行し林の中へ飛び去った。翌朝、この幼鳥を放鳥場所から約１kmの地点で、親鳥はそこから２km離れた場所でそれぞれ確認する。その後も親鳥と一緒にいるところは確認できなかったが、放鳥後１カ月半経過して、放鳥場所から約４kmの地点で目撃する。この場所は親鳥のテリトリー内ではなく、別個体も未定着の地域だった。

この個体はおそらく交通事故か、何かにぶつかって軽い脳しんとうでも起こしていたと考えられる。放鳥後に親鳥と一緒にいるところを確認していないが、何のトラブルもなかったのは、分散間近な時期と収容していたのが数時間だったことが大きい。

⑤仮親から孵化した個体（2011年）
　原因　2008年、野生下の巣のアクシデントで収容した2卵を仮親に托卵し、孵化したもの。そのうちの1羽が放鳥後、単独の雌とつがいを形成して、翌年2羽の雛を巣立ちさせた。
　この放鳥は2011年に環境省の事業として行われた。放鳥後に鳴き交わしはなかったが、近くにいた。しかし徐々に雌から遠ざかるようになり、放鳥個体の移動を少なくさせる意味でその場で給餌を行った。その後1週間を経てようやく鳴き交わしが始まり、つがいを形成した。
　シマフクロウは個体ごとに違った行動を取るため、その個体に合った放鳥の仕方をわれわれはもっと学ばなければいけない（放鳥時は孵化から3年目で成鳥）。

19　親鳥の元への復帰

　幼鳥の鳴き声と（親鳥についていく）飛行が親元への復帰の重要条件であることは、前述の事例で明らかである。従って飛行不可能な幼鳥の収容は、十分な観察と判断が必要だ。けが、病気の度合いにもよるが、飼育はできる限り現地で行うべきだ。また放鳥に関しては、たとえ短期間の収容で放鳥可能となっても、巣立ち直後の幼鳥の場合は飛行できる時まで待つ方が良いと思われる。さらに収容期間中に時々親鳥と面会させることも重要。これらのことに注意して行えば、放鳥はそれほど困難ではないように思われる。ただ放鳥後のケアも必要な場合があり、その場合は個体の動向を把握しなくてはいけない。追跡方法として電波発信機の装着が多く使用されているが、装着を極度に嫌う個体も少なくなく、それらには大きな負担となる。しかし労力をかければ放鳥時の年齢、日齢にもよるが、ほとんど目視だけで確認できることもある。筆者は1993年までに5羽に発信機を装着した。足輪に装着したのが3羽、尾羽と足輪に装着したのが2羽いるが、尾羽に装着したものは1カ月ほどで引きちぎられている。2010年時点で発信機の電池の寿命はとっくになくなっているが、5羽のうち3羽は、定着し生存している。1羽は事故による再収容、残る1羽だけが現在ま

亜成鳥となる。秋

で所在の確認がとれていない。

　現在確認している3羽は、発信機装着による追跡結果で定着の確認がとれたものではなく、いずれも目視によるものだ。シマフクロウへの発信機の装着は個体自身への負担を考えると望ましいものとは言えない。併せて追跡の際も地形によっては電波の乱反射があり、正確に追えない場合が多く熟練した観察者が必要で、そうでなければ必ずしも有効であるとはいえない。また現在はGPSによるものが主流で、海外では広く使用されている。何千キロも移動すると考えられる種類については有効だが、シマフクロウは生態的にみても一気に広範囲に移動するわけではないので、人間の方が小まめに歩いて観察し確認することが可能だし、鳥に対しても一番安全かつ有効と思われる。放鳥された個体がせめて不自由なく飛行できるようにしてやることも、放鳥する者の務めではないだろうか。しかし現在では、人員の削減などで機器の使用が強いられる。さらに税金を使って行う事業に、結果を出すことは重要。筆者は結果より、生まれたままの姿で何不自由なく放鳥したい、そのように思っている。

のぞき見するシマフクロウ

車とシマフクロウ。車は動かぬ物体と判断している

第6章
換羽 野外識別 事故 寿命

風切羽の換羽中の雄

1　換羽

　換羽(かんう)を行うことはかなりのエネルギーを必要とし、その結果が換羽量に現れ、換羽の行い方で健康状態をある程度知ることができる。しかしシマフクロウの場合は一見正常に見える同じ歳の個体同士を見比べても換羽量に違いがあり、判断は難しい。特に孵化(ふか)後2年目の亜成鳥間では換羽量に大差が生じる。

　幼羽から成鳥羽への換羽を行う順番はほぼ共通しており、その状態で日齢やある程度の健康状態を知ることができる。

　幼鳥は孵化した時点で羽毛が生えており、その羽毛が伸びて幼羽が形成される。1回目の換羽は孵化後15日ごろから始まり、白色の羽毛から薄茶系の羽毛に変わる。風切羽もこの時期から伸び始める。尾羽はさらに10日後から伸び始める。そして孵化後70～80日で尾羽も風切羽も伸びきる。風切羽が伸び終わると全身の換羽が始まる。胸部辺りから始まり、腹部方向へ進み、雨覆(あまおおい)、頸(くび)、頭部と各部ほとんど同時進行で換羽する。孵化後7カ月から8カ月ほどでその換羽は一度終了する。この時、初列風切羽、次列風切羽、三列風切羽、初列雨覆、大雨覆、尾羽はそのままで換羽はしない。時々、中雨覆や背部の羽毛が数枚未換羽のままの個体もいる。これで第1回目冬羽になり亜成鳥となる。次回の換羽は翌年の5月の孵化後14カ月目から始まる。この換羽は腹部の羽毛から始まり初列雨覆、大雨覆、三列風切羽全部、尾羽全部と初列、次列風切羽を部分的に行う。この換羽が終わった時点で成鳥となる（おおむね11月）。ただし大雨覆の1枚から2枚が未換羽で終わる個体もある。背部は大雨覆が換羽に入って下部から行う。腹部の換羽は、徐々に頭部に向かっていく。頸部がほぼ終了すると顔、頭部に移り、頭部は前面から頸部方向に向かう。羽角も同時期に行う。尾羽は4日から7日のうちに全部抜け落ちる。初列、次列風切羽は全ては行わず、そのうち6、7枚だけ行う。ただし傷みの激しい羽毛は換羽する。風切羽の換羽の順番は不規則だが、初列風切羽は1番から10番に向かい、次列風切羽は10番から1番に向かう。それぞれが同時進行する場合が多い。風切羽はほぼ左右対称に換羽する。風切羽の換羽と大雨覆の換羽に関連性はみられない。

　成鳥の換羽も5、6月ごろに始まる。繁殖を行わなかった年、繁殖しても早期に失敗した年は早く始まり、繁殖に成功した年は遅くなる傾向がある。1カ月ほどのずれだ。繁殖を行った年の換羽は、幼鳥が

巣立ちを行うころに始まる。幼鳥の成長が関係しているのか子育てで成鳥の栄養状態が悪いために生じているのか、はっきりしたことは分からない。しかし多くの個体で共通していることだ。やはり幼鳥の成長が換羽の時期を左右していると思われる。その換羽は、下腹部の羽毛から頭部に向かって進み、同時に背、雨覆と全身換羽を行う。その時風切羽、尾羽も同時進行で行う。風切羽は繁殖の有無に関係なく全部は行わない。尾羽は通常は全て換羽するが、幼鳥を伴うつがいは雌雄とも全て換羽しないことがある。その抜け落ち方も不規則で、特に雌の個体は数枚で終わることがある。また雌の場合全く換羽しないことがある。

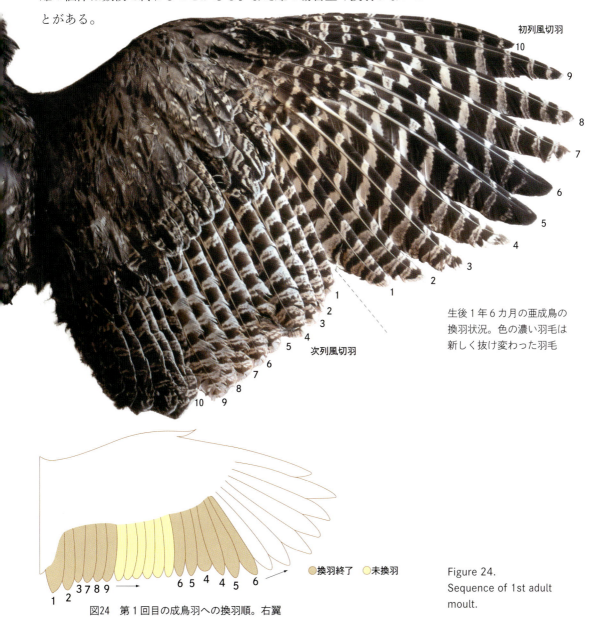

生後1年6カ月の亜成鳥の換羽状況。色の濃い羽毛は新しく抜け変わった羽毛

図24 第1回目の成鳥羽への換羽順。右翼

Figure 24. Sequence of 1st adult moult.

繁殖しなかった年、または繁殖に失敗した年は、健康状態が良ければ風切羽4～7枚、尾羽は必ず全部行う。その他の部分も同時進行し、換羽の終了は11月になる。

　また飼育個体はストレスなども加わり、正常な換羽を行わないことがある。

　鳥の健康状態にもよるが風切羽の換羽が一巡するのは4、5年が必要となる。

風切羽の換羽の例　三列風切羽の終了後、次列風切羽10番から入り1番へ続く

　初列風切羽は、次列風切羽10番とほぼ同時期に行う（図24参照）。写真は第1回の風切羽の換羽だが、初列風切羽1、2、3、4、7、8が未換羽。次列風切羽は2から9が未換羽だ。これは10月11日換羽中のもの。

　また第1回目の風切羽の換羽で、初列風切羽1、2、9、10が未換羽で他は換羽終了か換羽中であり、次列風切羽は1だけ未換羽で三列を含む全てが換羽している個体もいる。そしてほぼ左右対称だ。これは非常に多く換羽している例と思う（9月20日の換羽中のもの）。

腹部の換羽中

尾羽が全て抜け落ちている

飛行中の雌の左風切羽と尾羽の一部が換羽中

古い幼羽がついている2年目の亜成鳥

Table 22.
Blakiston's Fish Owl primary molt history 1998 - 2004

表22　初列風切羽の換羽一巡…1997年生まれの雄（1998～2004年）

	換羽	1998 – 2003	2004		
Left	1～5	1998		Right	1～5
	6～9	1999			6～9
	1～2.10	2000			1～3.10
	5.7.8.	2001			6.7.8.
	4.6.9.	2002			4.5.9.
	1.2.3.	2003			1.2.6.
	10.5.6.	2004			10.3.7.
尾羽	毎年	換羽			

データは飼育個体

2　野外識別

　シマフクロウは雌雄同色で、大きさも体重を除けば大差がなく、厳密には雌雄の識別はできない。しかし営巣中の個体については、かなり識別できる。これは棲んでいる環境にも左右されるが、大半の個体は広葉樹主体の森で繁殖しているため、「形態」の項で述べた通り巣に入ることのない雄は、非常に淡色になっている。これは日にさらされて色があせたもので、1羽だけでも識別可能だ。亜成鳥も成鳥羽に換羽前は非常に淡色になることがあり注意が必要。

　さらに繁殖したつがいの換羽期で、尾羽の換羽をスムーズに行うのは雄の個体で、雌の尾羽は全て換羽しない方が多い。まれに雄でも1枚ほど未換羽のことがある。

　その他雌雄の識別は、鳴き声ではっきりと2声で鳴く方が雄で、1声または1声半で鳴くのは雌だ。ただし、これは雌雄で鳴き交わしをしているときで、単独個体の場合は雌も雄のような鳴き方をすることもあるので正確な識別方法とは言えない。また雌でもはっきり2声で雄と鳴き交わすこともある。2羽の雌で確認する。

　幼鳥と成鳥の識別は、幼羽が生まれたその年の11月ごろまで残っているので、比較的簡単に区別できる。その後も、翌年の春までは大雨覆と初列雨覆と風切羽だけが未換羽なので、大雨覆と中雨覆の羽色を比べると幼鳥の方が大雨覆の羽色が著しく淡く、識別可能だ。大雨覆の換羽は2年目の夏に行われ、これが終了すると識別は難しくなる。

2年目の亜成鳥（夏）。成鳥羽への換羽中で全身の羽色が著しく淡い色をしている。成鳥では30年を経過した雄の繁殖期にも見られる羽色

孵化後30年目の雄老成鳥と亜成鳥（右）。雄の老成鳥は胸部、腹部の地色が白色に近い。亜成鳥は淡い茶系をしている

3　年齢の識別

　幼鳥の識別と同様に2年目の春までは可能だが、その後の年齢の識別は正確には不可能だ。しかし 嘴 の色が目安となり生誕から数年の若い個体、10年以上や20年以上の個体など、おおよその判断はできる。

　幼鳥の嘴の色は青灰色で先端が黄色を帯び、嘴全体に艶がある。成長とともに艶がなくなり青灰色から灰色になって黒色が部分的に入り出す。その入り方は個々で異なる。10年を経過した個体は灰色と黒色がおよそ半々となり、20年で嘴全体が黒ずんだ灰色となる。ただし蝋膜の色は変化していない。

　フクロウ類は他の鳥類と異なり眼が前面に付いているため、個体差

が分かりやすい。両眼と嘴の位置関係で判断すれば、ある程度の個体識別は可能だ。しかし昼と夜、警戒時などかなり違って見えるため注意が必要。また顔、形に加えてその個体の癖などの仕草、警戒の方法にも個体差があるので、これらの点にも注意するとより確実に個体を識別できる。

　現在は、1985年から始まった標識調査により、600羽以上の幼鳥にカラーリングが装着されている。カラーリングは調査時に装着する足環で、6色あり通し番号が刻印されている。その色や番号、左右どちらの脚に装着しているかなどが確認できれば、その鳥の出生地や年齢が分かる。例えば色だけしか確認できない場合でも、どの地域の出身かは分かるようになっている。

嘴の色でつがいの個体年齢を識別。左の雌22歳は黒色に近い。雄8歳は嘴の両サイドに黒色ラインが入る

嘴の色変化。30歳の個体。灰色が一部出るが艶はなく嘴全体に光沢がない

嘴の色変化。孵化後2カ月の個体。全体が青灰色で先端が黄色を帯びる

大雨覆と他の羽毛との羽色の違い亜成鳥

成鳥と幼鳥の比較（右が成鳥）

4 死亡原因と病気

シマフクロウの死亡原因は事故が圧倒的に多く、病死などが確認されることは非常に少ない。飛行中よく枝にぶつかり翼を脱臼したり、脚を痛めたりしている。けがの状態は、捕獲して治療していないのではっきりとは分からないが、ほとんど1週間ほどで治っている。また裂傷も多いが化膿(かのう)することは少ない。

約2cmの跗蹠(ふしょ)の裂傷と第3趾(し)の爪が剥離した個体は治療をほとんど行わなかったが、10日ほどで治っている。また闘争によって片眼を負傷し、瞳孔に膨縮がなくなりおそらく視力はないと思われた個体でも、普通通りに繁殖している。別の例では巣立ち後に両足が使えなくなり、保護収容した個体で10年後、左翼橈骨(とうこつ)を骨折したため、レントゲン撮影を行ったところ、もう一方の右翼の橈骨を過去に骨折した跡が見つかった例があった。この個体は平均巣立ち日数より16日間長く巣にとどまっており、おそらく巣内で骨折したが、回復し巣立ちしたと思われる。

闘争などの自然の状態で起こるけがでは、その状態にもよるが死に至ることはまずないと思われる。また翼や脚の単純骨折なら、体力さえあれば自然に治癒している。しかし翼や足などのけがは一時的に飛行やハンティング能力を失い、キツネなどの他の捕食者の餌食になっている。

5 事故の原因

①交通事故（車、列車）

全死亡個体の約4割が交通事故死だ。橋の近辺で多く発生している。それは餌を求めて川の上空1〜5m間を飛行（地形によって異なる）することが多く、橋梁が高ければ橋の下を通過するため事故には遭いづらいが、低ければ橋の上を通過した際に事故に遭っている。また橋以外では雨天時にカエルが道路を多数横断するため、それを狙って道路上に下りる時に事故に遭っている。欄干、ガードレールを止まり場に利用し、そこからの移動時に事故に巻き込まれる例もある。さらに幼鳥はある程度飛行できるようになると樹木のない地上に降りてハンティングのまね事を行う。交通量の少ない道路や線路は絶好の場所で、風に動く紙屑などで遊んでいる。成鳥は道路上を表面飛行し事故に遭う確率を増やしている。

鉄道での事故。線路に羽毛がついている 33

国道で交通事故死した亜成鳥。道路上で小動物の捕獲中か、低空飛行で道路を横断したものと思われる 34

②漁網など

　港に停泊する船の上や岸壁など海辺に放置された漁網、川岸に干されている網、養魚場の防鳥ネットなどに絡んで衰弱、または死亡する。これらのケースでは早期に発見されれば、けがの状態も軽く助かることが多い。しかし体半分でも水没していたら体温が下がり死亡する。また河川や湖に漁のために張られた刺し網も危険で、網に絡んだ魚を狙い自らも絡んでしまう。その他シカなどの農作物の食害を防ぐため畑に張られたネットも同様に危険で、幼鳥が2羽同時に絡み死亡したことがある。

③感電死

　送、配電線の支柱、碍子(がいし)に止まって感電している。また給餌も電柱

第6章　換羽　野外識別　事故　寿命　389

で行うこともあり、これらの場合はすべて死亡している。趾(ゆび)が欠損している個体は数羽確認されているが、感電によるものかトラバサミ（次項）なのか、闘争によるものか分からない。配電線は被覆してあるが、海岸に近い所は劣化が早く事故につながる。

最も危険な止まり方。電柱や硝子、トランスに止まり感電死することが多い

右脚の第2趾を欠損したウオミミズク。感電によるもの。台湾 35

④トラバサミ

　トラバサミ(*13)は現在使用が禁止されているため、近年の事故報告はない。しかし違法に使用され、事故個体が発見されても報告されない場合があると考えられる。

　トラバサミにかかり身動きできない時にキツネなどに襲われる。またトラバサミにつけられている鎖、ロープが枝などに絡み衰弱死する（1羽確認）。生存していても趾(ゆび)は切断される。趾の1本が欠落している個体も複数確認されている。

＊13トラバサミ
狩猟に使うわな。大小さまざまな大きさがあり、大きいものはクマ用から小さいものではミンク、イタチ用まである。原則使用は禁止されている

シマフクロウの爪の欠損
左脚の第4趾の爪が欠損したシマフクロウ。原因はトラバサミの可能性が高い

⑤捕食

　主に巣立ち後間もない幼鳥がキツネ、イヌに捕食されるが、それほど多くない。まれに成鳥、亜成鳥も捕食されているが、これはイヌの仕業と思われる。キツネは死体を持ち去るが、イヌの場合はほとんど食べず死体が残っている。また巣内で幼鳥がクロテンに腹部を食いちぎられたり、巣外に持ち出されたりしている。対策によりテンの事故は激減している。

キツネに襲われた跡。噛み切られた幼鳥の風切羽。キツネの巣穴からこの個体の足環が発見された

クロテンによるものと思われる。巣立ち直後に襲われたようだ

⑥巣立ち直後

　巣立ち時、枝などに頭部が当たり打撲により死亡する事例がある。また巣立ちした時、水面に落下し溺死する。

　巣立ちした時、おそらく落下による脊椎の損傷で両脚不全となり、それに伴って起きた翼下面風切羽の羽軸近くに裂傷を負い、さらに裂傷部にハエ（*Lucilia*）の幼虫が発生。それによって生じた羽軸の変形がある。3回目の換羽時でもその度合いは軽減しているが、羽軸は変形している。

⑦病気

　病気で保護収容されることは非常にまれで、収容後に死亡し解剖の結果、原因が判明したもので尿結石がある。この病気は、魚食性のミ

サゴ（*Pandion haliaetus*）からも報告されており、魚食性の強いシマフクロウにもいくらかあるものと推測される。

飼育下では多発性囊胞腎(のうほうじん)があるが、原因は不明。

⑧虫刺され

これも極めてまれと思われるが、極度の虫刺されによって衰弱したこともある。これは巣立ち間もない幼鳥に起きたことで、多数のカ（Culicidae）、ヌカカ（Ceratopogonidae）、スズメバチ（Vespidae）に刺された結果だ。皮膚の露出している所にとどまらず、至る所から出血し眼(め)は腫れ上がり、まぶたはかさぶたで開けることができない状態だった。移動することができず、さらにこの状態が進めば衰弱死すると思われた。虫刺されは巣内でもあり、まぶた、蝋膜(ろうまく)が腫れ上がっていることもある。巣立ち後間もないころは虫に刺されても身動きもせずただ耐えているだけだ。

気温の上昇と共に吸血性昆虫が大発生するため、成鳥は身震いして足にまとわりつく虫は足を枝にたたきつけ激しく動かし、追い払っている。

またマダニ（Ixodidae）に寄生されていることも時々あるが、マダニの数は１、２匹で吸血後は離れるのでほとんど影響はないようだ。

飼育下ではシラミバエ（Hippoboscidae）の寄生があるが、野外では今のところ未確認だ。さらに飼育下で死亡した個体の血中からヘモプロテウス属の原虫（ヌカカ媒介）が検出されている。

数少ない事例の一つ、極度の虫刺されによって衰弱した幼鳥

⑨寄生虫

　寄生虫によって一時的に衰弱することもあるが、死亡には至らない。寄生虫は、事故死後の解剖によって線虫類と条虫類が発見されたが、種類の同定はされていない。また人工孵化（ふか）によって野生個体と同種の餌を投与した結果、検出されたことがある。その寄生虫は堀田裂頭条虫（*Diphyllobothrium hotlai*）だ。この条虫の幼虫はキュウリウオ、チカなどの内臓によく寄生しており、海やこれらの魚類が遡上（そじょう）する河川流域に生息するシマフクロウは寄生されていると思われる。

⑩免疫不全

　これも一例だけだ。この個体は補充卵が孵化（ふか）したもので、孵化後約45日で死亡している。体全体が矮小で、眼球は膜が覆ったように濁っていた。

⑪その他

　消波ブロックの中や細い水路などの隙間に落ち込んで衰弱死した例がある。落石による死亡は、おそらく崖下の川辺で餌を狙っている時に遭遇したものだろう。

　最近の保護収容や死亡例は、交通事故と不法投棄された漁網および防鳥ネットに絡んで溺死したものがほとんどだ。毎年3〜5羽の幼鳥、成鳥が死亡したり生きて収容されたりしている。交通事故は巣立ち後数カ月の幼鳥と、分散を開始して移動中か定着して間もない若鳥に多く、その土地の状況を把握していない時に多発している。これら死亡個体が発見されることはまれと思われ、報告されている数以上に死亡個体の実数は多いと思われる。生息する個体数が多くなれば、彼らが事故に遭う機会は増える。道路建設は今後も進み、走行する車の速度はアップする。開発によって生息可能な場所が減り、シマフクロウや他の野生動物が車に出くわす機会が多くなるだろう。これは今以上にシマフクロウが増えない大きな理由になる。

　1995年までに幼鳥86羽、成鳥6羽に標識を装着したが、この中で生存が確認されている幼鳥（現在は成鳥）は14羽、成鳥は3羽だ。死亡が確認されている幼鳥は18羽、成鳥1羽。生死それぞれの率は生存が18％、死亡が21％となる。その確認数は全標識個体数の40％ほどで、残りの60％が所在不明だ。3分の1ほどの確認例で判断するのは難しい。一般的に猛禽類の生存率は1割から2割と言われている。

　2000年以降、標識装着数は右肩上がりに増えているが、2021年以降

も死亡個体はさらに多くなるだろう。

6　寿命

　野生動物の寿命を正確に知ることは難しく、多くの場合は飼育個体から推測されている。野生個体については標識による個体識別で平均寿命の推定が可能だが、フクロウ類では標識データが少ないため推定も出しづらい。

　シマフクロウでは1985年から標識調査が行われ、2021年までに600羽以上の幼鳥に足環が装着されている。しかし大多数は生死不明だ。確認されるのは事故などによる死亡、またはけがによる収容で、生存する個体の追跡は極めて少ない。その中で筆者が継続観察を行った根室管内の個体1羽（雄）と、十勝管内の1羽（雌）が、ともに32歳でいなくなっている（早矢仕、私信）のが、これまでの最高齢だった。この2羽はおそらく繁殖中に別個体の侵入で闘争に敗れ、入れ替わったものと考える。しかしその2羽を死亡と断定できる証拠は確認されていない。繁殖中の入れ替わりの項で述べているが、追い出された個体が別の場所で新たにつがいを作り繁殖していた例がある。

　現存する個体の最長寿命は2021年12月現在32歳9カ月の雄だ（表23参照）。

　その他、筆者は無標識の野生個体7羽を顔形、動作、換羽の状態などで個体を識別し継続的に観察、記録した。

　6年―1羽　雄　死亡　原因不明
　18年―3羽　雄-1　雌-2　不明だが、テリトリー争いと思われる
　20年―1羽　雄　テリトリー争い
　23年―1羽　雄　テリトリー争い
　24年―1羽　雌　テリトリー争い

　前記のように行方不明は闘争によるものが大半だが、死亡が確認された個体はほとんどいない。シマフクロウの個体数は増えてきており、闘争を助長している。強い者が残るといった野生本来の姿が戻りつつあるのか、それとも生存可能な生息場所が不足しているのか。今の北海道では棲める数はおのずと限られてくる。

　飼育下ではシマフクロウの長寿記録として、釧路市動物園での37年というものがある。そして現在動物園の飼育個体は20年以上経過して

Table 23. Longevity of Blakiston's Fish Owls. 1985 - 2021

＊16の個体はリングの破損及び汚れでアルファベットが確実に読み切れず該当する個体

表23　シマフクロウの生存期間　1985〜2021年

種名	生存期間 年　月	初放鳥日	足環No.	カラーリング
シマフクロウ				
1	32------	1989　5	140-03730	L 緑赤
2	32-----0	1987　9	140-03725	R 赤青
3	32-----0	1987　6	140-03721	L 緑
4	30------	1990　6	140-04007	R 緑赤
5	30------	1990　5	140-04019	L 黄青
6	30-----4	1989　5	140-04006	L 赤黄
7	30------	1991　5	140-04026	R 緑赤緑
8	29-----6	1987　6	140-03727	L 緑黒1線
9	28------	1993　6	14A-0062	L 赤-0 発信機
10	19------	2002　6	14C-0065	L 赤-K
11	27------	1994　5	14A-0071	L 赤-2
12	22------	1999　6	14C-0028	L 赤-J　プラスチック
13	25------	1996　6	14A-0090	L 赤-9
14	19------	2002　6	14C-0117	L 赤-M
15	22------	1999　5	14C-0030	L 赤-L
16	20------	2001　5	14C-0058又は0059	L 緑-C又は緑-D
17	16-----0	1992　6	140-01685	L 黒
18	16-----0	1986　7	140-01639	R 黄
19	13-----10	1986　11	140-01638	L 青
20	16-----0	2005　5	14C-0248	R 赤-Jアルミ
21	20------	2001　5	14C-0060	L 緑-F
22	18------	2003　6	14C-0145	L 赤-X
23	12------	2009　6	14C-0405	L 赤-ww
24	10------	2011　5	14C-0444	L 緑-HH
9年 以下				
25	7-------	2014　5	14C-0557	R 緑-EE
26	8-------	2013　6	14C-0544	L 黒-A
27	6-------	2014　6	14C-0570	R 黒-D
28	6-------	2014　6	14C-0568	R 緑-NN
29	6-------	2015　6	14C-0583	R 黒-V
30	6-------	2015　6	14C-0590	R 黒-AA
31	9-------	2012　6	14C-0523	R 緑-AA
32	4-----0	2016　6	14C-0624	L 黒-PP
33	9-----0	2011　5	14C-0502	R 赤-HH
34	5-------	2016　6	14C-0620	L 黒-NN
35	8-------	2013　5	14C-0545	L 黒-H

30年以上　7羽　　25〜29年　4羽　　20〜24年　3羽
性別比　雌-4　雄-3　　雌-2　雄-2　　♀1　♂2

いるものが数多くいる。しかし30年を経過した個体は産卵もまれとなり、何らかの病気を持っていることが多いようだ。

　表23のシマフクロウの生存期間からみると、個体識別されている個体は35羽しかいない。その中で30歳を超えている個体が7羽、20歳以上も7羽いる。実に2分の1近くが20歳を超えている。また長寿だった個体のほとんどは侵入者（別個体）の出現で姿を消している。30歳を超える個体は、動きが緩慢になっているのが見た目にもよく分かる。つまり老化が進んでいると考えられる。これらの事実から生態的寿命は30歳前後と推定する。

性別	捕獲時 齢	最終確認日		状況	
雄	幼鳥	2021	12	生存中	
雌	亜成鳥 1986年生まれ	2018	3	闘争？	
雄	幼鳥	2019	3	闘争	
雌	幼鳥	2021	12	生存中	
雄	幼鳥	2021	6	生存中	}つがい
雌	幼鳥	2019	3	闘争　？	
雌	幼鳥	2021	6	生存中	
雌	幼鳥	2016	10	不明	
雄	幼鳥	2021	12	生存中	}つがい
雌	幼鳥	2021	12	生存中	
雌	幼鳥	2021	12	生存中	}つがい
雄	幼鳥	2021	12	生存中	
雄	幼鳥	2021	3	生存中	}つがい
雌	幼鳥	2021	3	生存中	
雌	幼鳥	2021	12	生存中	
雄	幼鳥	2021	10	生存中	
雄	幼鳥	2008	4	闘争	
雄	成鳥	2002	3	不明	}つがい
雌	成鳥	2000	2	不明	
雌	幼鳥	2021	12	生存中	
雌	幼鳥	2021	4	生存中	
雌	幼鳥	2021	12	生存中	
雌	幼鳥	2021	6	生存中	
雌	幼鳥	2021	5	生存中	
雄	幼鳥	2021	6	生存中	
雌	幼鳥	2021	12	生存中	}つがい
雄	幼鳥	2021	12	生存中	
雄	幼鳥	2021	3	生存中 20とつがい	
雄	幼鳥	2021	12	生存中 21とつがい	
雄	幼鳥	2021	7	生存中	}つがい
雌	幼鳥	2021	7	生存中	
雄	幼鳥	2020	1	不明	
雄	幼鳥	2020	1	不明	
雌	幼鳥	2021	5	生存中	
雄	幼鳥	2021	12	生存中 22とつがい	
15～19年　7羽		10～14年　3羽		9年　以下	
♀5　♂2		♀2　♂1　雄-1		♀3　♂7	

老成鳥

亜成鳥

参考

＊他のフクロウ類の寿命（長寿記録）

野生下での記録は少ないが海外の例。以下7種類の最長記録

1　ワシミミズク（*Bubo bubo*）野生、27歳4カ月

　　飼育下53～68歳？

2　シロフクロウ（*Nyctea scandiaca*）野生、11歳7カ月

　　飼育下　35歳

3　フクロウ（*Strix uralensis*）野生、23歳10カ月

　　飼育下30歳

4 メンフクロウ（*Tyto alba*）野生、29歳2カ月
　飼育下34歳
5 トラフズク（*Asio otus*）野生、27歳9カ月
　飼育下記録なし
6 アメリカワシミミズク（*B. virginianu*）野生、27歳9カ月
　飼育下50歳
7 コキンメフクロウ（*Athene noctua*）野生、15歳10カ月
　飼育下18歳
　Mikkola 2013

　筆者が飼育した個体については、ワシミミズク（*B. bubo*、*B. bengalensis*）、フクロウ（*Strix uralensis*）、マレーワシミミズク（*B. sumatranus*）はいずれも20歳以上でも生存している。また小型のコノハズク（*Otus sunia*）、オオスズメフクロウ（*Taenioglaux cuculoides*）、インドコキンメフクロウ（*Athene brama*）も十数年の間飼育した実績がある。

幼鳥とカラス。カラスが騒ぎ立てるのでフリーズする幼鳥。動かないことが一番

Episode 3

交通事故はなぜ起こるのか

　自動車道、鉄道での事故の多発には悩まされる。シマフクロウの幼鳥は広い空間があればどうしても道路や線路上に下りてしまう。特に巣立ち後2、3ヵ月は要注意。それはシマフクロウの持っている生態の一つなのだから仕方がなく、われわれの方が注意しなければならない。シマフクロウは車や列車が近づいてくるのをどのように認識しているのか。カラスの交通事故死は時々見かけるが、そのほとんどは若鳥で成鳥は非常に少ない。それは危険なことを体験しているからと思われるが、シマフクロウはどうなのだろう。

　シマフクロウの事故は、成鳥も幼鳥もそれほど変わらない。そこで実験をやってみた。真夜中シマフクロウが道路上に下りているのを見つけた際、低速で近づいてみた。10mくらいの距離まで接近したらシマフクロウはゆっくり向きを変え飛び立った。車のスピードは時速10km以下だ。もし時速60kmで近づいていたら完全に当たっていた。次に前照灯を遠目にしゆっくり近づいてみた。するとシマフクロウは全く動こうとせず、ライトを消して車外に出るとようやく飛び立った。つまりライトで目がくらんで動けなかったと思われた。また横断飛行中の事故は物体のスピードが読めないのか（夜間は読みづらい）、もしくは視野が狭く見えていないなどで、気付いた時は手遅れなのかもしれない。カラスは接近する車のスピードを確実に読んでいる。それで成鳥の事故は少ないのだろう。

　事故防止の対策は道路管理者によって行われているが、動物の事故は車を運転するわれわれ一人一人が注意すればかなり減らすことはできるはずだ。

道路を横断するタンチョウ。動物にとって道路は死と隣り合わせの場所だ

林道を横切るヒグマの親子

管理されたトドマツの林と
シマフクロウ

第7章
環境と保護、増殖

夕暮れ

1　保護と増殖

野生の現状

　現在のシマフクロウは、ある地域では個体数の増減があまりなくほぼ安定しているが、一方で個体数があまりにも少なく、つがいの片方がいなくなるとその地域では間違いなく消滅してしまう。逆にある地域ではわずかな距離を置いて生息する個体が密集し、さらに局地的になりつつある地域もある。

　これは移動経路が減少もしくは消滅し、生息地が分断されていることにある。移動中の事故の多発、餌不足などが理由に挙げられるが、さらに決定打はシマフクロウの持っている生態だ。シマフクロウの移動やつがい形成の方法をみると、それがよく分かる。移動、分散距離は大抵が数十キロである。中には200km以上移動した個体もいるが、その数は全標識個体のわずか1％ほどに過ぎない。いったいどのようなルートを飛行したのか知りたいものだ。

　シマフクロウではまだ確認していないが、他のフクロウ類では釧路地方や十勝地方の道路上で保護されたフクロウが根室まで運ばれてきて、根室で放されたことがある。さらに本州でのことだが、下関の路上で保護されたフクロウが京都で放されたこともある。実に500kmの移動だ。このようなことがシマフクロウにないとは言えない。フクロウ類の交通事故の場合、軽度であれば脳しんとうやショックで一時的にぐったりするが、数時間後には元気を取り戻すことがよくある。シマフクロウも同様だ。一般の人にも貴重な鳥であることが広く知られており、路上で保護したら善意で動物病院や動物園などに運ぼうとされる。しかし運搬の途中で元気を取り戻し暴れ出し、手に負えなくなる。そしてこれほど元気なのだから放してやる方がよいと判断され、近くの安全な場所で放鳥される。こうなると数百キロの移動はたやすい。

　移動経路や定着した日が正確に分かっているものから推測すると、ある個体群の広がりは、波紋のような広がりをみせている。順を追って一つずつしか輪を広げられないという生態面に加え、波紋のように広がることのできる環境が連続にあるかということにかかっている。北海道にはまだ広がることのできる環境は多少残されている。道央部、道北部、道南部に数つがいの繁殖個体がいれば、その広がりは必ずみられると思われる。それが今みられないのは、繁殖成功率が低いとい

うことが挙げられる。少し手を貸せば回復は十分可能と考えられる。それが今行えないのは、人手不足と自然環境を整えて自然に増やすといった考えが根本にあるからと思われる。この考えは最も大切だが、時と場合と場所を考慮する必要がある。

　シマフクロウはすでに本来の生息環境を失っており、曲がりなりにも繁殖がうまくいっていると思われる地域は、すべて人との共存に成功している所だ。「自然に増やす」―。最も大切なことだが、これにこだわりすぎると取り返しがつかなくなることもあり、十分考えて行動しなければならない。シマフクロウは離れ小島に棲んでいるのではなく、人と同じ所にいるということを保護する側も考えて行動しなければ、今以上にシマフクロウだけが孤立してしまうだろう。

針葉樹林内の塒(ねぐら)の親子

針葉樹林内の塒。つがい

シマフクロウを保護するため「自然を残せ、保全せよ」とよく言われるが、それではどのような形でこれらを進めていけばよいのだろうか。地域によって直面している問題は違うため、即答は難しく危険性がある。それに関わる官民とも、その仕事をはっきり見極めてそれを自覚して行えば、生息数の回復はもう少しスピードアップするのではないかと思われる。

　以前、日本野鳥の会創始者・中西悟堂氏があるテレビのインタビュー番組で「シマフクロウはもうだめです」と言われているのを聞いて、筆者は絶対に絶滅させないと粋がったが、今となってその言葉の重さを痛感している。

2　野生下での増殖

　野生動物は、われわれ人間にとって必要な「衣食住」の衣がいらないため、食べ物と棲む場所があればよい。この二つを整えれば増やすことは簡単なことだ。動物は生きるために食べて、それが満たされれば子孫を残すことに励む。食住を増やすことに実際に動いてみると、ささいなことでも全てががんじがらめの状態になっており、そう簡単にはいかない。個人から官庁まで、そこにさまざまな法律が重くのしかかり、野生下で増やしていくには時間と人力そして費用があまりにもかかり過ぎるのだ。そして人の生活にマイナス面が少なからず確実に出るため、それにどのように対処していくかが問題だ。人への影響をデメリットととるか、未来の人間社会へのメリットととるかで状況は一変するだろう。

　野生増殖一本やりで、今のところ個体数は増えているが、増え方に偏りが見られる。それを修復していくのは担当官庁の腕次第と言えなくもないが、しばらくは人為的な援助も必要だろう。巣箱の設置も給餌も一時的なもので、①河畔林の復活②豊富な食べ物（魚類）の供給を実現させなければ、野生下で増えてもそれを維持させることは難しい。この二つがなかなか進まない。このような現状のため、どうしてもかなり干渉した増殖を行わなければならない。ある意味では野生と言いづらい個体も出てくるだろうが、それに関係している1羽1羽にとって何が最良なのか考えるべきだ。例えば天然の営巣木があってもそれが最良でなければ巣箱は設置すべきだし、給餌にしても人の立ち入りやキツネなどの侵入を防御しメンテナンスができないようであれば、逆に行うべきではない。

現在はシマフクロウの分布は広がりつつあるが、われわれが行っていることは微々たるものでシマフクロウ自身の勢いによるものと理解し、どんなに素晴らしいデータがとれても謙虚に接し敬う気持ちを持つことも忘れてはならない。

3　飼育下での増殖と自然復帰

飼育下での増殖は比較的容易と思われる。それは飼育下での繁殖、人工孵化（ふか）はすでに成功しているので、健康な1つがいから少なく見積もっても20羽の子を得るがことができる。また血縁関係のことも考えて数つがいの飼育個体があれば、何とかなるだろう。

しかし飼育下での繁殖、人工孵化は、健全と思われるつがいからしか成功しておらず、技術面はまだまだ未熟なものだ。劣性遺伝子を断ち切るには、これでもよいのかもしれない。それよりも効果的なのは、事故などで保護され健康だが自然復帰のできない個体を利用して繁殖させ、生まれた個体を自然に帰すことだ。これが確実にできれば、飼育下の繁殖は大いに役立つ。できなければ、飼育下でシマフクロウという種を残すだけになってしまう。無限の空を自由に飛んで初めて、シマフクロウと呼べるのではないだろうか。シマフクロウの保護に携わっている多くの人がもう一度原点に戻って考え直す必要がある。2021年現在、北海道内では釧路、札幌、旭川の動物園が繁殖に成功している。特に札幌の円山動物園は自然復帰が望めない個体の繁殖に成功、一歩リードしている。さらに本州の動物園での飼育、繁殖も目指し、自然界と飼育下との両方で守ろうとしているのである。

保護団体も数多く設立され、なかには自らの知名度を上げるためにシマフクロウを利用していると思われる団体もあるが、多くは純粋な気持ちであると信じている。

われわれも多くの団体、企業、個人から援助を受けている。これらの援助がなければ、今のシマフクロウはないと思われる。

筆者自身は今までに何度か保護したシマフクロウの自然復帰を試みたが、成功と言えるのは少ない。成功した個体は現在、つがいになり繁殖している。他の個体は死亡はしていないが、別個体と闘争しテリトリーをうまくつくれず再収容されたり、放鳥後約半年経過してそれらしい鳥が放鳥地から十数キロ離れた所で確認されたが、以後は行方不明になるなどしている。成功した個体は成鳥になってからの収容で、また不明の個体も同様だ。巣立ち直後に収容した幼鳥の自然復帰は困

難である。テリトリーがうまくつくれなかったりしている。まだ例が少ないためはっきりとは言えないが、巣立ち後の学習が関係しているのかもしれない。

　人工孵化で分かったことだが、シマフクロウは人によく慣れ、人の識別もできる。しかしインプリンティング（刷り込み）は弱く、自分をシマフクロウと自覚している。それは人工孵化した幼鳥を巣立ち時期まで、同種を含めた他のフクロウ類と一切会わせず、巣立ちの頃に５種類のフクロウ類に会わせてみた。その種類はワシミミズク、フクロウ、マレーワシミミズク、トラフズク、そしてシマフクロウだ。結果はシマフクロウにだけ興味を示し、しばしばフードコールを発した。他のワシミミズク、フクロウ、マレーワシミミズク、トラフズクには全く無関心だった。これは何を物語っているのか、単なる偶然なのか、何回試みても結果は同じだった。またトビ、カラスに対しては、遠くを飛行しても警戒姿勢を取るため遺伝子情報としてインプットされているようだ。

　また筆者は、抱卵放棄されたマガモの巣から卵を採取し、人工孵化を行い簡単な実験をした。ある程度成長した段階で人と隔離して飼育してみた。それまでは私に付きまとっていたが、すぐに人影を恐れるようになり、広いケージ内を飛び回った。眠っていた情報が呼び起こされたようだった。一度人を恐れ出すと元へ戻ることはなく、野生へと近づいていった。秋にこの個体を野生のマガモが群れている所で放鳥すると、最初は群れの上空を旋回していたが、５分もたたないうちにその群れの中に着水し紛れ込んだ。

保護鳥などの自然復帰できない個体は、飼育下での繁殖を試みる。この個体は左脚が使えない

このことから、保護個体(特に幼鳥)を飼育する際はできる限り自然の状態に近づけ、必要ならば親鳥または成鳥との面会も行えば、自然復帰はより確実になると思われる。

　飼育下の増殖計画はロシアでも実施されている。それは数つがいの野生個体を捕獲して動物園で繁殖を試みるというものだ。先の長い話だが、確実に野外放鳥ができるように努力してもらいたい。

植林する地元小学校の児童。植林は減少した生息地を増やし分散時の移動経路の確保につながる。時間のかかることだが、これらが最も重要事項だ

給餌。冬期間の餌不足を解消し繁殖率を上げ、さらに巣立ち後の幼鳥の生存率も高める

強化プラスチック製の巣箱の設置は、天然営巣木がないから設置するだけでなく、居住性を高め繁殖成功率を上げる意味もある

よく利用する配電柱や送電柱には止まり木を取り付け、止まっても安全にしている。またあまり利用しない電柱には、逆に止まれないようなものを設置している。だがサイレンなど騒音や回転灯を用いたものにはシマフクロウは1週間ほどで慣れる

事故防止。ドライバーに危険を促す

橋梁に旗を設置し交通事故の防止を図る。シマフクロウは橋の近辺を飛行することが多く、旗の設置は飛行高度を上げさせ、風になびく旗の動きでこれに近寄らせないことを狙ったもの。今のところは効果がある。現在はワイヤに変更している所が多い

4　シマフクロウ研究の歴史

シマフクロウの研究は、今始まったばかりと言ってよいだろう。江戸時代にその存在が明らかになったが、ほんの一部の人にしか知られていなかった。

1884年（明治17年）にイギリスの博物学者シーボームによって「*Bubo blakistoni blakistoni*」と命名されて世界に紹介された。しかしまだ一部の鳥類関係者に認知されただけで、広く一般には知られなかった。そして日本人による調査も開始された。1900年代の前半はシマフクロウの巣などの調査も行われたらしいが、巣は発見されなかった。採集人によって捕獲された個体の形態についての研究は行われた。1960年代になってようやく北海道在住のシマフクロウ研究の先駆者、永田洋平氏（故人）が生態調査を行い、その巣をはじめ食性、行動圏などが明らかにされた。同氏の調査期間中（1964～72年）の71年に国の天然記念物に指定されたが、これに伴う継続調査は、行われなかったようだ。その後は北海道教育委員会によって短期間ではあるが、道内全域にわたる生息実態調査が行われた。

筆者は73年から調査を開始した。その頃は開発により最も数が減少していた時期でもあった。84年からは環境庁（現・環境省）の保護増殖事業が始まり、保護活動のための調査が行われた。またこの事業の一環として標識調査が実施された。識別用のカラーリングで、捕獲せずに個体の識別が可能になり、つがい構成、移動、分散、定着および生存期間の調査に役立っている。85年5月に最初の個体（幼鳥）が、捕獲され標識リングが装着された。その後、成鳥も捕獲されたが、成鳥は1羽捕獲するのに日数と費用がかかり、現在の標識調査は幼鳥が主となっている。また生息実態調査も環境省によって行われ、現在道内に生息するシマフクロウはほぼ9割が標識リングを装着していると思われる。近年は幼鳥数も生息場所も増え、年に20～30羽ほどの幼鳥が巣立ちしている。それに伴い事故などで死亡する個体も増えてきている。これらを考えると、今言われている生息数165羽（2017年環境省発表）という数字は、筆者の見解では実際の生息数の80～90％前後の数字と思われる。

最近は多方面からの研究が行われるようになり、シマフクロウの実態が徐々に明らかになってきている。特にDNAの解析が進み、遺伝子の優劣、血統なども分かるようになった。これは標識調査が始まった

当初の皮膚や血液が保存されていたため、標識を装着されたすべての個体の情報がある。また博物館などで保存されている標本からもDNAの抽出が行われた。これにより過去に比べ現在の個体群の遺伝子はかなり偏っていることが判明している。これを解消するには自然状態ではかなり難しいと思われ、人為的に行うことも必要だろう。さらにテレメトリー発信機（地上より受信、遠距離受信はできない）、GPS（全地球測位システム、衛星から送受信）、ジオロケーター（緯度、経度、日の出、日の入りを記録する装置、回収が必要）などが技術の進歩により小型化された。それをフクロウの背に取り付け、得られたデータから移動経路や位置を知ることができる。ただフクロウを捕獲、再捕獲することが必要だ。それらのデータを基に保護策を検討し、実施することができる。

　今海外で行われている「環境を守り残す、そして作る」ということを実践すべき時がきている。今後の研究者、関係者の手腕の見せ所だ。

　今の生息環境はシマフクロウが本来生息していた環境とは異なり、調査結果をそのまま引用することは、非常に危険だ。まだその環境が残されている沿海地方の生息地と比較することは、北海道の環境保全やシマフクロウの保護に大いに役立つはず。沿海地方のシマフクロウも現在はかなり減少しているようだが、北海道と比べるとまだその本来のシマフクロウの生息環境や生態を見ることができるだろう。

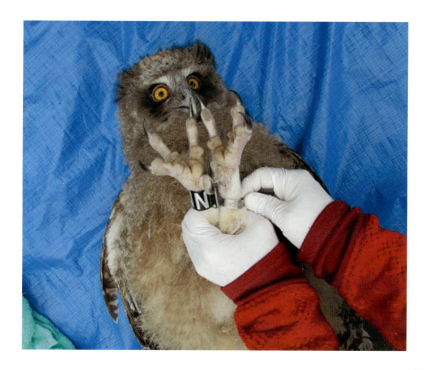

シマフクロウに個体識別用リングを装着

現在のシマフクロウの個体数増加は、増殖事業の成果がいくらかはあるが、シマフクロウ自身の勢いとシマフクロウが環境変化に順応した結果だということを肝に銘じておかなければならない。シマフクロウの存続のためには破壊された環境を取り戻し、そこに生息させることが最も重要だ。「数は増えたが、生態が変わっていた」とはならないようにしなければいけない。そして現在のシマフクロウは、自然環境の指針にはなり得ないということも忘れてはならない。

翼開長の測定

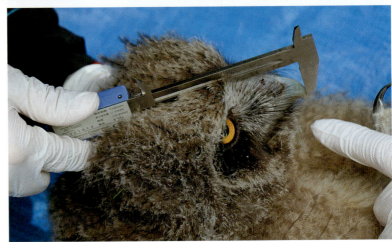

シマフクロウの頭骨を測定、後に血液を採取し健康チェック、性別を把握する

バンディング終了後、再度
異常の有無をチェック

シマフクロウとミズバショウ

交通事故で収容し、傷が癒えて放鳥する前のエゾフクロウ

第8章
人とフクロウ

絵画（ユーカラ）36

1　人との関わり

　フクロウにまつわる伝説、神話や物語などは諸外国に数多くみられる。それはわが国でも同様で、いろいろな捉え方がされている。おそらく人にとってフクロウは身近な存在だったからだろう。国や地方によって賢者になったり邪鬼になったりする。イギリスではメンフクロウが幽霊と思われていた時代もあった。夜中に墓地の周りを白っぽいものがフワフワと飛び交うのを見ると、誰もがそう思うだろう。ギリシア神話では知と戦いの女神アテネの従者がフクロウであり、その姿（コキンメフクロウ）は古代ギリシャを代表する銀貨テトラドラクマに刻まれ、反対面には女神アテネの横顔が描かれている。そのモデルとなっているフクロウの種類は、その国その地方で最も一般的な種類だ。

　フクロウをデザインした切手も各国に数多く見られる。フクロウのことをフィンランド語では「kissapollo＝キッサポヲッロ」（のろま、無知の意味）と称し、中国語では「猫頭鷹（マオトウイン）」と書き、猫の顔をした鷹の意味だ。このほかの国でも、これらいずれかの意味合いの呼称が多い。実際羽角が耳のように見え眼は丸く顔の前面に付いている。パロディー写真で子猫がずらりと並ぶ中にコノハズクが1羽紛れ込んでいるのを見たが、全く違和感がない。多くの国でフクロウの顔は猫を想起するのだろう。

　東南アジアのある地域では豊穣（ほうじょう）の儀式のいけにえとして、悲しいことにいまだに数多くのフクロウ類が犠牲になっている。また台湾の少数民族の中にはウオミミズクを崇拝している部族もいる。わが国ではアオバズク、フクロウは俳句の季語となり、その鳴き声は天気予報にも利用されていた。フクロウが鳴けば明日晴れるから着物ののりづけができると言い伝えられ、これは「ゴロッホ　ホーホ」＝「のりつけ、ほーせ」（「のりづけ　干せ」）との聞きなしからきている。日本の昔話「フクロウの染物屋」は、鳴き声を題材にした面白い物語だ。逆に不吉の前兆と言われることも少なくない。フクロウは昔、中国を起源とする不幸の鳥、母喰鳥（ははくいどり）の異名があった。冬至の日にはフクロウを捕らえて頭を木に突き刺してさらした。それが転じて、斬首された罪人の首をさらす刑罰の基になったらしい。木の上の鳥（梟＝きょう、ふくろう）の文字にもなっている。昼間はおっとりしていても夜はどう猛になることからそう呼ばれたらしい。

下の写真は木戸に描かれたフクロウの墨絵だ。京都市左京区大原の宝泉院（別名・額縁寺）にある。1600年（慶長5年）の伏見城の戦いで、鳥居元忠以下数百人の武士が自刃した床の板を、その霊の供養として天井板とした「血天井の廊下」がある。その入り口の木戸にその絵を見ることができ、自刃した武士の霊を鎮（しず）めるかのように描かれている。

フクロウの墨絵。京都市左京区大原にある宝泉院

　しかしそれがシマフクロウとなると、生息分布範囲は極東ロシアと北海道だけで地域は限られる。シマフクロウにまつわる物語は、北海道のアイヌ民族とロシア沿海地方のウデゲ民族にみられる。ウデゲは少数民族ということもあるが現在では生活様式も変わり、文字を持たない民族だったため、その伝承は正確に受け継がれていないのが現実だ。

　アイヌ民族には「イオマンテ」という神送りの儀式がある。以前はイオマンテを祭りと訳され、誤解を招いたこともあった。シマフクロウの他にイオマンテを行う動物はヒグマ、キツネ、オオカミ、シャチなど多種にわたる。その中でシマフクロウは最も地位の高い神として扱われ（地域によって異なる）、その儀式は厳格なものだった。1983年に75年ぶりに北海道・屈斜路湖畔でシマフクロウのイオマンテが再現されたが、幼少の頃に体験した老人は、「当時はもっと厳粛なもので、再現は忠実ではなかった」と語った。

　ロシア沿海地方の少数民族ウデゲのシマフクロウとの関わりは、口承で昔話として残っているだけだ。主人公は狩人や漁師、動物ではトラ、クマ、イトウ、カワウソ、カメ、クジラ、フクロウなどで、狩猟

民の日常を反映している話が多い。同じく極東ロシアのチュクチ民族は「創造のはじめの物語」の中に、神の国から下界への調査隊としてそれぞれの動物が派遣されるが、フクロウをはじめ多くの動物は下界に俗化され天上に戻れなくなり、今も棲(す)んでいるという話がある。ただしチュクチ民族は極東ロシアの最北に生活しているため、彼らのいう「フクロウ」とはシマフクロウ以外かもしれない。

筆者は、ウスリー川支流イマン川のほとりダリンクート在住のウデゲの老人に会う機会があり、シマフクロウに関する話を聞くことができた。話によると狩りでシマフクロウが獲(と)れると、その頭骨を魔よけとして玄関先に飾ったという。各家で同じことをしていたらしいが、魔よけの対象がなぜシマフクロウなのか、その理由を知る人はいない。ウスリー地方にはシマフクロウに引けを取らない大型のワシミミズクもいるし、なぜシマフクロウでなければならないのだろうか。ただ想像では、後に述べるアイヌ民族と共通した理由からではないだろうか。

その他、極東ロシアのオロチョン民族はシマフクロウの肉を珍重していて、うまかったらしいが、はっきりしたことは分からない。さらに北方領土からの引き揚げ者によると、島(国後島)で食べたことがあり、おいしかったそうだ。

シマフクロウの調査期間中、ベースキャンプへ幾度となく食べ物を持って訪れたダリンクート在住のウデゲ民族のハンター

アイヌ民族では、ウデゲ民族以上にシマフクロウは重要な位置にあり、多くの集落でカムイ(神)としてあがめられている。とりわけ主に川魚漁で生計を立てている集落では、たくさん存在する神のうちで最も高い位に置かれているのがシマフクロウだ。

第8章 人とフクロウ

なぜシマフクロウがアイヌ民族にとって最高の神になり得たのか、少し探ってみたい。アイヌ民族は狩猟を糧とするため、多数の動物が生息し、川魚漁が行える環境が必要だ。さらに木の実などもたやすく手に入り、家の建設も楽な平たんな地形を選んだと思われる。そうすると、サケなどの産卵場所が近くにある丘のミズナラなどの林内が想像される。この環境はずばりシマフクロウが好んで棲む環境だ。そこで夜な夜な大きな声で鳴くため、その声は人々の恐怖心をあおったことだろう。しかし棲んでいる所が同じなことから、やがてそれが転じて、村に忍び寄る悪霊を追い払うという逆の発想となったことは十分考えられる。日中は瞑想する賢者のように堅く眼を閉じ、日没前の日の残る時間帯になると、高いこずえに止まり村を見張るように見下ろし、魚を捕って食べても身の部分はほとんど食べずに置いていく。加えて卵も食べないため、人々に食べ物を与えてくれるものとの印象を与えただろう。また他のフクロウ類とは少し異なり、飛行時には羽音を立てて風を起こす。シマフクロウはその存在を人の眼、耳、そして体全体に感じさせ、さらに翼を広げると２ｍ近くにもなる巨大さも神となり得た理由ではないだろうか。

　シマフクロウは儀式のために捕獲され、大切に飼育されている。おそらく巣内の幼鳥を捕獲したのだろうが、飼育されていた様子を江戸時代に松浦武四郎が描いた「蝦夷漫画」という風俗画集に見ることができる。

　このように人と同じように育てられたシマフクロウは、成長してやがて神の国に帰るべくイオマンテが行われる。ここで一つの疑問が生じる。狩猟民族であるアイヌの人々は、魂が帰ったその抜け殻をどうしたのだろうか。他の民族ではその肉を珍重し食べている例がある。そのまま埋葬してしまうのは、非常に無駄なことのように思える。しかしアイヌ民族の集落の発掘現場でたくさんの動物の骨が出土しており、その中にシマフクロウの骨も見つかっている。細かい骨もまとまって出土しているため、アイヌ民族はシマフクロウを食べていないと言われている。しかしこのことについては考古学者の間でも意見は分かれている。アイヌ民族にとってシマフクロウは仮の姿で、人々の警護などのために、神はその姿（肉体）を借りているだけだ。それならばその肉を食べても何の罪にもならないのではと考えられる。それとも、それをも許されないほどの存在だったのだろうか。

　その他にユーカラと呼ばれるアイヌの伝統的な口承文芸に、シマフ

クロウはたびたび登場する。その一つに次のようなものがある。

　『銀の滴　降る降るまわりに』

　シロカニ　ペ　ランラン　ピシカン

　コンカニ　ペ　ランラン　ピシカン

　アリ　アン　レㇰポ　チキ　カネ

　ペテソロ　　サパシ　アイネ　アイヌ　コタン

　エンカシケ　チクシ　コロ　　シチョロポクン

　訳は「銀の滴　降る降る　まわりに金の滴　降る降る　まわりにという歌を私は歌いながら　流れに沿って下り、人間の村の上を通り……」と続く、

非常に長い物語だ。

　この歌のくだりは、シマフクロウの生態を見事に表現している。それはシマフクロウが人里近くに生息する、または人がシマフクロウの生息場所に居を構えることを伝えているからだ。シマフクロウは村に立ち寄り、人の動きを見て、飛行方向を定め、河川に沿って移動する。

　「ペ」の意味は水とか、一片といった意味も持っており、例えば一片と訳し羽毛1枚と解釈すると、シマフクロウの換羽時期であれば飛行中にヒラヒラと羽毛は抜け落ちる。それが日中であれば金色、月明かりでは銀色に見える。また「ペ」を雨やうろこと解釈すれば、雨が降ればサケの遡上(そじょう)に勢いがつきたくさんのサケが川にあふれる。銀鱗(ぎんりん)が飛び散ることもあるだろう。この歌の序文は、シマフクロウも人もサケの遡上を喜んでいると歌ったのではないだろうか。

　このユーカラは「梟(ふくろう)の神が自ら歌った謠(うたい)」といわれ、カムイユーカラの中でも高い評価を得ているものだ。

　アイヌ神謡集　知里幸恵・著訳(*14)

　シマフクロウの呼び名は、コタンによって多少異なるが、意味はほぼ共通している。活字となっているものをいくつか挙げる。発音の違いによると思われるものは除く。

　クンネリキ　　　　　　夜鳴く神　　（堀田正敦）

　コタンコㇿカムイ　　　村を守る神

　モシリコㇿカムイ　　　国を守る神

　カムイチカップ　　　　神の鳥

　ニアシコㇿカムイ　　　木の枝を支配する神

　コタンコッチカップ　　村を守護する神

　知里真志保　　1976

*14
知里幸恵
北海道登別市出身のアイヌ民族。19年という短い生涯だったが、存命中にアイヌの物語を初めて文字に残した「アイヌ神謡集」を書いた。同書のアイヌ語表記と対訳、序文は高い評価を受け、民族意識と誇りを持ってアイヌ語を伝えようと使命を果たしたその業績は、後世のアイヌ語研究に大きな影響を与えた。

アノノカカムイ	人間の形をした神
モシリコトロカムイ	大地の胸板の神
コタンコㇽチカプカムイ	村を支配する鳥の神

更科源蔵　1977

祭儀のためのシマフクロウ飼育図。「蝦夷漫画」松浦武四郎作、1859年＝愛知県西尾市立図書館蔵

　これら以外にもたくさんの呼び名がある。江戸中期の松前藩家老、松前広長が記した「メナシチカフ（東の鳥）」という呼び名もあり、どの地方を指して東と言ったのかはっきりしていないが、現在の道東地方を意味しているならば、過去の推測分布と一致する。また神と呼ばない名もある。それは「ニッコカイ」、意味は、「木の枝と共に折れるもの」というもの。ちょっと変わった意味の名前だ。しかしこれはシ

マフクロウと人との近い関係に基づいている。それは筆者の観察例だが、実際に枯れ枝に着木したとき、その重みで枝が折れ、枝をつかんだままシマフクロウが落下するところを何回も目撃している。こうした状況を見ていない限り、そういった名前が付けられるはずがない。またアイヌの人々がシマフクロウを特別に観察していたとも考えられない。ということは常にシマフクロウの行動を把握できる距離に住んでいたことになり、シマフクロウはアイヌの人たちにとってごく身近な鳥だったことがうかがえる。

画期的な分析方法として空間的に秩序立てて分析されたものとしては、山田孝子氏が「アイヌ世界観」でこう述べている。

『アイヌは信仰の対象たる動物を生活タイプで分け、鳥は空、獣は地上、魚は水中、貝は水中といったふうに分類している。シマフクロウは最大級の猛禽類で、顔も人間的で、鳥類としては異例であり、食料であるサケを通じて人間ともつながりが強いため、鳥のなかでも最優位とされた。他の神は、大地であり海である。他の神々に対して神の国と接点である空において最高位たるシマフクロウが、神々全体の中でも最も位の高い神となり得た理由だろう』

シマフクロウが最高の神となり崇拝された本当の理由は、アイヌ民族が文字を持たなかった民族だったため、その解明をより困難にしている。しかし残された伝承の数々はシマフクロウの生態を正確に把握しており、彼らの観察力には敬服せざるを得ない。シマフクロウはアイヌの人々にとって最も普通の身近な鳥であったことは間違いない。

フクロウ祭り。「アイヌ風俗絵巻」西川北洋作、1800年代末＝函館市立図書館蔵

現在は野生動物の飼育は鳥獣保護管理法で原則禁止されているが、輸入されたものには同法は適用されず、フクロウ類を多数飼育する動植物園がある。またフクロウ類専門のカフェを営んでいるところもある。こうした場所では日頃出合うことのないフクロウを目の前で見たり、触れたりができる。また個人的にペットとして飼育する人も増えている。フクロウは雛から育てられているので人を拒否することもないが、フクロウたちはすでに野生のもつ本来の姿を失い、フクロウではなくなっていると感じる。これを虐待と判断されることも少なくなく、賛否両論ある。しかし一度飼育下に置かれたフクロウたちは自然に返すこともできない。また外国産のフクロウを日本で放すことは絶対にしてはいけない。せめてそのフクロウたちをストレスから解放し、フクロウカフェなどへの来店者らに自然に関する教育くらいはしてほしい。私もこれまで多くのフクロウ類を飼育してきた。飼育下では不可能かもしれないが、できるだけ自然に近い状態で行っていた。

　海外では傷ついたフクロウの保護や治療、リハビリテーションを盛んに行い、自然復帰させている。また自然復帰の難しい個体を使い自然に関する教育も行っている。それらのために多くのボランティアが従事している。日本でも行っているところはあるが、その数は少ない。逆にそれらのことを知らない人が大半で、自然は無限にあるものではなく、失ってからでは取り返しがつかないということを、広く一般の人に知らしめることが必要だろう。

　イオマンテについての知見は羅臼町郷土資料館元館長の涌坂周一氏に執筆をお願いし、貴重な写真も提供していただいた。

アメリカワシミミズクを治療する獣医師＝ミネソタ大学ラプターセンター

リハビリ中のアメリカフクロウの若鳥＝ウィスコンシン州

ラプターセンターを訪れる学生たち＝ミネソタ大学ラプターセンター

ミネソタで毎年行われているフクロウフェスティバル。子供たちにレクチャーするレンジャーとアメリカオオコノハズク

2　コタンクルカムイ・イオマンテ（シマフクロウ送り）の起源

　1983年11月、釧路管内弟子屈町屈斜路コタンで1908年（明治41年）以来75年ぶりと言われるコタンクルカムイ・イオマンテが執り行われた。イオマンテは古来より種々の動物に対して行われているが、シマフクロウに対するもの（コタンクルカムイ・イオマンテ）は最高神を天上へ送り返す儀式として些細な誤りも許されず、古式に則った厳粛な祭儀が、コタンの中でも特に優れた資質を持つエカシ（長老）によって行われていたと言われている。

　残念なことに、屈斜路コタンでは生きたシマフクロウを天界へ送り返すことはできなかったが、1971年に国の天然記念物として指定されながら、保護あるいは増殖のための施策が何ら行われず、生息数を最小にしていた当時では仕方のないことだったのであろう。

　明治以降の急速な和人の侵出は国内におけるシマフクロウの唯一の住処である北海道の環境を一変させた。

イオマンテとは

　アイヌ語のイオマンテとは、「霊魂送り」を意味しており、一般的にはヒグマのイオマンテ（キムンカムイ・イオマンテ）が有名である。この儀式については過去にアイヌ研究の権威とも言えるバチュラー博士をして動物を生け贄にする蛮風とまで言わしめたこともあったが（後に訂正）、単に動物を殺してその肉や毛皮を得る、あるいはその獲得を祝うというような儀式ではなく、アイヌ文化の精神的な根幹を形成する儀式とも言われている。古来、アイヌは森羅万象に霊魂が宿っていると考えていた。つまり、この世に存在する生物、物事、事象は全て「天上の神の国からある使命を担って舞い降りてきて、姿形を変えながらこの地上に住んでいる」と言う考えである。これを動物に当てはめて考えてみると、ヒグマやシマフクロウは肉という食料を毛皮、あるいは羽毛という外套に包み込んで地上の人間社会を訪れたことになり（カムイ・ハル＝神の持ってくる食料、カムイ・ムヤンケ＝神の持ってくるみやげなどと言われる）、このような人間にとって有益な神々の再訪を促すためには、できる限りの礼を尽くし、おみやげを持たせて天界に帰さなければならないのである。

イオマンテの起源

イオマンテの起源については過去に数々の論考がなされているが、ここでは1990年に発掘調査が実施された根室管内羅臼町オタフク岩洞窟の事例について紹介したい。この洞窟からは最小10個体、最大13個体分のヒグマの頭蓋骨が出土した。洞窟の奥壁に沿って吻端を海に向けて積み重ねられており、判別できる全ての骨は冬から春先にかけて捕獲されており、その中の5頭は3歳以上の雌であるにもかかわらず、2歳の冬までに死亡した子グマの骨が全く出土していないことが確認された。この季節には雌グマは当然、子を伴っているはずなのにその骨が見当たらない。また頭蓋のしっかりしていた2頭に関しては、雄グマは左側、雌グマは右側に脳髄を取り出すための穿孔がなされていた。

このような調査結果から子グマは狩猟の際のキャンプサイトとしてのこの洞窟で天界へと送られたのではなく、狩猟者の本拠地へと連れ去られ、アイヌと同様の子グマ飼育型のクマ送りが行われていた可能性があること。そして頭蓋骨の穿孔方法が近世、あるいは現代のアイヌと全く同じであることが確認できた。

このクマ送り遺構を形成したのはオホーツク文化の末裔たちであり、その年代は13世紀中葉から後半と認識している。この遺構以前のオホーツク文化の住居跡からは家の最奥部に骨塚といわれるクマの骨を積み重ねる遺構が確認されることが多いが、親グマも子グマも一緒に積み重ねられ、また雄、雌の違いによる穿孔方法の差異も見いだされていない。つまり、それ以前から実施されていたオホーツク文化の狩猟グマの送り儀礼が13世紀中葉前後にアイヌ型子グマ飼育型クマ送り儀礼へと変遷し、確立された可能性が強く考えられる。

オホーツク文化の遺物のなかにはクマを代表としてキツネやラッコ、さらにはクジラ、シャチ、トドといった海獣類や水禽類などさまざまな動物彫刻が確認されているが、非常に写実的に描かれているものが多い。同様の表現力を持った文化は、道内はもちろんのこと、過去の日本国内の歴史、文化の中にも全く見いだすことはできない。特異な表現力を持った文化とも言われている。このような具象彫刻を作成する観察力は、厳しい自然の中で日常的に狩猟生活を営んでいくときに必然的に要求されるものであり、野生に対する恐れ、畏敬の念が作らしめたものといっても過言ではないだろう。

シマフクロウについては、オタフク岩洞窟のような送りの儀礼に関する遺構は、確認されていない。しかしながらオホーツク管内の北見市常呂川河口遺跡では興味深い遺物が発掘されている。この遺跡の15号竪穴の床面から、箸状の炭化木製品の上部に耳羽を持ったシマフクロウと思われる鳥が彫刻されたものが発掘されている。肉や獣皮の量だけで論じるならば、クマやクジラなどは狩猟対象として理解できるが、シマフクロウに関しては今一つ釈然としない。そこには夜の静寂を引き裂き、コタンに近づく魔物を追い払うような威圧的な声を出し、そしてサケやマスのほんの一部を食べ、後はあたかもコタンの人々のために河原に放置するという食性を持つ、コタンの守護神（コタンクルカムイ）としてのシマフクロウの存在がすでに認識されていたように思われる。

　このような認識が13世紀中葉以降、ヒグマの飼育型送り儀礼と融合し、「シマフクロウ送り」を生み出していったのではないだろうか。

　動物や儀式に関するアイヌ語の言い回しはその地域や性差、さらには対象となる動物の年齢など、諸々の要素により多様な言葉がつかわれていたようであるが、本稿では、文献などに見られるごく一般的な言い回しを使用させていただいた。

　いつの日か、この北海道も太古のアイヌモシリと同様の環境が復元され、コタンクルカムイ・イオマンテがアイヌ民族固有の祭儀として尊厳をもって実行されることを夢見ている。

根室市で出土したオホーツク文化期のフクロウの置物。本来は釣り針だったが、壊れたため新たに彫刻されたものらしい＝根室市歴史と自然の資料館蔵

羅臼町で出土した熊頭注口木製槽。全長40.4cmでオホーツク文化後期（10世紀ごろ）のもの。使用しない時はキムンカムイ（ヒグマ）が正像となりロが注ぎロとなる。使用するときは口縁部に刻印されている沖の神レプンカムイ（シャチ）の背びれが正像となる＝羅臼町郷土資料館蔵 37

3　図説（しまふくろふ）

　日本最古のものと思われるシマフクロウの絵は、江戸時代後期、堀田正敦の「禽譜」の中の一葉に見られる。絵の左上に「享保十五年　戌春　松前志摩守ヨリ献ス」と記入されており、おそらくその頃に書かれたものと思われる。1730年当時の松前藩主によって北海道から江戸に送られたものだろう。絵師は関根雲停だ。

　この絵を分析してみよう。小雨覆と背の部分、そして小翼の一部が濃く描かれており、他の羽毛の色と異なっている。これはこの鳥が換羽中なことを示している。旧暦の春（1月から3月）でこのような換羽状態であるとは考えられない。シマフクロウの換羽でこのような状態にあるのは、現在のシマフクロウと比較して成鳥ではなく、孵化後6カ月くらいの幼鳥から亜成鳥への換羽状態である。従って「春」とあるのは、絵の鳥が捕らえられた時期、あるいは絵が献納された時であって、描かれた時ではない。

　換羽は胸部、腹部、頭部と背の一部がほぼ終了し、中雨覆を残すだ

けのものだ。羽角の内側に2カ所と初列雨覆の上に1カ所灰色の部分があるが、これは内羽毛だろう。この羽毛は成鳥の換羽時にも出る。嘴（くちばし）の周辺の剛毛（髭（ひげ））が少ないのと羽角の形が少し変わっているのも換羽中の状態を描いたためだろう（詳しくは第6章「換羽」参照）。

　描かれているポーズは、威嚇に入る前の姿勢で羽角、顔盤、頭部から頸（くび）、胸部、背のラインが見事に描かれている。また嘴、眼（め）、眉の間の白色部分が多いのも威嚇または警戒している時の特徴だ。従って生体をスケッチしたものと考えられる。絵師のスケッチなのか飼育者の手によるものかは分からないが、かなり正確な観察眼を持った描き手だ。頸を取り巻く羽毛の流れに一部不自然な箇所があるが、これも頸の周りの羽繕いの時は、後頸（こうけい）の羽毛を前部に回すことがあるし、また頸部の換羽終了と頭部の換羽の未完全さをやや強調して描いたものかもしれない。さらに2趾（し）、3趾の爪の長さ（必ず2趾の爪が長い）も正確に描かれている。

　しかしこれだけでは孵化後2年目の成鳥と類似しており、筆者の判断の決め手は、風切羽が全て同色に描かれていることにある。この状態は初年度の幼鳥にしかあり得ないこと。旧暦の春では、現在のシマフクロウの生態から見て卵の状態だ。従って捕獲された月は推測しようがないが、絵師はその年生まれの幼鳥を9月ごろに絵にして、春に献納したものと推測される。ただしこれらの判断は、絵が忠実に描かれているということが前提だ。

（左）シマフクロウの最古の絵、堀田正敦作の「禽譜」＝東京国立博物館蔵

（中央）「禽譜」に描かれたシマフクロウとほぼ同日齢（孵化後157日）の若鳥

（右）頸部の羽毛が絵と類似している、孵化後155日の若鳥

Episode 4

ヒグマとの遭遇

　シマフクロウの調査をしているとヒグマとの遭遇は避けられない。筆者は何回もヒグマと遭っているが、大抵はヒグマより先に相手の存在を知ることができ、難を逃れている。しかしまれに不意に出くわすこともある。

　草木も伸びた夏のことである。いつも通りブッシュをかき分けフクロウを探しながら歩いていると、数メートル横でパキッという枝の折れる乾いた音がした。視線を向けると大きなヒグマがこっちを向いている。何秒かフリーズしてにらめっこ、やがてヒグマは体勢を低くした。何となくこれは「やばい」と思い、目を離さずゆっくりと後ずさりし、斜面まで来て一気にすべり下り（落ち）、難を逃れた。後にヒグマの研究者に話したところ、低い体勢を取るのは攻撃姿勢だから「危なかったです」と言われた。実際にヒグマに遭うよりも、湯気の出ている糞を見つけるとか強い獣臭がした時の方が不気味である。知床はクマの宝庫だから遭うのは当然であるが、最近は根室地方でもヒグマが頻繁に目撃されるようになった。根室に居を構えて40年になるが、当初はヒグマのことは全く考えていなかったし、遭うこともなかった。ところが10年ほど前からは、ヒグマに遭わない年はない。2021年は根室市内だけで5頭のヒグマと遭遇した。山野を歩くときは必ず鈴やクマよけスプレーを携帯しよう。でも使わずに済むのが一番です。

ヒグマ

雄の声に鳴き応えるシマフクロウの雌

シマフクロウの雄が鳴き出す

第9章
世界のフクロウと日本のフクロウ

シマフクロウの飛翔

1　世界のフクロウ

世界には、およそ250種余りのフクロウ類が記録されている。南極大陸を除き、小さな島々にも広く分布している。フクロウ目（Strigiformes）は、フクロウ科（Strigidae）とメンフクロウ科（Tytonidae）の二つの科があり、約230種がフクロウ科に、約25種がメンフクロウ科に分類される。「約」というのは、分類学者の見解の違いで独立種と認めたり亜種に含めたりするためだ。

フクロウ科とメンフクロウ科の鳥は一見よく似ているが、両者の違いとして、メンフクロウ科の方は顔盤がハート型をしていて、羽毛に隠れ分かりづらいが頭骨および嘴（くちばし）がやや細長いこと、胸骨の形が異なることが、フクロウ科と違う点だ。

Burton J. A.著「Owls of the World」（1973年）ではフクロウ目は24属133種とされており Saurola P.著「SUOMEN PÖLLÖT」（1995年）で25属172種とされ、さらに Mikkola H.著「Owls of the World」（2013年）では27属268種、そして Dancan J.著では「Owls of the World」（2016年）は29属240種となっている。

分類の変更を例に挙げると日本産のフクロウ類では、コノハズク（*Otus scops japonicus*）はヨーロッパコノハズクの亜種だったが、現在のコノハズク（*O. sunia japonicus*）はオリエンタルコノハズクという別種の亜種に変わり、リュウキュウコノハズク（*O. scops elegans*）はセレベスコノハズク（*O. manadensis elegans*）という別種の亜種になり、その後はリュウキュウコノハズク（*O. elegans*）という独立種になっている。現在も（*O. elegans*）で支持されている。このように分類学が進むにつれ、さらに変更があるかと思われる。最近はDNAの解析による分類が主流だ。

ここでは大きく分けてヨーロッパ、アフリカ、アジア、北アメリカ、南アメリカ、オーストラリア、そして北極圏に生息する代表的なフクロウについて述べる。

最も北に生息するものとして代表的なのはシロフクロウ（*Bubo scandiaca*）で、大陸に関係なく北極圏に広く分布し、亜種のない単型種だ。(*15)旧北区のヨーロッパ、アジアと、新北区の北アメリカ温帯・寒帯に生息する種類は共通する種類が多い。また種は異なるが同属の場合がある。例えば旧北区のワシミミズク（*Bubo bubo*）は、新北区ではアメリカワシミミズク（*B. virginianus*）、旧北区のフクロウ（*Strix*

*15
生物地理区の区分
旧北区、新北区、エチオピア区、東洋区、オーストラリア区、新熱帯区、オセアニア区、南極区に分けられる

uralensis）は新北区のアメリカフクロウ（*S. varia*）、オオコノハズク（*Otus semitorques*）は、アメリカオオコノハズク（*Megascops asio*）となり、コキンメフクロウ属のアナホリフクロウ（*Athene cunicularia*）が出現する。また北アメリカにはフクロウ類中最小のサボテンフクロウ（*Micrathene whitneyi*）1属1種も生息する。固有の属が現れるのは中米から南米に入ってからが圧倒的に多い。メガネフクロウ属（*Pulsatrix*）の3種や、1属1種のジャマイカズク（*Pseudoscops grammicus*）、ミミナガフクロウ［カンムリズク］（*Lophostrix cristata*）やカオカザリヒメフクロウ（*Xenoglaux loweryi*）などがある。

　アフリカ大陸には多くの種類が分布している。ワシミミズク属（*Bubo*）、スズメフクロウ属（*Glaucidium*）、特殊化したウオクイフクロウ類（*Scotopelia*）やメンフクロウ科のコンゴニセメンフクロウ（*Tyto prigoginei*）が生息している。このコンゴニセメンフクロウも以前はニセメンフクロウ属（*Phodilus*）という別の属に分類されていた。

　アジアも多種多様で、アフリカのウオクイフクロウ類に代わってウオミミズク類が生息する。ワシミミズク属も非常に多い。またワシミミズク属とコノハズク属の中間的なオニコノハズク（*Otus gumeyi*）も生息する。オニコノハズクも以前は独立種であったが、コノハズク属に変更されている。ニセメンフクロウ属（*Phodilus*）は東南アジア、スリランカとインド南部に2種類が生息している。

　オーストラリア大陸には、メンフクロウ科（Tytonidae）とアオバズク属（*Ninox*）が数多く分布している。その他の属はいない。ニューギニア、ソロモン群島には1属1種のパプアオナガフクロウ（*Uroglaux dimorpha*）、オニコミミズク（*Nesasio solomonensis*）が生息するが、この2種類の生態はほとんど分かっていない。

　南極大陸を除く全大陸に共通して分布しているのはメンフクロウ属（*Tyto*）だけだ。その他コミミズク（*Asio flammeus*）、トラフズク（*A. otus*）、キンメフクロウ（*Aegolius funereus*）がこれに次ぎ、北半球の温帯、寒帯に広く分布する。コミミズクは南米にも分布を広げている。これらの種類はすべて渡りを行う種類で、その移動も数千キロが確認されている。ガラパゴス諸島には固有のガラパゴスコミミズク（*Asio galapagoensis*）が生息しているが、渡りはせず、絶滅が危惧されている。

メンフクロウ科（Tytonidae）
① メンフクロウ［ナヤフクロウ］　*Tyto alba alba*　全長290〜440mm

ハンティングのために塒（ねぐら）の納屋を飛び出した雄。雌は同じ納屋の梁で抱雛中。英名通り納屋を棲みかとしている＝イギリス

② アメリカメンフクロウ　*T. furcate pratincola*　全長340〜380mm

（左）タイ産のメンフクロウ（*T. a. stertens*）。インドから東南アジアにかけて生息する＝飼育
（右）アメリカメンフクロウは南北アメリカに生息。以前はオーストラリアメンフクロウ（*Tyto delicatula*）と同種だった。生態はメンフクロウと同じ＝ミネソタ Festival of Owls

③ ヒメススイロメンフクロウ　*T. multipunctate*　全長310〜380mm

オーストラリア北東部の一部に生息。近年の森林火災で生息地をかなり失った。近似種のススイロメンフクロウ（*Tyto tenebricosa*）はオーストラリアの南東部に生息する＝オーストラリア 38

フクロウ科（Strigidae）

①オナガマダガスカルコノハズク［トロトロカコノハズク］ *Otus madagascariensis* 全長200～220mm

（左）コノハズクの中でも小型で羽角も小さい。以前はマダガスカルコノハズクの亜種だったが、この種とは鳴き声が異なり、生息地も東西に分かれる＝マダガスカル西部 39
（右）マダガスカルコノハズク（*O. rutilus*）＝マダガスカル東部 40

②ヒガシオオコノハズク　*Otus lettia*　全長230～250mm

（左）東南アジアに広く分布する。体色に2型あり、後頚部にはカラーのような模様がついている
（右）虹彩の色は暗褐色、生態はオオコノハズクと似ている＝飼育

③クーパーコノハズク　*Megascops cooperi*　全長230～260mm

人家の庭先を塒（ねぐら）にする。比較的、数は多い＝コスタリカ 41

④ヒゲコノハズク　*Megascops trichopsis*　全長170〜190mm

生息地が重複するニシアメリカオオコノハズクとの交雑もあるらしい＝アメリカ南西部 42

⑤ニシアメリカオオコノハズク　*Megascops kennicotti*　全長210〜240mm

巣穴から顔を出す。アメリカ西部に広く分布する。一部ヒガシアメリカオオコノハズクと交雑がある＝アメリカ西部 43

⑥アフリカオオコノハズク　*Ptilopsis leucotis*　全長240〜250mm

以前はアフリカ全土に生息する一種だったが、現在はミナミアフリカオオコノハズク（P.granti）と別種になっている。アフリカ中部に分布＝アフリカ中部 44

⑦シロフクロウ　*Bubo scandiacus* または、*Nyctea s.*　全長530〜700mm

北極圏に生息し、冬季は定まった場所への移動はせず広範囲に遊動する。また冬季、北海道や本州に少数が渡来する＝アメリカ 45

⑧ワシミミズク　*Bubo bubo bubo*　全長580〜750mm

(左)孵化後30日強が経過した幼鳥。抵抗できない幼鳥はうずくまり静止する。親鳥は警戒心が非常に強いため、早くに飛び去っている。大きさはフクロウ科の中で最大級だ＝フィンランド
(右)成鳥
(*B. b. kiautshensis*)。飼育。「ホオー」と雌雄とも同じ声で鳴くが雌の方は「キィー」が高い

⑨ベンガルワシミミズク　*Bubo bengalensis*　全長500〜560mm

以前はワシミミズクの亜種だったが、今は独立種となっている。ワシミミズクの中ではやや小型で、鳴き声はワシミミズクに似る＝飼育

第9章　世界のフクロウと日本のフクロウ　443

⑩アメリカワシミミズク　*Bubo virginianus wapacuthu*　全長450〜640mm

北アメリカだけで10亜種に分類されている。比較的数は多い

（左）ミネアポリスの公園に架けられたオープンタイプの巣箱で抱卵中の雌＝アメリカ
（中）巣を守る雄。転化行動の一つ、羽繕いをする（*B. v. wapacuthu*）＝アメリカ
（右）アリゾナのアメリカワシミミズク（*B. v. pallescens*）。体長はやや小型だ＝アメリカ 46

⑪マレーワシミミズク　*Bubo sumatranus*　全長400〜460mm

（左）「ホッ、ホッ」と2声ずつ鳴くが、時には「カッカッ……」と人の高笑いのような声も出す。近似種のネパールワシミミズク（*Bubo nipalensis*）と非常によく似ているが大きさが異なる＝飼育、京都
（右）幼鳥はシロフクロウのように白色をしている。この系統のワシミミズクの幼鳥はほぼ白色に近い色だ

⑫アフリカワシミミズク　*Bubo africanus*　全長400〜450mm

アフリカ南部とアラビア半島南部に生息。ワシミミズク類の中では小型 47

⑬クロワシミミズク　*Bubo lacteus*　全長600〜650mm

アフリカ最大のフクロウ。ピンク色のまぶたが印象的で、ネパールワシミミズクと近い関係にある。アフリカ中南部に広く分布する＝アフリカ48

⑭メガネフクロウ　*Pulsatrix perspicillata*　全長430〜520mm

中米から南米に生息。3種類に分類される。名前の通り眼を取り巻く白色の羽毛がメガネをかけているように見える＝コスタリカ49

⑮ミミナガフクロウ［カンムリズク］　*Lophostrix cristata*　全長380〜430mm

非常に長い羽角を持つ種で、真上から真横までさまざまな形に変化させる。枯れ葉と一体化し見事な擬態だ。中米からブラジルにかけて生息。比較的人目につくが、詳細は分かっていない＝コスタリカ50

⑯モリフクロウ　*Strix aluco aluco*　全長440〜480mm

⑯
（左）モリフクロウの成鳥。羊放牧場の縁に残された巨木で繁殖＝イギリス
（中）巣立ちした幼鳥＝イギリス
（右）つがいのモリフクロウ。灰色型と赤褐色型。フィンランドでは灰色型が多い。鳴き声は「キュービット」と鳴くことで有名＝フィンランド

＊16
ミヤマオオフクロウと混同をさけるため仮名を与えた

モリフクロウ（*S. aluco*）の亜種とされていたが、生息地に連続性がなく独立種となる

⑰ミヤマモリフクロウ　(＊16)　*Strix nivicola yamadae*　全長350〜400mm

⑰
（左）台湾に生息するのは亜種タカサゴフクロウ（*S. n. yamadae*）。赤褐色型でヒマラヤから中国南部、韓国まで分布する＝台湾 51
（右）クマネズミ（*Rattus*）をつかむタカサゴフクロウ＝台湾 52

＊17
正式和名がないため仮名を与えた

⑱
オオフクロウ（*S. leptogrammica*）の亜種とされていた時期もあったが、今は独立種となっている。パキスタンから中国、インドシナ半島まで分布。台湾に生息するミヤマオオフクロウ（*S. n. caligata*）は亜種の中で最も大きい＝台湾 53

⑱ミヤマオオフクロウ　(＊17)　*Strix newarensis caligata*　全長460〜550mm

⑲マレーモリフクロウ　*Strix seloputo*　全長440〜480mm

⑲
（左）マレーモリフクロウ成鳥＝飼育
（右）東南アジアからインドネシアにかけて広く分布している＝飼育　バリ島のレストランでは以前から放し飼いにされていた

⑳アメリカフクロウ　*Strix varia*　全長480〜550mm

⑳
（左）アメリカフクロウの鳴き方は「Who cook for you」と聞きなしされている＝アメリカ　ミネソタラプターセンター　気性の荒いフクロウで巣を横取りしようと抱卵中のハクトウワシを攻撃することもある
（右）保護されたアメリカフクロウの幼鳥。もうしばらくの間保護下に置かれ、放鳥される。北米大陸に広く分布し、さらに生息地を拡張しているためニシアメリカフクロウを脅かしている＝アメリカ

㉑カラフトフクロウ　*Strix nebulosa*　全長570〜700mm

㉑
（左）カラフトフクロウ（*S. n. lapponica*）の雄。バームクーヘンのような顔。ノルウェーから中国東北部、サハリンまで生息＝フィンランド
（中）抱卵中の雌。巣を守るため近づいても身動き一つしない。ただし頭部は常に侵入者の方に向いている＝フィンランド
（右）カラフトフクロウ（*S. n. nebulosa*）は旧北区の（*S. n. lapponica*）より濃い羽色をしている。北米の亜寒帯から寒帯にかけて生息。現在は3亜種に分類され（*S. n. yosemitensis*）はカリフォルニア州東部に分布している＝アメリカ 54

第9章　世界のフクロウと日本のフクロウ　447

㉒ニシアメリカフクロウ　*Strix occidentalis*　全長410〜480mm

(左) 絶滅の危機にあるフクロウ。アメリカ西部に分布する＝アメリカ 55
(右) 巨木の森に生息し人をあまり恐れない。森林の減少とアメリカフクロウとの交雑が心配される＝アメリカ 56

㉓クロオビヒナフクロウ　*Strix huhula*　全長310〜350mm

ブラジル北部からアマゾン、アルゼンチン北部に分布する。白地に黒のしま模様で一見よく目立ちそうだが、これが意外と目立たない＝スリナム 57

㉔スズメフクロウ　*Glaucidium passerinum*　全長150〜190mm

(左) 巣は主にアカゲラ、ミユビゲラの古巣を利用する。この小さな体でも攻撃してくる＝フィンランド
(中) 巣穴の近くで見守る雄
(右) ペレットを巣外に捨てる雌。巣内を清潔に保っている。旧北区の亜寒帯から寒帯に広く分布する

㉕アカスズメフクロウ　*Glaucidium brasilianum*　全長170〜200mm

周囲を警戒する。スズメフクロウ類には後頭部に眼状の模様がある。中米から南米にかけて広く分布する＝コスタリカ 58

㉖オオスズメフクロウ　*Taeniolaux cuculoides*　全長220〜250mm

（左）オオスズメフクロウは鈴を転がすようなきれいな声で鳴く。体長は中国産の亜種が一番大きい。ヒマラヤ西部から中国南東部、東南アジアに分布
（右）趾（ゆび）と嘴（くちばし）が大きい。握る力は強い

㉗インドコキンメフクロウ　*Athene brama*　全長190〜210mm

インドコキンメフクロウは「キャウッ」と叫び声を出す。公園などでも繁殖している。インドから東南アジアに広く分布する＝飼育

第9章　世界のフクロウと日本のフクロウ　449

㉘ヨーロッパコキンメフクロウ　*Athene noctua*　全長190〜200mm

（左）「フィユウー」と口笛に似た声を出す。飛行は波形を描く＝イギリス
（右）樹洞内の雛は全滅。イタチ類の仕業。ヨーロッパから中国、アフリカ北部にも分布する。イギリスの個体は放鳥され増えたもの。また日本でも籠抜け個体が繁殖した例がある＝イギリス

㉙アナホリフクロウ　*Athene cunicularia*　全長190〜250mm

（左）巣穴近くの高い所で周辺を見渡し警戒する＝アメリカ 59
（右）よく響く声で「ク・ク、ウー」と鳴く。南北アメリカに広く分布しプレーリードッグ（*Cynomys*）の掘った穴で営巣する＝アメリカ 60

㉚キンメフクロウ　*Aegolius funereus*　全長220〜270mm

（左）トガリネズミをつかむ＝フィンランド
（右）巣穴から顔を出す幼鳥。巣立ち直前。分布は旧北区、新北区の亜寒帯に生息。冬季は広範囲に移動する＝フィンランド

㉛アメリカキンメフクロウ［ヒメキンメフクロウ］　*Aegolius acadicus*　全長170〜190mm

（左）渡りのシーズンは、目前で注意を引けば素手で捕獲できる＝アメリカ、ミネソタラプターセンター
（右）巣立ちした幼鳥。親鳥と異なる羽色をしている。分布は北アメリカだけで、生息地はキンメフクロウと類似している＝アメリカ 61

㉜オナガフクロウ　*Surnia ulula*　全長360〜410mm

（左）ネズミをつかむオナガフクロウ雄。昼間も盛んにハンティングを行う
（中）警戒する雄
（右）2羽で攻撃の準備。攻撃は激しい。旧北区、新北区の亜寒帯から寒帯に分布している＝全てフィンランド

㉝オニアオバズク　*Ninox strenua*　全長450〜650mm

巣を出る雌親。アオバズク属で一番大きく、オポッサムなどを主食にする力強いフクロウ。オーストラリア東部に生息する＝オーストラリア 62

㉞クリスマスアオバズク　*Ninox natalis*　全長260～290mm

クリスマス島だけに生息する固有種。外来種のアリ（*Anoplolepis gracilipes*）や森林伐採の影響を受け減少している＝クリスマス島 63

㉟アカチャアオバズク　*Ninox rufa*　全長400～570mm

（左）アカチャアオバズクはオーストラリア北部とニューギニアに生息。オニアオバズクに次ぐ大きなフクロウだ＝オーストラリア 64
（右）アカチャアオバズクの幼鳥＝オーストラリア 65

㊱タテジマフクロウ　*Asio clamator*　全長300～380mm

以前は1属1種で分類されていたが現在はトラフズク属に分類。ジャマイカズク（*Pseudoscops grammicus*）に近いと指摘する学者もいる。中米から南米にかけて生息する＝コスタリカ 66

㊲アフリカコミミズク　*Asio capensis*　全長290〜380mm

コミミズクに似た広々とした環境に生息する。生態もコミミズクに似る。アフリカの中部から南部に生息する＝タンザニア 67

2　日本のフクロウ

シマフクロウの成鳥雄

　日本では、フクロウ科11種、メンフクロウ科1種が記録されている。この中には1度だけ記録されたヒガシメンフクロウ（*Tyto longimembris*）が含まれている。また近年繁殖の確認されたキンメフクロウとワシミミズクがそれに次ぐ。日本産で何らかの指定を受けているものは2種類で、シマフクロウは国の天然記念物と絶滅危惧種1A、ワシミミズクも絶滅危惧種1A、キンメフクロウは情報不足で未指定となっている。その他のフクロウ類は保護種とされ捕獲、飼育が禁止されている。しかし積極的な保護は行われておらず、いずれも減少の傾向にある。シマフクロウの解説及び写真は除く。

①コノハズク　*Otus sunia japonicus*［または *O. japonicas*］　全長170〜210mm

　広く日本全土に分布し、本州以北では夏鳥、本州以南は夏鳥か漂鳥とされている。以前コノハズクの亜種としてダイトウコノハズク（*O. elegans interpositus*）が分類されていたが、現在はリュウキュウコノハズクの亜種に分類されている。

　体色には大きく分けて2タイプがあり、灰色型と赤褐色型がある。しかし中間色も存在している。この灰色と赤褐色の2型は、アメリカオオコノハズク（*Megascops asio*）、モリフクロウ（*Strix aluco*）など多くの種に見られる。

　ヨーロッパ産コノハズク（*Otus scops*）とは別種として扱われている。鳴き声は明らかに異なっている。日本産は3声連続で鳴くが、ヨーロッパ産は1声ずつ鳴く。また一部では独立種（*O. japonicus*）として扱われている。日本産フクロウの中では最小で、体重は67〜98g。食性は昆虫類が主食で、越冬個体はネズミや小鳥類を捕らえている。

　鳴き声は「ブッポウソウ」と鳴くことで有名だが、人によって聞き取り方はさまざまで、「ブックォッコォー」や「カーンカーンカーン」など全く違うものもある。はっきりと3声で鳴く時と、1声目が聞き取れないほど小さく「クックォッコォー」と連続して鳴く時や、「ブッブックォッコォー」と4声の時もある。またタイに生息するコノハズク（*O. s. malayanus*）は「ゴッコォー」と2声で鳴き、日本産より声質が濁っている。筆者は、飼育によってその声を確認した。この鳴き方の違いで別種として扱われるのだろう。また「フィーフィー」という声も出す。

(左) 擬態に自信があるのか接近しても動かない＝飼育
(中) 車に衝突した昆虫を狙うコノハズク（赤褐色型）＝奈良
(右) タイ産のコノハズク（*O. s. malayanus*）＝飼育

虹彩は一般に淡黄色だが、個体によってさらに淡いものから濃い黄色のものまでさまざま。体羽が明るい個体の方が虹彩は淡い色をしている。タイに生息するコノハズクはかなり濃い黄色をしている。

日本全土に夏鳥として渡来する。北海道での分布は釧路、根室地方には少なく、特に根室地方ではまれだ。しかし他の地域は比較的多く、平地から標高1,000m級の山間部でも繁殖している。最盛期には1カ所で数羽の声が同時に聞けるのが普通。根室地方で少ないのは夏季の気温が低く、大型昆虫が少ないためだろう。

②リュウキュウコノハズク　*Otus elegans elegans*　全長200mm

この種も種名で混同されており、コノハズクの亜種になったり、別種になったりして惑わせてくれた。鳴き声はコノハズクとはっきり異なる。台湾のこの種類の研究者は以前から本書と同じ独立種としている。この種は台湾本土には生息せず、本土近辺の島々に生息しているのが、数は少なく希少種とされるランユーコノハズク（*O. e. botelensis*）。日本では琉球列島の他に大東諸島にダイトウコノハズク（*O. e. interpositus*）が数多く生息している。フィリピン・ルソン島の北側の島々にも分布する。またかなり離れた島にも生息しているため、種の変更は今後もあると思われる。

鳴き声は、「コッホー、コッホー」と2声で、コノハズクより太く響く声で鳴く。食性は、昆虫が主食だが、小鳥、ネズミ類、小型爬虫類も食べる。体長はコノハズクより一回り大きい。

（左）ガ？を捕まえたところ。右脚でつかむ。餌は主に昆虫類＝沖縄 68
（右）交通事故で保護収容された個体＝沖縄 69

③オオコノハズク　*Otus semitorques semitorques*　全長210〜260mm

日本には3亜種が記録されている。サメイロオオコノハズク（*O. s.*

ussuriensis）は非常に少なく大陸からの迷鳥とされ、リュウキュウオオコノハズク（*O. s. pryeri*）は南部琉球列島に生息し、数も少なくない。オオコノハズク（*O. s. semitorques*）は北海道から九州、四国、伊豆諸島に広く分布している。北日本では主に夏鳥、南日本では留鳥、漂鳥とされている。冬季に北海道ではよく観察され、それが繁殖した個体なのか南千島あたりからの渡りのものかは区別がつかない。標識調査でも秋季によく捕獲されるが、これも繁殖したものか、南下してきたものか不明だ。分布範囲は日本全土と琉球列島、サハリン、沿海地方、朝鮮半島に及ぶ。

　森林性のフクロウと思われがちだが、人家近くの神社や寺などの大木でよく繁殖している。東南アジアでは、二次林のマングローブや公園でも繁殖し、また標高の高い所でも生息している。これらの場所は木は茂っているが、範囲は広くなく、比較的明るい林。また離島には多く生息している。おそらく天敵や餌の競合する猛禽類、特にフクロウが生息していないためと思われる。

（左）離島に多く生息する。近年は北海道各地で数多く繁殖していることが分かった＝北海道
（右）巣内でカムフラージュを行う雌＝北海道

オオムカデを運ぶリュウキュウオオコノハズク（*O. s. pryeri*）＝沖縄 70

日本に生息するものは全長約230mm、体重は150〜160g。この仲間は後頸部にリング状の濁ったクリーム色の羽毛があり、この種の形態上の特徴となっている。英名「Collared Scops Owl」はここから付けられていたが、現在は「Japanese Scops Owl」と改名されている。

　後頭部や後頸部が目立つ色をしている種類は他にキンメフクロウ、スズメフクロウなどの小型フクロウ類に見られる。これらの模様によって後面にも顔が形づくられ、捕食者に対する擬態の一つとなっている。

　日本産のオオコノハズクの虹彩は、ほとんどがだいだい色をしているが、亜種サメイロオオコノハズクは黄色だ。東南アジア産ヒガシオオコノハズク（*Otus lettia*）は、濃茶色をしている。ヒガシオオコノハズクは体色に灰色型と赤褐色型の２型がある一方、オオコノハズクにはない。

　鳴き声は、「ポウーポー、ポウーポー」と柔らかく鳴く。時には「ミャーオッ」とネコそっくりの声も出し、「ネコ鳥」の異名を持つ。その他に「フィィィ……、フィ…」と口笛に似た声も出す。これは主に威嚇の時だ。食性は小鳥類、ネズミ類、食虫類を主食にし、その他に昆虫類、甲殻類、両生類なども食べる。

　５、６月ごろに３〜６卵を産む。他の小型フクロウと同様に28日ほどで孵化し、その後３、４週間で巣立ちする。巣立ち直後は、ほとんど飛行できない。しかし中には巣に長くとどまり巣立ちと同時に飛行するものもある。

④シロフクロウ　*Bubo scandiaca* または *Nyctea scandiaca*　全長530〜700mm
　広く北極圏に分布し繁殖する。フクロウ類の中で最も北に生息する種類。日本には渡り鳥として冬季に北海道や本州に渡来する。年によって渡来数に変動があるが、その数は少ない。渡来地は広々とした草原、荒れ地、干拓地、海岸の砂丘で、夏季に北海道の大雪山、知床半島の硫黄山などでまれに目撃されることがある。これは餌の関係で北上のタイミングを逃したのか、またその必要がなかったものと推測されるが、餌となる動物が少なく体力がなかったのかもしれない。逆に餌となる動物が多数捕食できれば、北欧の南部の山間部で営巣するのと同様に北海道でも繁殖する可能性もある。しかし現在のところ繁殖の確認はされていない。渡来する個体は圧倒的に若鳥が多い。筆者は根室の海岸でこのフクロウを目撃したが、若鳥で黒褐色の斑が全身に

見られ、氷上で休んでいたため非常によく目立った。ある書物に次のようなことが書かれている。「1946年秋遅く、オホーツク海を、大群をなして渡っているシロフクロウを観察した。それは海全体を覆っているように見え、進行中の船にも止まった」。現在でも漁船で保護される個体は少数あるが、もうこのような光景は見ることはないだろう。

本州に渡来したシロフクロウの餌は、すべてハタネズミ（*Microtus montebelli*）だった。これは干拓地に飛来した個体のもので、その巨大なペレット（80×40mm）からは1個当たりに5、6匹のハタネズミが検出されたことがある。

（左）純白に近い雄の成鳥＝京都市動物園
（右）雌の黒っぽい横じまが抱卵中のカムフラージュになる＝京都市動物園

雪原で休む成鳥＝北海道

シロフクロウの増減は餌となるレミング（*lemmus*）の数で決定づけられている。大発生の年には卵の数も多く、ほとんどが巣立ちし、少なければ繁殖も行わない。これは全てのフクロウ類に共通することだが、北方系のフクロウにはよりはっきりとした餌との関連性がみられる。

　シロフクロウは大きなフクロウで、全長700mmになる個体もいる。体重は平均で雄が1,750g、雌は2,100g、翼開長は1,500mmになる。広々とした環境の丘陵地のくぼみで営巣する。産卵は1、2日置きで、卵数は普通4～10個。中には15個という記録もある。32～37日で孵化し、8、9週間で飛行できるようになる。地上で繁殖するフクロウの巣立ち日を特定するのは難しい。歩行できるようになれば、巣を出たり入ったりするからだ。孵化当時は雛の体色は白色だが、間もなく灰色に変わる。

　鳴き声は「ゴォー　ゴッ　コォー」、または「ホォー　ゴッ　ホー」。雌雄とも鳴き、雄がやや声が低い。警戒時は「カァッカァッカァッ……」と連続して鳴き、カモメの声に似ている。

⑤ワシミミズク　*Bubo bubo*　全長580～750mm

　日本には次の2亜種が記録されている。

　＊タイリクワシミミズク（*B. b. kiautschensis*）

　五島列島、伊豆諸島、琉球列島（奄美本島）

　＊カラフトワシミミズク（*B. b. ussuriensis*）

　北海道、南千島（択捉島、国後島）、中千島（ウルップ島）、ロシア・沿海地方

　日本では両亜種とも迷鳥とされており、最近まで確実な記録はなかった。しかし三十数年前、北海道北部で目撃例が頻繁に寄せられ、ほぼ同時に交通事故個体も収容された。それが幼鳥だったため営巣している可能性が高かった。そのため道北地域で調査が開始され1994年にその実態が明らかになった。それは岩棚で営巣していたもので、その後も官民で調査が行われ、北海道内の数カ所で目撃されたが営巣は1カ所だけで、他は単独または未繁殖だった。発見された営巣地ではそれ以後、ほぼ毎年繁殖が確認されている。地元住民によれば以前から生息していたらしいが、いつ頃からかは不明。個体の確認（営巣地）は、近隣の市町にもあったようだ。筆者も1983年から2005年までに7カ所で観察したが、ほとんど定着は見られなかった。

＊18
ベルグマンの規則
北半球において、いくつかの動物は南方系より北方系の方が体が大きくなる

　北海道で見られる個体は、カラフトワシミミズクだ。ワシミミズクは20以上の亜種に分類される。別亜種同士の生息地の境界付近では識別は不可能で、長距離を移動する個体もあるため、さらに識別困難になる。こういった場合、違いについては亜種と考えるより個体差と考えた方が分かりやすい。グロージャの規則やベルグマンの規則に従い、ワシミミズクも北に生息する個体は南に生息する個体より色が淡く大型化しているのだ。

　営巣地は崖のくぼ地、棚、穴など。その他は森林内の岩陰やアリ塚、倒木の陰、大型鳥類の古巣、巣箱などいろいろある。北海道では崖の穴を利用している。その穴は崖の上部に位置しているが、海外では崖の高さにも関係するが、下部の方の利用例が多い。営巣中は警戒心が非常に強く、人の気配を感じると遠くからでも巣を出てしまうことが多い。そのためフィンランドの関係者は、抱卵中や雛が幼い時期には、巣に関する調査を控えている。

　筆者はフィンランド、ロシア、日本で、現地スタッフと共に営巣中のものを観察したが、巣のある場所は森林内の岩陰1、岩山1、崖3で、幼鳥の数はいずれも2、3羽だった。2月ごろから雌雄の営巣地周辺で鳴き交わしが始まり、4月の初旬に産卵する。北海道での産卵数は未調査だが、雛の数から類推すると2卵かそれ以上となる。普通は2、3卵、まれに6卵という記録がある。卵は32〜37日で孵化し、その後10週間ほどで巣立ちする。巣立ちと同時に飛行が可能となる。

　鳴き声は「ホーォー、ホーォ、ホホォー」と聞こえ、雌雄で鳴き交わす。1羽で鳴く間隔は6〜10秒。雌雄の鳴き交わしは、声が重なったりするので、常に相手の声に応えて鳴いているのではないようだ。雌の声の方が1オクターブほど高い。声だけでも雌雄の識別は可能だ。その他「グワッグワッ」とカモのような声も出し、繁殖期には「シャウッ…」とか「カッカッ…」と表現しづらい声も出す。幼鳥は孵化後6カ月ほどで「ホー」という鳴き方ができるようになる。それまでは、「ギャウッ、ギチェン」と聞こえる声で鳴く。

　崖は塒にも使用し、1年を通して利用しているが、それが営巣する崖とは限らない。夜間は見通しのきく崖や高木の頂に止まり獲物を狙う。崖を塒に使用する個体は日没前から鳴き声を発し、徐々に上方に向かっていき、その崖のある場所の近辺で最も高い所まで移動し、やがて目的地に向かって飛行する。ほとんど滑空状態でかなりの高度をゆっくり飛行する。

食性は広く、なんでも食べると表現した方がよい。大型の餌ではオジロワシという例もあるが、幼鳥と思われる。もちろん他のフクロウ類は、ほとんど食べられている。しかし大抵はネズミ、ウサギ、キジといったものだ。営巣地周辺で最も多くて捕りやすい動物が、主な食べ物となっている。北海道では、ユキウサギやネズミ類、カラス、カモといった中型鳥類がよく巣に運ばれているが、フクロウの成鳥も犠牲になっていた。単独のワシミミズクが生息するエリアでハヤブサも営巣していたが、ある日突然抱卵中のハヤブサの雌が姿を消した。おそらく捕食されたものと思われた。

　非常に大きなフクロウで、日本で確認された個体は全長600mmを越えていた。翼開長1,500〜1,750mm、体重は雌で2,200〜4,000g、雄は1,620〜3,000g。最大級は中央ロシアの亜種シベリアワシミミズク（*B. b. sibiricus*）、最小は砂漠地帯に生息するキタアフリカワシミミズク（*B. b. ascalaphus*、近年独立種に変更され*B. ascalaphus*となる）だ。この種はトラフズクより少し大きいくらいだ。

（左）巣立ち近い幼鳥。手前にウサギの片足が残る＝北海道
（右）威嚇する若鳥。巣立ち後、飛行することができる＝北海道 72

成鳥（*B. b. kiautshensis*）＝飼育

第9章　世界のフクロウと日本のフクロウ　461

ワシミミズク（*B. b.*）の分布は広く、ユーラシア大陸とアフリカ北部ほぼ全域にわたって生息している。そして多くの地域で減少の傾向にある。ヨーロッパ諸国では急激に減少したため保護事業も行われている。生息数は北、西ヨーロッパ（16カ国）で4,500～6,500羽と推測され、スウェーデンでは積極的に保護事業が行われ成果を上げている。しかし現在は中断されている。理由は都会で繁殖する個体が現われ、保護鳥のチョウゲンボウ（*Falco tinnunculus*）を捕らえるためだ。北海道の場合も増殖事業は必要と思われるが、あまりにも数が少ないため、できることが限られる。ただ増殖より生息環境を守ることが大切であり、現在の生息地を含め、周辺の市町村で生息可能と思われる地域の保全をすることが最低でも必要と思われる。

⑥フクロウ　*Strix uralensis*　全長500～620mm
　旧北区に広く分布し11亜種から13亜種に分類されていたが、現在は8亜種になっている（H. Mikkola 2013）。
　日本では全土に分布しているが、小島や長崎県の対馬、沖縄県の琉球列島には生息していない。垂直分布をみると本州では標高1,500m、北海道でも同1,000mくらいまで生息している。人里近くにも棲むが、本来は古い針葉樹の森や針広混交林帯で暮らす。形態からみても長い尾羽、短い翼は森林性特有のものだ。ほとんどが留鳥として同じ場所にとどまるが、一部は漂鳥となって人里や公園などで越冬する。営巣は主に林内か林縁部にある巨木の洞で行う。また小学校の校庭の大木で繁殖した例もある。さらに竹林に生息する個体が物置小屋に放置された木箱で営巣したこともある。地上での営巣や大型鳥類の古巣も利用し、巣は多様だ。人家近くでの繁殖は、アオバズクと同様に神社の境内にある大木の樹洞を利用している。
　産卵は早い個体で2月中旬、北海道では4月下旬から6月。2～6卵を産み、3卵のことが多い。約28日で孵化し、その20日ほど後に巣を出る。しかし飛行は全くできず、枝伝いや地上を歩行して移動する。脚力は強く垂直の木を翼でバランスをとりながらよじ登る。幼鳥が飛行ができハンティングを行うようになると雄親はあまり幼鳥の世話をしなくなり、ほとんど雌親が幼鳥の面倒をみる。雌親は巣立ち後5カ月が経過しても幼鳥の面倒をみる。雄親は冬季のテリトリーに完全に戻って、時々雌や幼鳥と出合う程度だった。
　冬季に移動しない個体は、それぞれのテリトリーを持つ。つがいだ

った個体は隣接してテリトリーを持つことが多いが、繁殖期以外は互いのテリトリーをほとんど侵すことはない。筆者の調査地の京都北部では、人家近くの林縁部の畑や水田をテリトリーに持つつがいが、1.5〜2kmごとに営巣している。1羽当たりの行動圏は2km²ほどで、おそらく餌が豊富なのだろう。

　鳴き声は、「ホォー　ゴロッホッ　ホォーホッ」と20秒ほどの間隔を置き、何十回も続けて鳴く。その他「ホッ、ホッ、ホッ、…」や「ゴウッゴウッ　ゴウッゴウッ、ギャー　ギャッ」という声も出す。雌雄同じ声で鳴くが、雌のほうが低く響く感じだ。幼鳥は「ギィチュン」という声で鳴く。この声はモリフクロウ（*Strix aluco*）の幼鳥の声と非常によく似ている。筆者はイギリスでモリフクロウの巣を観察中にこの声を聞き、フクロウの声と錯覚してしまったことがある。もっとも成鳥の声は全く違っている。モリフクロウから独立種となったヒマラヤモリフクロウ（*Strix nivicola*）は韓国まで分布し、フクロウと一部生息地が重複する。一般にフクロウが北方系で、モリフクロウやヒマラヤモリフクロウが南方系。フィンランド南部では生息地が重複しており、さらにモリフクロウが北に分布を広げている。

　フクロウの主な獲物はネズミ類、両生類、大型昆虫類、小・中型鳥類、甲殻類など。筆者は日中にトンボ（*Orthetrum*）を捕らえるところを観察したが、止まっているトンボの上空2m辺りで停止飛行し、見定めてから襲いかかった。またカワネズミ（*Chimarrogale platycephalla*）を捕らえる時は、川辺に止まり水中から出てきたところを襲う。餌が豊富な時は小さな餌でもちぎって食べ、頭部や内臓は全く食べない。

エゾフクロウ（*S. u. japonica*）の雌。巣に近づくキツネを警戒する＝北海道

抱卵中のフクロウ（*S. u. liturata*）＝フィンランド

帰巣する雌（*S. u. hondoensis*）＝京都

エゾフクロウ（*S. u. japonica*）の標識調査で。雛5羽＝北海道

モミヤマフクロウ（*S. u. momiyamae*）は胸、腹部の矢じり模様と頭部に点在する白色のスポット斑が特徴＝京都

日本産フクロウは 4 亜種に分類されているが、同一地域に 2 亜種が生息している所もある。例えばトウホクフクロウ（*S. u. hondonensis*）とモミヤマフクロウ（*S. u. momiyamae*）が関東、中部地方、関西に混生しており、さらにこの 2 亜種同士がつがいだったり、またその中間形も存在している。モミヤマフクロウの特徴は胸から腹部の縦じまが矢じり模様に見えるのと頭部から後頭部にかけて点在する白色のスポット斑、さらに趾(ゆび)の裏側の色が鮮やかな濃い黄色なのが特徴。形態はシセンフクロウ（*S. davidi*）に似ている。もう一つの亜種はキュウシュウフクロウ（*S. u. fuscens*）で、他の亜種より濃い体色をしている。エゾフクロウ（*S. u. japonica*）は北海道だけに生息する亜種で、トウホクフクロウとは遺伝子レベルでは離れているといわれる。このエゾフクロウは攻撃性が強く、標識調査で巣に登ると必ず攻撃してくる。いくつもの巣を調査したが、全て攻撃を受けた。一方トウホクフクロウは京都、大阪で複数の巣を調査したが、ただの一度も攻撃を受けたことはない。本州以南に生息する 3 亜種は地域が完全に隔離されておらず飛び地状に分布している。従ってエゾフクロウを除くこれら 3 亜種は個体差とみなしても良いのかもしれない。

⑦キンメフクロウ　*Aegolius funereus*　全長220〜270mm

　旧北区、新北区の北緯40〜65度に分布する小型のフクロウ。主に針葉樹の森に生息する。ほとんどの巣はクマゲラ（*Dryocopus martius*）の古巣を利用している。巣穴があれば、針広混交林中でも営巣する。北海道でも数カ所で営巣が確認されたが、いずれもクマゲラの古巣で針葉樹林帯だった。継続的な繁殖は行っておらず原因は不明。また冬季に少数が渡来するといわれていたが、各地でその声が聞かれているので、より多くが越冬していると思われる。防風林や河畔林、針葉樹林の比較的明るい場所での確認が多い。筆者は春季に 3 カ所でこのフクロウを観察したが、いずれも針葉樹林帯の古い森だった。

　きれいな声で、「ポッポッポッポッ…」または「トゥットゥットゥッ…」と、水が滴り落ちる感じで鳴く。繁殖期には一晩中その声を聞くことができる。一晩で4,000回という記録もあり、最盛期には昼間も鳴く。また子育てに失敗した個体もよく鳴くが、一定の場所ではなく、転々と移動しながら鳴いている。筆者は成鳥の声を根室や釧路、大雪山系で聞いたが、ほとんど一晩中その声が聞かれた。幼鳥は「リィリィリィ…」と鈴を転がすような声で、アオバズクの幼鳥の声と似てい

る。

　つがいは、雄が巣の近くで鳴き、雌は小さい声でそれに応えるように「ホー、ホー」と断続的に鳴く。産卵前から巣の出入りが活発になり、雌雄が一緒に入ることもしばしばある。

　産卵は4月から5月、卵数は3〜6卵が多い。約28日で孵化し、その後30日ほどで巣立ちする。巣立ちと同時に幼鳥は飛行する。その距離は数十メートルになる。獲物は、ネズミ類（Muridae）やトガリネズミ類（Sorex）が主体だが、小型の鳥類も捕らえる。子育ての時期には頻繁に餌を運び、巣立ち間近の幼鳥が3羽いる時で日没から3時間ほどは、雌雄で20分に1回の割合で餌を運んでいる。餌は全てネズミ類だった。幼鳥への餌運びは終夜行われるが、日没後と夜明け前が最も盛んだ。

　体重は雌で平均168g（N = 100）、雄で平均123g（N = 89）。このフクロウは一夫多妻の例が数多く報告されている。冬季の移動距離は大きく、1,000kmを越える個体も少なくない。

（左）巣内の雌。雛が大きくなり抱雛していない＝フィンランド
（右）巣立ち間近の幼鳥を巣に残し、巣外で羽繕いをする雌＝フィンランド

⑧アオバズク　*Ninox japonica*（または*Ninox scutulata*）　全長310〜330mm
　英名 Hawk Owl と呼ばれ比較的硬く長めの尾羽を持ち、日中も盛んに活動する。日本には夏鳥として渡来し、神社などの大木を塒（ねぐら）にして繁殖を行う。山間部より人里に近い所に生息する。北海道では標高800mでも繁殖している。天然樹洞で営巣することが多い。樹種はさまざまで針葉樹、広葉樹を問わない。渡来時期が5月ごろなので、本州ではフクロウが使用した同じ樹洞で営巣することもある。また沖縄では近隣に樹洞があるにも関わらず地上で営巣をしている（外山、私信）。

　日本産のフクロウの中で、個体数が最も多い種類と思われる。分布は日本全土、ロシア・沿海地方、東南アジア、インド、インドネシア。

食性は、昆虫類が主だが、スズメ（*Passer montanus*）、野生化したセキセイインコ（*Melopsittacus undulatus*）などの小型の鳥類やネズミ類、コウモリも食べる。地域によって食物がかなり異なり、同じ昆虫でもある地域ではアブラゼミ（*Graphopsaltria nigrofuscata*）が主食なのに対し、別の地域では主食がバッタなどの直翅目(ちょくし)だったり、ガ類をまったく食べない個体もいる。また逆にガ類を積極的に捕らえる個体も観察されている。セミ類を捕らえるのは日中が多く、止まっているところを襲う。バッタ類は夜間外灯などに集まってくるものを狙う。

（左）神社に残された１本の巨木で休む＝大阪
（右）天橋立の松林で営巣し、巣穴から出る雌＝京都

巣立ちした幼鳥と親鳥＝大阪

スズメを捕らえる＝大阪

営巣中の行動範囲は狭く200〜300m四方だ。鳴き声は「ホッホー、ホッホー」と2声ずつ連続して鳴く。幼鳥は「リィリィリィ…」という声を出す。日本産は3亜種が記録され、アオバズク（*N. s. japonica*）は北海道から九州および大小の島々まで生息、リュウキュウアオバズク（*N. s. togoto*）は沖縄県の琉球列島に分布し、チョウセンアオバズク（*N. s. macroptera*）は、日本鳥類目録改訂第7版によると大陸からの迷鳥となっている。産卵は5月から7月で、3〜5卵を産み、卵は25日ほどで孵化する。その後4週間ほどで巣立ちを行う。巣立ち直後の幼鳥でも飛行することができる。

⑨トラフズク　*Asio otus*　全長350〜400mm

　北海道と関東以北で繁殖し夏鳥として扱われ、西日本では冬鳥とされている。分布範囲は広く、日本と同緯度の所では北アメリカ、ユーラシア大陸に生息している。いずれも冬季には南下する。

　営巣環境は盆地などの林や防風林が多く、カラスなどの古巣を利用する。完全な森林内ではなく林縁部が多い。フィンランドでカササギ（*Pica pica*）の屋根付きの巣で繁殖しているトラフズクを観察したが、数メートルしか離れていない隣の木にはカササギも繁殖していた。自ら巣を作らないため、同サイズで餌の競合しない鳥の古巣を使用している場合が多い。またトラフズク同士も数百メートルの間隔で営巣していることもある。

　冬季は河川敷の中低木や人家の庭先の木を塒として、1本の木に1〜8羽が休み、さながら"フクロウのなる木"の観を呈する。そして夜間はハンティングに出かけるが、ほとんどが開けた場所で行い、冬季はしばしばコミミズクと一緒になる。餌を巡っての争いはないらしく、同じコースを同じハンティング方法で飛行している。そのハンティング方法は地上高4、5mを比較的ゆっくり飛行し、餌を見つけるとターンして急降下する。成功率は比較的高い。この方法はコミミズクと同じで、このため夜間のバードウオッチングでしばしばコミミズクと誤認される。コミミズクよりもハンティング場所にある低木やくいによく止まる。

　餌は、冬期間のものだが77個のペレット分析の結果、餌種は2種類だけでスズメ（*Passer montanus*）79個体、ハツカネズミ（*Mus musculus*）18個体だった。体重245〜400g。雌雄差が大きい。分布は広く、北緯30〜60度に生息する。垂直分布は標高0〜2,300m。鳴き声は「フウッ、

フウッ、フウッ」と連続、また「ホーッ」と十数秒の間隔で鳴く。

　産卵数は多く、4、5卵、多い時は8〜10卵を産む。卵は約26日で孵化し、その後幼鳥は23〜25日で巣を出る。飛行はできないが、枝伝いに移動する。そして徐々に巣から遠ざかり飛行可能となるが、巣立ち後数カ月は親鳥と一緒に行動する。

(左) 冬季のトラフズク＝大阪
(右) 日暮れを待って河川敷でハンティング＝大阪

公園内の池にある塒（ねぐら）。4羽から10羽で塒をとることが多い＝大阪

⑩コミミズク　*Asio flammeus*　全長330〜430mm

　トラフズクとほぼ同じ大きさで、体重は200〜390g。雌のほうがやや大きい。卵は約26日で孵化し、雛は孵化後12日から17日くらいで巣を出入りしている。

　分布はトラフズクと類似しているが、より高緯度に生息している。北緯40〜70度、また南米大陸にまで生息域を広げている。北半球の個体は冬季には東南アジアやアフリカに南下する。日本では冬季に全土で観察されている。

地上で営巣するフクロウで、ほとんど木のないような所で営巣するが、植林したばかりの木の根元でも営巣することがある。巣のある所の草丈は低い。営巣地周辺は広々としており、繁殖期は昼夜を問わずハンティングを行うが、夜間はより活発だ。巣に危険が迫っても雌はなかなか飛び立とうとはせず、抱卵、抱雛（ほうすう）を続ける。巣までかなり接近しても、静止し抱き続けていることもあった。雌は巣の周りの草木と一体となり見事な擬態を見せる。外敵が巣に接近した場合、雄は巣の上空高く舞い上がり、危険物の動向を追う。また飛翔ディスプレイを行う数少ないフクロウでもある。大きな波形で飛行し下降するときに翼を打ち当てて激しい音をたてる。

　巣は周辺の草を踏み固めただけの簡単なもの。地上で営巣する種のため産卵数は多く、その数は10卵近くになる。天敵は卵や雛を狙うヘビ、それに野火だ。フィンランドでは畑のあぜ道で営巣しているコミミズクを見つけると、それをできるだけ回避して作業している。

（左）抱雛中のコミミズク。2ｍまで近づいても逃げない＝スコットランド
（右）地上で営巣する種類は卵、雛の数が多い＝スコットランド

日中でも盛んに活動し高く舞い上がることがある＝大阪

広い河川敷は絶好のハンティング場所。日が傾くのを待つ＝大阪

　餌の大半はネズミ類で、越冬のため大阪郊外の河川敷に飛来したコミミズクの餌種をペレットを分析し調査した結果、225ペレット中で283個体の動物が検出され、そのうち270個体がネズミ類で、その中の250個体がハタネズミ（*Microtus*）だった。ネズミの検出されないペレットは、わずか2個しかなかった。この調査地にはチュウヒ（*Circus aeruginosus*）が生息していたが、行動範囲ははっきりと分けられていた。

　2019年にわが国でも繁殖が確認された。北海道の釧路管内厚岸町にある大黒島で、これまで同島へは海鳥、アザラシの調査で多数の調査員が上陸しているがコミミズクの存在は全く報告されておらず、毎年繁殖していたのではなく、越冬中に繁殖相手を見つけ餌に不自由しなかったことから営巣まで進んだものと思われる。越冬中は、数羽から十数羽の群れでいることが多いが、それが血縁関係にあるかは不明。鳴き声は「ケウッ、ケウッ、ギャウッ、ギャウッ」。連続して「ブー、ブー、ブー。ゴッホー」。

⑪ヒガシメンフクロウ　*Tyto longimembris*　全長320〜400mm

　分布は、オーストラリア北東部、インド、東南アジア東部の一部、台湾、フィリピン、セレベス、ニューギニア東部。アフリカ産のミナミメンフクロウ（*T. capensis*）と分布域が重ならないため、アフリカと他の地域とで別種として扱われている。

　生態はコミミズクと類似し開けた場所に生息し、営巣は地上で行い産卵数は4〜8卵と多い。低地が主な生息地だが、標高2,000mの高地で観察されたこともある。日本では、沖縄県の西表島で一度採集され

ただけだが、おそらく季節風によって台湾から迷い込んだものと想像される。台湾では生息数が少なく調査が行われている。体重は370〜420g。脚が長く湿地帯などで体を濡らさずにハンティングを行うことができる。またコミミズクより草丈の高いところで営巣している。

（左）卵を守るために威嚇する雌親。1卵は孵化間近で、殻に穴が開いている [73]
（右）ヒガシメンフクロウの雌親と雛 [74]

卵数が多いほど雛の大きさに差が出る＝すべて大森山動物園 [75]

表24　日本産フクロウ類の卵サイズ

Table 24. Size an eggs of Japanese Owls.

卵重は産卵直後の計測でなければ正確ではないため参考程度、シマフクロウは飼育個体産卵後2日目のもの

種名	長径	短径	卵重	色
シロフクロウ	57.3mm	45.1mm	47.5-68.8g	白色無斑
シマフクロウ	63.1mm	50.7mm	89.5-103g	
ワシミミズク	61.2mm	48.5mm	75.0-80.0g	
トラフズク	40.9mm	32.7mm	23.0g	
コミミズク	40.1mm	31.7mm	20.0-23.0g	
コノハズク	31.3mm	27.0mm		
リュウキュウコノハズク	32.4mm	29.0mm		
オオコノハズク	37.5mm	30.2mm	18.2g ave.	
キンメフクロウ	32.5mm	26.4mm		
アオバズク	35.0mm	31.0mm		
フクロウ	50.4mm	41.5mm	38.0-43.9g	
ヒガシメンフクロウ	39.9mm	32.7mm		

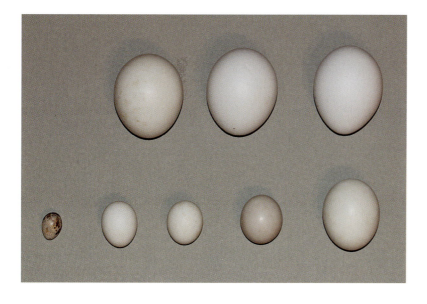

各種類の卵。上段左からカッショクウオミミズク、シマフクロウ、シマフクロウ。下段同じくアオジ、ヒガシオオコノハズク、インドコキンメフクロウ、オオコノハズク、フクロウ

3　絶滅の危機にあるフクロウ類

　世界のフクロウ類のうち4分の1から3分の1近くは、何らかの理由で種の存続が危ぶまれている。大半は大規模な森林伐採、土地の改変などの開発行為によって生息地を失い、その数を減少させている。しかし離島など人が直接関係していない所でも減少している種類もある。また人が持ち込んだ家畜やイタチ、ミンクなどによって迫害を受けている種も少なくない。さらに近年は地球温暖化が進み、数多くの種に影響を与え始めている。

　インド洋北西部のレユニオン、モーリシャス、ロドリゲス島に生息していたマスカレンズク属(*19)（*Mascarenotus*）の3種は1800年代にはすべて絶滅している。近年絶滅したものでは、ニュージーランドに生息していたワライフクロウ（*Sceloglaux albifacies*）、野生個体は1930年代から未確認だ。また絶滅したと思われていた種類が再確認されたこともある。セイシェルズコノハズク（*Otus rutilus insularis*）、モリコキンメフクロウ（*Athene blewitti*）、などがそうだ。これらのフクロウ類は再確認されたが、数が増えているわけではなく、何らかの保護策を講じないと絶滅は避けられないだろう。しかし現在保護されている種類は非常に少ない。フクロウ類の大半が夜行性のためその実態が容易につかめず、調査、研究に時間がかかるせいでもある。そういった意味では大型種より小型種が要注意だろう。現在保護が実施されている種類は中型、大型種だ。それは小型フクロウ類より人目につきやすく、その増減の把握が比較的容易なことによる。ヨーロッパではワシミミズク

*19　正式和名がないため、仮名を与えた

川面を飛行するシマフクロウ

（*B. bubo*）やメンフクロウ（*T. alba*）、アメリカではニシアメリカフクロウ（*S. occidentalis*）、日本ではシマフクロウ（*B. blakistoni*）の保護が行われているが、これらの生息地とその環境を守るためには多くの問題があり、保護活動はなかなか進まないのが現状だ。保護の内容について、アメリカでは生息地の保護保全が第一である。ニシアメリカフクロウは北アメリカ固有の種で、まだ5000〜6000羽が生息しているらしいが、この数は保護を始めるのに早すぎということはない。ニシアメリカフクロウの脅威は開発だけではない。それはアメリカフクロウが分布を拡張してきており、棲みかを追われている。また交雑も見られ前途多難だ。この鳥の保護のためにいろいろな案が出されているが、森林を保存すればかなりの林業関係者が失業するらしい。しかしそれだけでは済まないだろう。環境保護の先進国アメリカは、一体どのような案でこの危機を乗り切るのだろうか。

イギリスでは早くからメンフクロウの保護を行っている。8,000羽以上生息しているらしい。一時は密猟やエッグコレクターによる繁殖妨害も海外で大きな問題となっていた。わが国ではそういった話はあまり聞いたことがない。あるペットショップでシマフクロウが飼育されているといううわさはあったが、のちにカッショクウオミミズク（ミナミシマフクロウ）の誤りだったことが分かった。

（左）ワライフクロウ（絶滅種）の標本。全長400mmほどの中型のフクロウで人が持ち込んだイヌ、ネコなどにより絶滅した＝ニュージーランド南島・クライストチャーチのカンタベリー博物館蔵 76
（右）ニシアメリカフクロウ（*S. occidentalis*）＝アメリカ 77

シマフクロウも公の機関で保護事業が開始されて40年がたち、当初は数を増やすことに専念する保護増殖事業だったが、近年は生息地の拡大、生息地および生息可能な地域の保護と保全に手が回るようになり、ようやく先が見えてきた。しかし開発はそのスピードこそ幾分遅くなったが、とどまるところを知らない。

　開発と自然保護のバランスのとれた社会を作ることで、われわれは豊かな生活を送れるのではないだろうか。

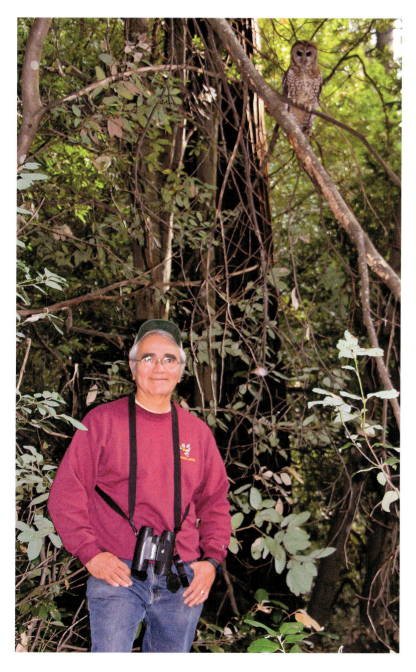

ニシアメリカフクロウと
Prof. Gutiérrez＝アメリカ
78

絶滅が危惧されている種類

CR＝近絶滅危惧種……
　絶滅危惧1A類

EN＝絶滅危惧種……
　絶滅危惧1B類

VU＝危急種……
　絶滅危惧Ⅱ類

マダガスカルメンフクロウ	Madagascar Red Owl	*Tyto soumagnei*	EN
ニューブリテンメンフクロウ	New Britain Masked Owl	*T. aurantia*	VU
スラメンフクロウ	Taliabu Masked Owl	*T. nigrobrunnea*	VU
マナスメンフクロウ	Manus Masked Owl	*T. manusi*	VU
コンゴニセメンフクロウ	Itombwe Owl	*T. prigoginei*	VU
コモロコノハズク	Grand Comoro Scops Owl	*Otus pauliani*	CR
アンジュアンコノハズク	Anjouan Scops Owl	*O. capnodes*	CR
セーシェルコノハズク	Seychelles Scops Owl	*O. insularis*	CR
パラワンオオコノハズク	Palawan Scops Owl	*O. fuliginosus*	VU
ハナジロコノハズク	White fronted Scops Owl	*O. sagittatus*	VU
ハイイロコノハズク	Sokoke Scops Owl	*O. ireneae*	VU
ジャワコノハズク	Javan Scops Owl	*O. angelinae*	VU
ミンダナオコノハズク	Mindanao Scops Owl	*O. mirus*	VU
オニコノハズク	Giant Scops Owl	*O. gurneyi*	EN
コモロコノハズク	Grand Comoro Scops Owl	*O. pauliani*	CR
ウサンバラワシミミズク	Usambara Eagle Owl	*Bubo vosseleri*	VU
シマフクロウ	Blakiston's Fish Owl	*B. blakistoni*	CR
アカウオクイフクロウ	Rufous Fishing Owl	*B. ussheri*	EN
シセンフクロウ	Sichuan Wood Owl	*Strix davidi*	VU
ザイールスズメフクロウ	Albertine Owlet	*Taenioglaux albertina*	VU
モリコキンメフクロウ	Forest Owlet	*Athene blewitti*	CR
オニアオバズク	Powerful Owl	*Ninox strenua*	VU
スンバアオバズク	Sumba Boobook	*N. rudolfi*	VU
オニコミミズク	Fearful Owl	*Nesasio solomonensis*	VU

Mikkola　2013

日本のレッドリストのカテゴリー

　最近危急種（VU）に指定された種類で、アフリカ西部に生息するヨコジマワシミミズク（*B. shelleyi*）がいるが、実態が全て把握されたわけではなく、今後絶滅危惧種（EN, CR）に変更される可能性の高い種類もいる。逆にアカウオクイフクロウは研究が進み、以前言われていたより比較的多く生息していることが分かり、危急種にランクを下げようとする動きもある。レッドリストに挙がりそうな未指定種は小型種に多く見られる。

4　世界のフクロウリスト

Check list of species

メンフクロウ科　Tytonidae

　　メンフクロウ属　　*Tyto*
1 メンフクロウ　　　　　　Barn Owl　　　　　　　　*Tyto alba*
2 アメリカメンフクロウ　　American Barn Owl　　　　*T. furcata*
3 ?　　　　　　　　　　　 Curacao Barn Owl　　　　　*T. bargei*
4 ?　　　　　　　　　　　 Lessr Antilles Barn Owl　　*T. insularis*
5 ?　　　　　　　　　　　 Galapagos Barn Owl　　　　*T. punctatissima*
6 ケープベルデメンフクロウ　Cape Verde Barn Owl　　　*T. detorta*
7 ?　　　　　　　　　　　 Sao Tome Barn Owl　　　　 *T. thomensis*
8 オーストラリアメンフクロウ　Austoralian Barn Owl　　*T. delicatula*
9 ?　　　　　　　　　　　 Boang Barn Owl　　　　　　*T. crassirostris*
10 アンダマンメンフクロウ　Andaman Barn Owl　　　　 *T. deroepstorffi*
11 イスパニオラメンフクロウ　Ashy-faced Owl　　　　　*T. glaucops*
12 マダガスカルメンフクロウ　Madagascar Red Owl　　　*T. soumagnei*
13 ニューブリテンメンフクロウ　Golden Masked Owl　　*T. aurantia*
14 スラメンメンフクロウ　Taliabu Masked Owl　　　　*T. nigrobrunnea*
15 ヒガシメンフクロウ　　Eastern grass Owl　　　　　 *T. longimembris*
16 ミナミメンフクロウ　　Afurican grass Owl　　　　　*T. capensis*
17 コメンフクロウ　　　　Lesser Masked Owl　　　　　*T. sororcula*
18 オオメンフクロウ　　　Australian Masked Owl　　　 *T. novaehollandiae*
19 マヌスメンフクロウ　　Manus Masked Owl　　　　　*T. manusi*
20 セレベスメンフクロウ　Sulawesi Masked Owl　　　　*T. rosenbergii*
21 タスマニアメンフクロウ　Tasmanian Masked Owl　　 *T. castanops*
22 ミナハサメンフクロウ　Sulawesi Golden Owl　　　　 *T. inexspectata*
23 ヒメススイロメンフクロウ　Lesser Sooty Owl　　　　*T. multipunctata*
24 ススイロメンフクロウ　Greater Sooty Owl　　　　　*T. tenebricosa*
25 コンゴニセメンフクロウ　Itombwe Owl　　　　　　　*T. prigoginei*

　　ニセメンフクロウ属　　*Phodilus*
26 ニセメンフクロウ　　　Oriental Bay Owl　　　　　 *Phodilus badius*

27 スリランカメンフクロウ　　Sri Lanka Bay Owl　　*P. assimilis*

フクロウ科　　Strigidae

コノハズク属　　*Otus*

28 ヨーロッパコノハズク	Common Scops Owl	*Otus scops*
29 サバクコノハズク	Pallid Scops Owl	*O. rucei*
30 アラビアコノハズク	Arabian Scops Owl	*O. pamelae*
31 アフリカコノハズク	African Scops Owl	*O. senegalensisli*
32 ソコトラコノハズク	Socotra Scops Owl	*O. socoaetranus*
33 アカヒメコノハズク	Cinnamon Scops Owl	*O. icterorhynchus*
34 ハイイロコノハズク	Sokoke Scops Owl	*O. ireneae*
35 ペンバオオコノハズク	Pemba Scops Owl	*O. pembaensis*
36 サントメコノハズク	Sao tome Scops Owl	*O. hartlaubi*
37 セーシェルコノハズク	Seychelles Scops Owl	*O. insularis*
38 マヨットコノハズク	Moheli Scops Owl	*O. mayottensis*
39 コモロコノハズク	Grande Comore Scops Owl	*O. pauliani*
40 アンジェアンコノハズク	Anjouan Scops Owl	*O. capnodes*
41 モハリココノハズク	Moheli Scops Owl	*O. moheliensis*
42 マダガスカルコノハズク	Madagascar Scops Owl	*O. rutilus*
43 トロトロカコノハズク	Torotoroka Scops Owl	*O. madagascariensis*
44 タイワンコノハズク	Mountain Scops Owl	*O. spilocephalus*
45 インドオオコノハズク	Indian Scops Owl	*O. bakkamoena*
46 コノハズク	Oriental Scops Owl	*O. sunia*
47 ヒガシオオコノハズク	Collared Scops Owl	*O. lettia*
48 オオコノハズク	Japanese Scops Owl	*O. semitorques*
49 リュウキュウコノハズク	Elegant Scops Owl	*O. elegans*
50 スンダコノハズク	Sunda Scops Owl	*O. lempiji*
51 ニコルバコノハズク	Nicobar Scops Owl	*O. alius*
52 ムンタワイコノハズク	Simeulue Scops Owl	*O. umbra*
53 エンガノコノハズク	Enggano Scops Owl	*O. enganensis*
54 メンタワイオオコノハズク	Mentawai Scops Owl	*O. mentawi*
55 ラジャーオオコノハズク	Rajah Scops Owl	*O. brookii*
56 ?	Singapore Scops Owl	*O. cnephaeus*
57 ルソンオオコノハズク	Luzon Low Land Scops Owl	*O. megalotis*

58 エベレットコノハズク	Mindanao Low Land Scops Owl	*O. everetti*
59 ネグロコノハズク	Visayan Lowland Scops Owl	*O. nigrorum*
60 オニコノハズク	Giant Scops Owl	*O. gurneyi*
61 パラワンコノハズク	Palawan Scops Owl	*O. fuliginosus*
62 ハナジロコノハズク	White-fronted Scops Owl	*O. sagittatus*
63 アカチャコノハズク	Reddish Scops Owl	*O. rufescens*
64 セレンディブコノハズク	Serendib Scops Owl	*O. thilohoffmanni*
65 アンダマンコノハズク	Andaman Scops Owl	*O. balli*
66 ジャワコノハズク	Javan Scops Owl	*O. angelinae*
67 フロレスオオコノハズク	Wallace's Scops Owl	*O. alfredi*
68 フロレスコノハズク	Flores Scops Owl	*O. alfredi*
69 ミンダナオコノハズク	Mindanao Scops Owl	*O. mirus*
70 ルソンコノハズク	Luzon Scops Owl	*O. longicornis*
71 ミンドロコノハズク	Mindoro Scops Owl	*O. mindorensis*
72 リンジャコノハズク	Rinjani Scops Owl	*O. jolandae*
73 モルッカコノハズク	Moluccan Scops Owl	*O. magicus*
74 ?	Wetar Scops Owl	*O. tempestatis*
75 スラコノハズク	Sula Scops Owl	*O. sulaensis*
76 ビアクコノハズク	Biak Scops Owl	*O. beccarii*
77 セレベスコノハズク	Sulawesi Scops Owl	*O. manadensis*
78 ?	Kalidupa Scops Owl	*O. kalidupae*
79 ?	Banggai Scops Owl	*O. mendeni*
80 シアウコノハズク	Siau Scops Owl	*O. siaoensis*
81 サンギヘコノハズク	Sangihe Scops Owl	*O. collari*
82 ボルネオコノハズク	Mantanani Scops Owl	*O. mantananensis*
83 アメリカコノハズク	Flammulated Owl	*O. flammeolus*
84 ニシアメリカオオコノハズク	Western Screech Owl	*Megascops kennicottii*
85 ヒガシアメリカオオコノハズク	Eastern Screech Owl	*M. asio*
86 クーパーコノハズク	Pacific Screech Owl	*M. cooperi*
87 ?	Oaxaca Screech Owl	*M. lambi*
88 ヒゲコノハズク	Whiskered Screech Owl	*M. trichopsis*
89 ヒゲオオコノハズク	Bearded Screech Owl	*M. barbarus*
90 バルサスオオコノハズク	Balsas Screech Owl	*M. seductus*
91 パナマオオコノハズク	Bare-shanked Screech Owl	*M. clarkii*
92 スピックスコノハズク	Tropical Screech Owl	*M. choliba*

93 ペルーオオコノハズク	Maria koepcke's Screech Owl	*M. koepckeae*
94 シロエリオオコノハズク	Peruvian Screech Owl	*M. roboratus*
95 ?	Tumbes Screech Owl	*M. pacificus*
96 ホイオオコノハズク	Montane Forest Screech Owl	*M. hoyi*
97 アンデスオオコノハズク	Rufescent Screech Owl	*M. ingens*
98 ?	Santa Marta Screech Owl	*M. gilesi*
99 コロンビアオオコノハズク	Colombian Screech Owl	*M. clombianus*
100 シナモンオオコノハズク	Cinnamon Screech Owl	*M. petersoni*
101 アンデスコノハズク	Cloud-forest Screech Owl	*M. marshalli*
102 チャバラオオコノハズク	Northern Tawny-bellied Screech Owl	*M. watsoni*
103 ?	Southern Tawny-bellied Screech Owl	*M. usta*
104 ズクロオオコノハズク	Black-capped Screech Owl	*M. atricapilla*
105 ミミナガオオコノハズク	Santa Catarina Screech Owl	*M. sanctaecatarinae*
106 ムシクイコノハズク	Vermiculated Screech Owl	*M. vermiculatus*
107 チョコオオコノハズク	Choco Screech Owl	*M. centralis*
108 ロライマオオコノハズク	Roraima Screech Owl	*M. roraimae*
109 ハラグロオオコノハズク	Guatemalan Screech Owl	*M. guatemalae*
110 プエルトリコオオコノハズク	Puerto Rican Screech Owl	*M. nudipes*
111 ナポオオコノハズク	Rio Napo Screech Owl	*M. napensis*
112 ノドジロオオコノハズク	White-throated Screech Owl	*M. albogularis*
113 カキイロコノハズク	Palau Owl	*Pyrroglaux podarginus*
114 ユビナガフクロウ	Cuban bare-legged Owl	*Gymnoglaux lawrencii*
115 アフリカオオコノハズク	Northern white-faced Owl	*Ptilopsis leucotis*
116 ミナミアフリカオオコノハズク	Southern white-faced Owl	*P. grant*

ワシミミズク属　　*Bubo*

117 シロフクロウ	Snowy Owl	*Bubo scandiaca*
118 アメリカワシミミズク	Great Horned Owl	*B. virginianus*
119 マゼランワシミミズク	Magellanic Horned Owl	*B. mazellanicus*
120 ワシミミズク	Eurasian Eagle Owl	*B. bubo*
121 キタアフリカワシミミズク	Pharaoh Eagle Owl (Desert Eagle Owl)	*B. ascalaphus*
122 ベンガルワシミミズク	Rock Eagle Owl (Indian Eagle Owl)	*B. bengalensis*
123 イワワシミミズク	Cape eagle Owl	*B. capensis*
124 アクンワシミミズク	Akun Eagle Owl	*B. leucostictus*
125 アフリカワシミミズク	Spotted Eagle Owl	*B. africanus*

126 アビシニアワシミミズク	Greyish Eagle Owl	*B. cinerascens*
127 コヨコジマワシミミズク	Fraser's Eagle Owl	*B. poensis*
128 ウサンバラワシミミズク	Usambara Eagle Owl	*B. vosseleri*
129 クロワシミミズク	Milky Eagle Owl (Verreau'x Eagle Owl)	*B. lacteus*
130 ヨコジマワシミミズク	Shelley's Eagle Owl	*B. shelleyi*
131 ネパールワシミミズク	Forest Eagle Owl (Spot-bellied Eagle Owl)	*B. nipalensis*
132 マレーワシミミズク	Barred Eagle Owl (Malay Eagle Owl)	*B. sumatranus*
133 ウスグロワシミミズク	Dusky Eagle Owl	*B. coromandus*
134 フィリピンワシミミズク	Philippin Eagle Owl	*B. philippensis*
135 シマフクロウ	Blakiston's Fish Owl	*B. blakistoni*
136 カッショクウオミミズク	Brown Fish Owl	*B. zeylonensis*
137 マレーウオミミズク	Buffy Fish Owl (Malay Fish Owl)	*B. ketupa*
138 ウオミミズク	Tawny Fish Owl	*B. flavipes*
139 ウオクイフクロウ	Pel's Fishing Owl	*Scotopelia peli*
140 アカウオクイフクロウ	Rufous Fishing Owl	*S. ussheri*
141 タテジマウオクイフクロウ	Vermiculated Fishing Owl	*S. bouvieri*

メガネフクロウ属	*Pulsatrix*	
142 メガネフクロウ	Spectacled Owl	*Pulsatrix perspicillata*
143 ?	Short-browed Owl	*P. pulsatrix*
144 キマユメガネフクロウ	Tawny-browed Owl	*P. koeniswaldiana*
145 アカオビメガネフクロウ	Band-bellied Owl	*P. melanota*

フクロウ属	*Strix*	
146 モリフクロウ	Tawny Owl	*Strix aluco*
147 ウスイロモリフクロウ	Hume's Owl	*S. butleri*
148 アフリカヒナフクロウ	Affrican Wood Owl	*S. woodfordii*
149 マレーモリフクロウ	Spotted Wood Owl	*S. seloputo*
150 インドモリフクロウ	Mottled Wood Owl	*S. ocellata*
151 オオフクロウ	Brown Wood Owl	*S. leptogrammica*
152 ?	Nias Wood Owl	*S. niasensis*
153 仮名)ミヤマオオフクロウ	Mountain Wood Owl	*S. newarensis*
154 仮名)ミヤマモリフクロウ	Himalayan Wood Owl	*S. nivicola*
155 ?	Batels's Wood Owl	*S. bartelsi*
156 ナンベイヒナフクロウ	Mottled Owl	*S. virgata*

157アカアシモリフクロウ	Rufous-legged Owl	*S. rufipes*
158メキシコモリフクロウ	Mexican Wood Owl	*S. sartorii*
159チャコフクロウ	Chaco Wood Owl	*S. chacoensis*
160ブラジルモリフクロウ	Rusty-barred Owl	*S. hylophila*
161アカオビヒナフクロウ	Rufous-banded Owl	*S. albitarsis*
162シロクロヒナフクロウ	Black-and-white Owl	*S. nigrolineata*
163クロオビヒナフクロウ	Black-banded Owl	*S. huhula*
164ニシアメリカフクロウ	Spotted Owl	*S. occidentalis*
165チャイロアメリカフクロウ	Fulvous Owl	*S. fulvescens*
166アメリカフクロウ	Barred Owl	*S. varia*
167シセンフクロウ	Sichuan wood Owl	*S. davidi*
168フクロウ	Ural Owl	*S. uralensis*
169カラフトフクロウ	Great grey Owl	*S. nebulosa*

タテガミズク属 *Jubula*

170タテガミズク	Maned Owl	*Jubula lettii*

カンムリズク属 *Lophostrix*

171ミミナガフクロウ	Crested Owl	*Lophostrix cristata*

オナガフクロウ属 *Surnia*

172オナガフクロウ	Northern Hawk Owl	*Surnia ulula*

スズメフクロウ属 *Glaucidium*

173スズメフクロウ	Eurasian Pygmy Owl	*Glaucidium passerinum*
174アフリカスズメフクロウ	Pearl-spotted Owl	*G. perlatum*
175ムネアカスズメフクロウ	Red-chested Pygmy Owl	*G. tephronotum*
176ヒメフクロウ	Collared Pygmy Owl	*G. brodiei*
177カリフォルニアスズメフクロウ	Northern Pygmy Owl	*G. californicum*
178ケープスズメフクロウ	Baja Pygmy Owl	*G. hoskinsi*
179ロッキースズメフクロウ	Mountain Pygmy Owl	*G. gnoma*
180？	Ridgway's Pygmy Owl	*G. ridgwayi*
181ウンムリンスズメフクロウ	Cloud-forest Pygmy Owl	*G. nubicola*
182コスタリカスズメフクロウ	Costa Rican Pygmy Owl	*G. costaricanum*
183グアテマラスズメフクロウ	Guatemalan Pygmy Owl	*G. cobanense*

184 キューバスズメフクロウ	Cuban Pygmy Owl	*G. siju*
185 メキシコスズメフクロウ	Tamaulipas Pygmy Owl	*G. sanchezi*
186 コリマスズメフクロウ	Corima Pygmy Owl	*G. palmarum*
187 チュウベイスズメフクロウ	Cpentral American Pygmy Owl	*G. griseceps*
188 ?	Sick's Pygmy Owl	*G. sicki*
189 コスズメフクロウ	Pernambuco Pygmy Owl	*G. minutissimum*
190 ハーディースズメフクロウ	Amazonian Pygmy Owl	*G. hardyi*
191 アカスズメフクロウ	Ferruginous Pygmy Owl	*G. brasilianum*
192 アネッタイスズメフクロウ	Subtropical Pygmy Owl	*G. parkeri*
193 アンデススズメフクロウ	Andean Pygmy Owl	*G. jardinii*
194 ボリビアスズメフクロウ	Yungas Pygmy Owl	*G. bolivianum*
195 ペルースズメフクロウ	Peruvian Pygmy Owl	*G. peruanum*
196 ミナミスズメフクロウ	Austral Pygmy Owl	*G. nana*
197 ?	Chaco Pygmy Owl	*G. tucumanum*

モリスズメフクロウ属　　*Taenioglaux*

198 モリスズメフクロウ	Junle Owlet	*Taenioglaux radiata*
199 クリセスズメフクロウ	Chestnut-backed Owlet	*T. castanonota*
200 ジャワスズメフクロウ	Javan Owlet	*Taenioglaux castanoptera*
201 オオスズメフクロウ	Asian Berred Owlet	*T. cuculoides*
202 セアカスズメフクロウ	Sjostedt's Owlet	*T. sjostedti*
203 ?	Etchecopar's Owlet	*T. etchecopari*
204 ヨコジマスズメフクロウ	African Barred Owlet	*T. capense*
205 ザイール(コンゴ)スズメフクロウ	Albertine Owlet	*T. Albertina*
206 クリイロスズメフクロウ	Chestnut Owlet	*T. castanea*

カオカザリヒメフクロウ属　　*Xenoglaux*

207 カオカザリヒメフクロウ	Long-whiskered owl	*Xenoglaux loweryi*

サボテンフクロウ属　　*Micrathene*

208 サボテンフクロウ	Elf Owl	*Micrathene whitneyi*

モリコキンメフクロウ属　　*Heteroglaux*

209 モリコキンメフクロウ	Forest spotted Owl	*Heteroglaux blewitti*

	コキンメフクロウ属	*Athene*	
210	アナホリフクロウ	Burrowing Owl	*Athene cunicularia*
211	コキンメフクロウ	Little Owl	*A. noctua*
212	?	Lilith Owl	*A. lilith*
213	?	Ethiopian little Owl	*A. spilogastra*
214	?	Northern little Owl	*A. plumipes*
215	インドコキンメフクロウ	Spotted little Owl	*A. brama*

	キンメフクロウ属	*Aegolius*	
216	キンメフクロウ	Tengmalm's Owl (Boreal Owl)	*Aegolius funereus*
217	アメリカキンメフクロウ	Northern saw-whet Owl	*A. acadicus*
218	メキシコキンメフクロウ	Unspotted saw-whet Owl	*A. ridgwayi*
219	セグロキンメフクロウ	Buff-fronted Owl	*A. harrisii*

	アオバズク属	*Ninox*	
220	アカチャアオバズク	Rufous Owl	*Ninox rufa*
221	オニアオバズク	Powerful Owl	*N. strenua*
222	オーストラリアアオバズク	Barking Owl	*N. connivens*
223	スンバアオバズク	Sunba Boobook	*N. rudolfi*
224	ミナミアオバズク	Southern Boobook	*N. boobook*
225	ニュージーランドアオバズク	Morepork	*N. novaeseelandiae*
226	?	Red boobook	*N. lurida*
227	?	Tasmanian Boobook	*N. leucopsis*
228	フーアアオバズク	Brown Boobook	*N. scutulata*
229	アオバズク	Nothern Boobook	*N. japonica*
230	チョコレートアオバズク	Chocolate Boobook	*N. randi*
231	アンダマナアオバズク	Hume's Hawk Owl	*N. obscura*
232	アンダマンアオバズク	Andaman Hawk Owl	*N. affinis*
233	マダガスカルアオバズク	Madagascar Hawk Owl	*N. superciliaris*
234	フィリピナアオバズク	Luzon Hawk Owl	*N. philippensis*
235	ミンドアオバズク	Mindoro Hawk Owl	*N. mindorensis*
236	ミンダナオアオバズク	Mindanao Hawk Owl	*N. spilocephala*
237	ミンドロアオバズク	Romblon Hawk Owl	*N. spilonota*
238	セブアオバズク	Cebu Hawk Owl	*N. rumseyi*

239 カミギンアオバズク	Camiguin Hawk Owl	*N. leventisi*
240 スールーアオバズク	Sulu Hawk Owl	*N. reyi*
241 チャバラアオバズク	Ochre-bellied Hawk Owl	*N. ochracea*
242 ソロモンアオバズク	West Solomoms Boobook	*N. jacquinoti*
243 ?	Guadalcanal boobook	*N. granti*
244 ?	Malaita Boobook	*N. malaitae*
245 ?	Makira Boobook	*N. roseoaxillaris*
246 セグロアオバズク	Jungle Hawk Owl	*N. theomacha*
247 フィリアアオバズク	Speckled Hawk Owl	*N. punctulata*
248 ニューブリテンアオバズク	Russet Hawk Owl	*N. odiosa*
249 モルッカアオバズク	Moluccan Boobook	*N. squamipila*
250 ハルマハラアオバズク	Halmahera Boobook	*N. hypogramma*
251 タニンバルアオバズク	Tanimbar Boobook	*N. forbesi*
252 シュイロアオバズク	Cinnabar Hawk Owl	*N. ios*
253 トギアンアオバズク	Togian Hawk Owl	*N. burhani*
254 コアオバズク	Little sumba Hawk Owl	*N. sumbaensis*
255 クリスマスアオバズク	Christmas Hawk Owl	*N. natalis*
256 アドミラルチーアオバズク	Manus Hawk Owl	*N. meeki*
257 ニューアイルランドアオバズク	Bismarck Hawk Owl	*N. variegata*

パプアオナガフクロウ属　　*Uroglaux*

258 パプアオナガフクロウ	Papuan Hawk Owl	*Uroglaux dimorpha*

オニコミミズク属　　*Nesasio*

259 オニコミミズク	Fearful Owl	*Nesasio solomonensis*

ジャマイカズク属　　*Pseudoscops*

260 ジャマイカズク	Jamaican Owl	*Pseudoscops grammicus*

トラフズク属　　*Asio*

261 ナンベイトラフズク	Stygian Owl	*Asio stygius*
262 トラフズク	Long-eared Owl	*A. otus*
263 アビシニアトラフズク	African long-eared Owl	*A. abyssinicus*
264 マダガスカルトラフズク	Madagascar long-eared Owl	*A. madagascariensis*
265 タテジマフクロウ	Striped Owl	*A. clamator*

266 コミミズク	Short-eared Owl	*A. flammeus*
267 ガラパゴスコミミズク	Galapagos Short-eared Owl	*A. galapagoensis*
268 アフリカコミミズク	Marsh Owl	*A. capensis*

Mikkola 2018

＊和名の空欄は正式和名がないもの
＊属名の変更（2022年）
*Bubo*属のヨコジマワシミミズク、コヨコジマワシミミズク、アクンワシミミズク、クロワシミミズク、ネパールワシミミズク、マレーワシミミズク、ウスグロワシミミズク、フィリピンワシミミズクおよびウオミミズク類4種は*Ketupa*属に、ウオクイフクロウ、アカウオクイフクロウ、タテジマウオクイフクロウは*Scotopelia*属に統一される。その他の属、種名の変更も多い。

≪参考・引用文献≫

・外国文献

Ali, S. & Ripley, S. D. 1981. Birds of India & Pakistan. V.3. Oxford University

Brazil, A. M. & Yamamoto, S. 1989. 1.The Behavioural Ecology of Blakiston's Fish Owl *Ketupa blakistoni* in Japan: Calling Behaviour. 2.The Status and Distribution of Owls in Japan Raptors. World working group on birds of prey & owl

Burton , J. A. 1973. Owls of the World. E.P. & Co., Inc. New York

Claus K., Friedhelm W. & Jan-H. B. 1999. Pika Press

Hollands, D. 2004. Owls : Jouneys around the world. Bloomings Books Australia

Duncan, J. 2016. Owls of the World. Reed New Holland Publishers Pty Ltd

Edward, S. G. 1976. Checklist of the Birds of the World. Collins London.

Hume, R. & Boyer, T. 1991. Owls of the World. Doragon's world Ltd. London.

Hollands, D. 2004. Owls : Journeys around the world. Bloomings Books Australia

Kemp, A. 1987. The Owls of Southern Africa. Struik Wingchester.

King, B. F. & Dickinson, Edward W. 1989. Birds of South-East Asia. Collins.

Mikkola, H. 1983. Owls of Europe. T & AD POYSER.

Mikkola, H. 2013. Owls of the World. X-Knowledege Co.Ltd. Springer Nature Singapore Pte Ltd. 2018

Mikhailov, K.E & Shibnev, 1998. Y.B The threatened and near-threatened birds of northern Ussuriland,south-east Russia, and the role of the Bikin River basin in their conservation BirdLife International.

M, E. J. G. a & Won, P. - O. 1971. The Birds of Korea Pubulished by Royal Asistic Society, Korea Branch in conjunction with Taewon Pyblishing Company Seoul, Korea

Movin N. , Gamova T. , Surmach S. , Slaght J. , Kisleko A. A. , Eaton J. , Rheindt F. 2022. Using bioacoustics tools to clarify species delimitation within the Blakiston's Fish Owl (*Bubo blakistoni*) complex Singapore

Nakamura, F. Editor 2020. Ecological Research Monographs Boidiversity Conservation Using Umbrella Species.

Olssen, V. 1996. Breeding success, dispersal, and long-term changes in population of Eagle Owls *Bubo bubo* in southeastern Sweden.

Omote, K. Nishida, C. Dick HM, Masuda R 2013. Limited phylogenetic distribution of a long Tandem-repeat cluster in the mitochondrial control region in *Bubo* (Aves,Strigidae) and cluster variation in Blakiston's Fish owl (*Bubo blakistoni*). Mol phylogenet Evol 66

Pukinsky, Y.B. 1973. Ecology of Blakiston's Fish owl the Bikin river basin.

Saurola, P. 1995. Suomen Pöllöt. Kirjayhtyma oy Helsinki.

Voous, Kare H. 1998. Owls of Northern Hemisphere. Collins London.

Vaurie, C. 1965. The Birds of the Palearctic Fauna. Witherby. London.

Yamamoto, S. 1992. Mating Behaviour of Blakiston's Fish Owl *Ketupa blakistoni*.

Raptor conservation today.World working group on Birds of prey & owls. Pica.

Yamamoto, S. 2022. Unusual behavior by male Blakiston's fish owl:simultanecus

courtship feeding and rearing unrelated offspring. Journal of Raptor Research.

孫　元勲&呉　幸如　2014．黄魚鴞　雪覇国家公園管理局　台湾

鄭　作新　1976．中国鳥類分布名録　科学出版社　中国

稟漢貞　尹　茂夫（監修）1989　原色韓国鳥類図鑑　圖書出版　韓国

・邦文

飯野徹雄　2002．世界のふくろう　株式会社里文出版

池田嘉平　稲葉明彦　1973．日本動物解剖図説　森北出版株式会社

伊藤裕満・他　1987．アイヌ文化の基礎知識　白老民族文化伝承保存財団

宇田川洋　1989．動物意匠遺物とアイヌの動物信　東京大学文学部考古学研究室　紀要第8号

ヴロビョフK.A.　1954．野鳥の生態と分布　上　新科学文献刊行会

清棲　幸保　1978．日本鳥類大図鑑　2　増補　講談社

更科源蔵・他　1977．コタン生物記　2、3　法政大学出版局

小林桂助　張英彦　1981．台湾の鳥類図鑑　前田グラフィック・アーツ

佐々木雅修・藤巻裕蔵　1995．シマフクロウ（*Ketupa blakistoni*）の主要な音声　帯広畜産大学学術研究報告　自然科学　第19巻2号

菅原有悠　1992．エトロフの青いトマト　山と渓谷社

スルマチ S. G.　藤巻裕蔵（訳）1998．ウスリー地方におけるシマフクロウの生息状況と保護のための提案　武田修・他　1996．常呂川河口遺跡（1）　常呂町教育委員会

田口翔太　他　2020．国内初のコミミズク繁殖確認　東京農大農学集報

知里真志保　1976．知里真志保著作集別巻Ⅰ　分類アイヌ語辞典　植物編・動物編　平凡社

知里幸恵　北道邦彦　2003．アイヌ神謡集　北海道出版企画センター

ディハン M. B.　藤巻裕蔵（訳）1994．極東鳥類研究会　国後島における繁殖期のシマフクロウの生息数と分布　極東の鳥類11

永田洋平　1972．主として北海道東部におけるシマフクロウ生態　釧路市立郷土博物館　館報　217　釧路市

日本鳥学会　1974．日本鳥類目録改訂5版　学習研究社

日本鳥学会　1997．日本産鳥類リスト　日本鳥学会誌　46巻1号　日本鳥学会

ネチャエフ V. A.　藤巻裕蔵（訳）1979．南千島の鳥類　日本鳥学会

早矢仕有子（監修）2018．世界のフクロウ全種図鑑　株式会社エクスナレッジ

藤巻裕蔵（訳）1986．極東の鳥類　1　プキンスキー Y. B　ビキン川流域におけるシマフクロウの生態　極東鳥類研究会

プキンスキー Y. B.　藤巻裕蔵（訳）1994．シマフクロウの音声　極東の鳥類　極東鳥類研究会

藤巻裕蔵（訳）2015．極東の鳥類32A論文集　極東鳥類研究会

藤巻裕蔵（訳）2018．極東の鳥類35　大型鳥類集　極東鳥類研究会

荻原眞子　1996．北方諸民族の世界観　草風館

ペリンズクリストファー．M.　日本語監修　山岸　哲　1990．世界鳥類事典　同朋舎出版

森岡弘之　2000．動物系統分類学追補版　鳥類　中山書店

山階芳麿　1941．日本の鳥類の其生態　Ⅱ巻　1941　岩波書店

山田孝子　1994．アイヌの世界観　講談社

山本純郎　1981．フクロウ類の食性　鳥と自然　兵庫野鳥の会

山本純郎　1979．シマフクロウの生態　鳥と自然　兵庫野鳥の会

山本純郎　1989．シマフクロウの生態　環境庁

山本純郎　1988．捕食動物以外の動物に対するシマフクロウの行動　根室市博物館開設準備室紀要　根室市

山本純郎　1989．シマフクロウの巣立ち後の幼鳥に対する親鳥の給餌行動と雌雄間の求愛給餌行動について　根室市博物館開設準備室紀要3号　根室市

山本純郎　1998．シマフクロウを守れるか　バーダー　文一総合出版

山本純郎　1987．シマフクロウの抱卵期における雌の離巣について　標茶郷土館報告2号　標茶町

山本純郎　1988．シマフクロウの捕食行動について　ワイルドライフレポート7号　野生生物情報センター

山本純郎　1992．北海道のフクロウ類　北海道の自然と生物　梶書房

山本純郎　2011．もう一つのシマフクロウ（人工孵化から始まって）　北海道出版企画センター

山本純郎（監修）2019．フクロウの魅力　株式会社トップスタジオ

ロイドグレニス＆デリック　高野伸二（訳）1973．猛禽類　主婦と生活社

涌坂周一・他　1991．オタフク岩遺跡　羅臼町文化財報告　羅臼教育委員会

涌坂周一　1993．知床半島における熊送り儀礼の痕跡　古代文化第45巻4号

フクロウ類五十音順索引

【ア】

アオバズク　18, 20, 22, 26, 30, 181, 368, 419, 462, 465, 466, 468, 472, 486
アカアシモリフクロウ　484
アカウオクイフクロウ　52, 54, 55, 58, 478, 483
アカオビヒナフクロウ　484
アカオビメガネフクロウ　483
アカスズメフクロウ　449, 485
アカチャアオバズク　452, 486
アカチャコノハズク　481
アカヒメコノハズク　480
アクンワシミミズク　482
アドミラルチーアオバズク　487
アナホリフクロウ　317, 439, 486
アネッタイスズメフクロウ　485
アビシニアトラフズク　487
アビシニアワシミミズク　483
アフリカオオコノハズク　442, 482
アフリカコノハズク　480
アフリカコミミズク　453, 488
アフリカスズメフクロウ　484
アフリカヒナフクロウ　483
アフリカワシミミズク　444, 482
アメリカキンメフクロウ　451, 486
アメリカコノハズク　481
アメリカフクロウ　21, 23, 439, 447, 476, 484
アメリカメンフクロウ　440, 479
アメリカワシミミズク　53, 316, 398, 426, 438, 444, 482
アラビアコノハズク　480
アンジェアンコノハズク　480
アンダマナアオバズク　486
アンダマンアオバズク　486
アンダマンコノハズク　481
アンダマンメンフクロウ　479
アンデスオオコノハズク　482
アンデスコノハズク　482
アンデススズメフクロウ　485

【イ】

イスパニオラメンフクロウ　479
イワワシミミズク　482
インドオオコノハズク　480
インドコキンメフクロウ　449, 486
インドモリフクロウ　483

【ウ】

ウオクイフクロウ　32, 33, 52-55, 58, 59, 80, 81, 137, 439, 483, 488
ウオミミズク　8, 10, 21, 30, 32, 33, 35, 39, 48, 50, 55, 58, 69, 105, 106, 108, 114, 132, 210, 224, 419, 483
ウサンバラワシミミズク　478, 483
ウスイロモリフクロウ　483
ウスグロワシミミズク　483, 488
ウンムリンスズメフクロウ　484

【エ】

エベレットコノハズク　481
エンガノコノハズク　480

【オ】

オオコノハズク　30, 39, 155, 181, 427, 439, 441, 455-457, 480
オオスズメフクロウ　33, 36, 135, 398, 449, 485
オーストラリアアオバズク　486
オーストラリアメンフクロウ　479
オオフクロウ　446, 483
オオメンフクロウ　479
オナガフクロウ　35, 451, 484
オニアオバズク　451, 478, 486
オニコノハズク　439, 478, 481
オニコミミズク　439, 478, 487

【カ】

カオカザリヒメフクロウ　485
カキイロコノハズク　482
カッショクウオミミズク　34, 52, 54, 55, 57, 58, 65, 106, 129, 132, 476, 483
カミギンアオバズク　487
ガラパゴスコミミズク　439, 488
カラフトフクロウ　18, 20, 26, 37, 298, 447, 484

カリフォルニアスズメフクロウ　484

【キ】
キタアフリカワシミミズク　461, 482
キマユメガネフクロウ　483
キューバスズメフクロウ　485
キンメフクロウ　21, 26, 36, 38, 181, 366, 439, 450, 451, 453, 457, 465, 472, 486, 494

【ク】
グアテマラスズメフクロウ　484
クーパーコノハズク　441, 481
クリイロスズメフクロウ　485
クリスマスアオバズク　452, 487
クリセスズメフクロウ　485
クロオビヒナフクロウ　448, 484
クロワシミミズク　445, 483, 488

【ケ】
ケープスズメフクロウ　484
ケープベルデメンフクロウ　479

【コ】
コアオバズク　487
コキンメフクロウ　18, 30, 398, 419, 439, 486
コスズメフクロウ　485
コスタリカスズメフクロウ　484
コノハズク　22, 37, 43, 155, 181, 182, 419, 438, 454, 472, 480
コミミズク　21, 38, 134, 188-190, 439, 453, 468, 469, 472, 488
コメンフクロウ　479
コモロコノハズク　478, 480
コヨコジマワシミミズク　483, 488
コリマスズメフクロウ　485
コロンビアオオコノハズク　482
コンゴニセメンフクロウ　439, 478, 479

【サ】
ザイールスズメフクロウ　478
サバクコノハズク　480
サボテンフクロウ　439, 485
サンギヘコノハズク　481

サントメコノハズク　480

【シ】
シアウコノハズク　481
シセンフクロウ　465, 478, 484
シナモンオオコノハズク　482
シマフクロウ　10, 59, 84, 106, 114, 138, 278, 354, 366, 395, 404, 412
ジャマイカズク　439, 487
ジャワコノハズク　478, 481
ジャワスズメフクロウ　485
シュイロアオバズク　487
シロエリオオコノハズク　482
シロクロヒナフクロウ　484
シロフクロウ　21, 23, 30, 38, 208, 366, 397, 438, 443, 444, 457-459, 472, 482

【ス】
スールーアオバズク　487
ズクロオオコノハズク　482
ススイロメンフクロウ　440, 479
スズメフクロウ　34, 36, 38, 439, 448, 457, 484
スピックスコノハズク　481
スラコノハズク　481
スラメンメンフクロウ　479
スンダコノハズク　480
スンバアオバズク　478, 486

【セ】
セアカスズメフクロウ　485
セーシェルコノハズク　478, 480
セグロアオバズク　487
セグロキンメフクロウ　486
セブアオバズク　486
セレベスコノハズク　481
セレベスメンフクロウ　479
セレンディブコノハズク　481

【ソ】
ソコトラコノハズク　480
ソロモンアオバズク　487

【タ】
タイワンコノハズク　480
タスマニアメンフクロウ　479
タテガミズク　484
タテジマウオクイフクロウ　52, 54, 55, 58, 483, 488
タテジマフクロウ　452, 487
タニンバルアオバズク　487

【チ】
チャイロアメリカフクロウ　484
チャコフクロウ　484
チャバラアオバズク　487
チャバラオオコノハズク　482
チョコオオコノハズク　482
チョコレートアオバズク　486

【ト】
トギアンアオバズク　487
トラフズク　18, 37, 190, 398, 408, 439, 468, 472, 487
トロトロカコノハズク　441, 480

【ナ】
ナポオオコノハズク　482
ナンベイトラフズク　487
ナンベイヒナフクロウ　483

【ニ】
ニコルバコノハズク　480
ニシアメリカオオコノハズク　442, 481
ニシアメリカフクロウ　448, 476, 477, 484
ニセメンフクロウ　36, 439, 479
ニューアイルランドアオバズク　487
ニュージーランドアオバズク　486
ニューブリテンアオバズク　487
ニューブリテンメンフクロウ　478, 479

【ネ】
ネグロコノハズク　481
ネパールワシミミズク　444, 445, 483, 488

【ノ】
ノドジロオオコノハズク　482

【ハ】
ハーディースズメフクロウ　485
ハイイロコノハズク　478, 480
ハナジロコノハズク　478, 481
パナマオオコノハズク　481
パプアオナガフクロウ　439, 487
ハラグロオオコノハズク　482
パラワンコノハズク　481
バルサスオオコノハズク　481
ハルマハラアオバズク　487

【ヒ】
ビアクコノハズク　481
ヒガシアメリカオオコノハズク　442, 481
ヒガシオオコノハズク　170, 441, 480
ヒガシメンフクロウ　453, 471, 472, 479
ヒゲオオコノハズク　481
ヒゲコノハズク　442, 481
ヒメスイロメンフクロウ　440, 479
ヒメフクロウ　484

【フ】
フィリアアオバズク　487
フィリピンアオバズク　486
フィリピンワシミミズク　483, 488
フーアアオバズク　486
プエルトリコオオコノハズク　482
フクロウ　134, 155, 181, 232, 366, 397, 408, 419, 425, 430, 438, 462
ブラジルモリフクロウ　484
フロレスオオコノハズク　481
フロレスコノハズク　481

【ヘ】
ペルーオオコノハズク　482
ペルースズメフクロウ　485
ベンガルワシミミズク　316, 443, 482
ペンバオオコノハズク　480

495

【ホ】
ホイオオコノハズク　482
ボリビアスズメフクロウ　485
ボルネオコノハズク　481

【マ】
マゼランワシミミズク　482
マダガスカルアオバズク　486
マダガスカルコノハズク　441, 480
マダガスカルトラフズク　487
マダガスカルメンフクロウ　478, 479
マヌスメンフクロウ　479
マヨットコノハズク　480
マレーウオミミズク　52, 54-58, 63, 203
マレーモリフクロウ　447, 483
マレーワシミミズク　37, 39, 398, 408, 444, 483

【ミ】
ミナハサメンフクロウ　479
ミナミアオバズク　486
ミナミアフリカオオコノハズク　482
ミナミスズメフクロウ　485
ミナミメンフクロウ　479
ミミナガオオコノハズク　482
ミミナガフクロウ　37, 445, 484
ミヤマオオフクロウ（仮名）　446, 483
ミンダナオアオバズク　486
ミンダナオコノハズク　478, 481
ミンドアオバズク　486
ミンドロアオバズク　486
ミンドロコノハズク　481

【ム】
ムシクイコノハズク　482
ムネアカスズメフクロウ　484
ムンタワイコノハズク　480

【メ】
メガネフクロウ　53, 439, 445, 483
メキシコキンメフクロウ　496
メキシコスズメフクロウ　485
メキシコモリフクロウ　484
メンタワイオオコノハズク　480

メンフクロウ　18, 21, 22, 26, 33, 35, 38, 398, 438-440, 453, 476, 479

【モ】
モハリココノハズク　480
モリコキンメフクロウ　478, 485
モリスズメフクロウ　485
モリフクロウ　446, 454, 463, 483
モルッカアオバズク　487
モルッカコノハズク　481

【ユ】
ユビナガフクロウ　34, 482

【ヨ】
ヨーロッパコノハズク　438, 480
ヨコジマスズメフクロウ　485
ヨコジマワシミミズク　57, 483, 488

【ラ】
ラジャーオオコノハズク　480

【リ】
リュウキュウコノハズク　438, 455, 472, 480
リンジャコノハズク　481

【ル】
ルソンオオコノハズク　480
ルソンコノハズク　481

【ロ】
ロッキースズメフクロウ　484
ロライマオオコノハズク　482

【ワ】
ワシミミズク　21, 26, 32-35, 37, 38, 40, 44, 52, 56, 106, 114, 148, 171, 180, 316, 343, 366, 397, 398, 408, 421, 438, 439, 443, 444, 453, 459-462, 472, 473, 482

フクロウ類アルファベット順索引

【A】
African Barred Owlet　485
African long-eared Owl　487
African Scops Owl　480
Akun Eagle Owl　482
Albertine Owlet　478, 485
Amazonian Pygmy Owl　485
American Barn Owl　479
Andaman Barn Owl　479
Andaman Hawk Owl　486
Andaman Scops Owl　481
Andean Pygmy Owl　485
Anjouan Scops Owl　478, 480
Arabian Scops Owl　480
Ashy-faced Owl　479
Austral Pygmy Owl　485
Australian Masked Owl　479

【B】
Baja Pygmy Owl　484
Balsas Screech Owl　481
Band-bellied Owl　483
Banggai Scops Owl　481
Bare-shanked Screech Owl　481
Barking Owl　486
Barn Owl　479
Barred Eagle Owl (Malay Eagle Owl)　483
Barred Owl　484
Bearded Screech Owl　481
Biak Scops Owl　481
Bismarck Hawk Owl　487
Black-and-white Owl　484
Black-banded Owl　484
Black-capped Screech Owl　482
Blakiston's Fish Owl　52, 234, 270
Boang Barn Owl　479
Brown Boobook　486
Brown Fish Owl　52, 483
Brown Wood Owl　483
Buff-fronted Owl　486
Buffy Fish Owl (Malay Fish Owl)　52, 483

Burrowing Owl　486

【C】
Camiguin Hawk Owl　487
Cape eagle Owl　482
Cape Verde Barn Owl　479
Cebu Hawk Owl　486
Chaco Pygmy Owl　485
Chaco Wood Owl　484
Chestnut Owlet　485
Chestnut-backed Owlet　485
Choco Screech Owl　482
Chocolate Boobook　486
Christmas Hawk Owl　487
Cinnabar Hawk Owl　487
Cinnamon Scops Owl　480
Cinnamon Screech Owl　482
Cloud-forest Pygmy Owl　484
Cloud-forest Screech Owl　482
Collared Pygmy Owl　484
Collared Scops Owl　457, 480
Colombian Screech Owl　482
Common Scops Owl　480
Corima Pygmy Owl　485
Costa Rican Pygmy Owl　484
Crested Owl　484
Cuban bare-legged Owl　482
Cuban Pygmy Owl　485
Curacao Barn Owl　479

【D】
Dusky Eagle Owl　483

【E】
Eastern grass Owl　479
Eastern Screech Owl　481
Elegant Scops Owl　480
Elf Owl　485
Enggano Scops Owl　480
Etchecopar's Owlet　485
Ethiopian little Owl　486

Eurasian Eagle Owl　482
Eurasian Pygmy Owl　484

【F】
Fearful Owl　478, 487
Ferruginous Pygmy Owl　485
Flammulated Owl　481
Flores Scops Owl　481
Forest Eagle Owl (Spot - bellied Eagle Owl)　483
Forest spotted Owl　485
Fraser's Eagle Owl　483
Fulvous Owl　484

【G】
Galapagos Barn Owl　479
Galapagos Short-eared Owl　488
Giant Scops Owl　478, 481
Golden Masked Owl　479
Grande Comore Scops Owl　480
Great grey Owl　484
Great Horned Owl　482
Greater Sooty Owl　479
Greyish Eagle Owl　483
Guadalcanal boobook　487
Guatemalan Pygmy Owl　484
Guatemalan Screech Owl　482

【H】
Halmahera Boobook　487
Himalayan Wood Owl　483
Hume's Hawk Owl　486
Hume's Owl　483

【I】
Indian Scops Owl　480
Itombwe Owl　478, 479

【J】
Jamaican Owl　487
Japanese Scops Owl　457, 480
Javan Owlet　485
Javan Scops Owl　478, 481
Jungle Hawk Owl　487

【K】
Kalidupa Scops Owl　481

【L】
Lesser Masked Owl　479
Lesser Sooty Owl　479
Lilith Owl　486
Little Owl　486
Little sumba Hawk Owl　487
Long-eared Owl　487
Luzon Hawk Owl　486
Luzon Low Land Scops Owl　480
Luzon Scops Owl　481

【M】
Madagascar Hawk Owl　486
Madagascar long-eared Owl　487
Madagascar Red Owl　478, 479
Madagascar Scops Owl　480
Magellanic Horned Owl　482
Makira Boobook　487
Malaita Boobook　487
Maned Owl　484
Mantanani Scops Owl　481
Manus Hawk Owl　487
Manus Masked Owl　478, 479
Maria koepcke's Screech Owl　482
Marsh Owl　488
Mentawai Scops Owl　480
Mexican Wood Owl　484
Milky Eagle Owl (Verreaux's Eagle Owl)　483
Mindanao Hawk Owl　486
Mindanao Low Land Scops Owl　481
Mindanao Scops Owl　478, 481
Mindoro Hawk Owl　486
Mindoro Scops Owl　481
Moheli Scops Owl　480
Moluccan Boobook　487
Moluccan Scops Owl　481
Montane Forest Screech Owl　482
Morepork　486
Mottled Owl　483
Mottled Wood Owl　483

Mountain Pygmy Owl　484
Mountain Scops Owl　480
Mountain Wood Owl　483

【N】
Nias Wood Owl　483
Nicobar Scops Owl　480
Northern Hawk Owl　484
Northern little Owl　486
Northern Pygmy Owl　484
Northern saw-whet Owl　486
Northern Tawny-bellied Screech Owl　482
Northern white-faced Owl　482

【O】
Oaxaca Screech Owl　481
Ochre-bellied Hawk Owl　487
Oriental Bay Owl　479
Oriental Scops Owl　480

【P】
Pacific Screech Owl　481
Palau Owl　482
Palawan Scops Owl　478, 481
Pallid Scops Owl　480
Papuan Hawk Owl　487
Pearl-spotted Owl　484
Pel's Fishing Owl　52, 483
Pemba Scops Owl　480
Pernambuco Pygmy Owl　485
Peruvian Pygmy Owl　485
Peruvian Screech Owl　482
Pharaoh Eagle Owl (Desert Eagle Owl)　482
Powerful Owl　478, 486
Puerto Rican Screech Owl　482

【R】
Rajah Scops Owl　480
Red boobook　486
Red-chested Pygmy Owl　484
Reddish Scops Owl　481
Ridgway's Pygmy Owl　484
Rinjani Scops Owl　481

Rio Napo Screech Owl　482
Rock Eagle Owl (Indian Eagle Owl)　482
Romblon Hawk Owl　486
Roraima Screech Owl　482
Rufescent Screech Owl　482
Rufous Fishing Owl　52, 478, 483
Rufous Owl　486
Rufous-banded Owl　484
Rufous-legged Owl　484
Russet Hawk Owl　487
Rusty-barred Owl　484

【S】
Sangihe Scops Owl　481
Santa Catarina Screech Owl　482
Santa Marta Screech Owl　482
Sao Tome Barn Owl　479
Sao tome Scops Owl　480
Serendib Scops Owl　481
Seychelles Scops Owl　478, 480
Shelley's Eagle Owl　483
Short-browed Owl　483
Short-eared Owl　488
Siau Scops Owl　481
Sichuan wood Owl　478, 484
Sick's Pygmy Owl　485
Simeulue Scops Owl　480
Singapore Scops Owl　480
Sjostedt's Owlet　485
Snowy Owl　482
Socotra Scops Owl　480
Sokoke Scops Owl　478, 480
Southern Boobook　486
Southern Tawny-bellied Screech Owl　482
Southern white-faced Owl　482
Speckled Hawk Owl　487
Spectacled Owl　483
Spotted Eagle Owl　482
Spotted little Owl　486
Spotted Owl　484
Spotted Wood Owl　483
Sri Lanka Bay Owl　480
Striped Owl　487

Stygian Owl   487
Subtropical Pygmy Owl   485
Sula Scops Owl   481
Sulawesi Golden Owl   479
Sulawesi Masked Owl   479
Sulawesi Scops Owl   481
Sulu Hawk Owl   487
Sumba Boobook   478
Sunda Scops Owl   480

【T】
Taliabu Masked Owl   478, 479
Tamaulipas Pygmy Owl   485
Tanimbar Boobook   487
Tasmanian Boobook   486
Tasmanian Masked Owl   479
Tawny Fish Owl   52, 483
Tawny Owl   483
Tawny-browed Owl   483
Tengmalm's Owl (Boreal Owl)   486
Togian Hawk Owl   487
Torotoroka Scops Owl   480
Tropical Screech Owl   481
Tumbes Screech Owl   482

【U】
Unspotted saw-whet Owl   486
Ural Owl   484
Usambara Eagle Owl   478, 483

【V】
Vermiculated Fishing Owl   52, 483
Vermiculated Screech Owl   482
Visayan Lowland Scops Owl   481

【W】
Wallace's Scops Owl   481
Western Screech Owl   481
Wetar Scops Owl   481
Whiskered Screech Owl   481
White-fronted Scops Owl   481
White-throated Screech Owl   482

【Y】
Yungas Pygmy Owl   485

生物種類別五十音順索引

【鳥類】

アオサギ　177
アオジ　139, 330, 473
アカハラ　188
アジアウオミミズク類　37, 52-54, 58
アフリカウオクイフクロウ類　52-54, 58
イヌワシ　30
インコ類　17, 30, 467
ウオミミズク類　8, 21, 30, 32-36, 54, 57, 58, 105, 106, 114, 224
ウミアイサ　139
ウミガラス　16
エゾライチョウ　139
オウギワシ　27, 28
オウム類　16
オオワシ　30, 34, 181, 188, 268
オオセグロカモメ　132, 139, 232, 330
オジロワシ　30, 181, 183, 189
オナガガモ　138, 139, 231, 330
カイツブリ　138
カカポ・フクロウオウム　16
カワアイサ　138, 139, 231
カワガラス　139
キンクロハジロ　139
クマタカ　30, 188
コガモ　110, 139, 231, 330
ゴジュウカラ　139, 145
スズガモ　139, 142
ツミ　188
トビ　181, 188-190, 224, 268, 270, 408
ノスリ　33, 181
ハゲワシ類　27
ハシボソミズナギドリ　132, 139, 144, 232
ハシブトガラス　139, 183, 185, 188
ハシビロコウ　54
ハト類　21, 139
ハヤブサ類　16, 461
フクロウ類　10, 16, 53, 118, 120, 134, 137, 148, 165, 171, 181, 187, 194, 202, 210, 224, 232, 268, 283, 316, 350, 352, 360, 366-368, 385, 395, 397, 404, 408, 426, 438, 453, 457, 459, 472, 473

ヒシクイ　131, 138
フクロウオウム　16
フクロウ目　10, 35, 438
ベニマシコ　139
ペンギン　16
マガモ　138, 231, 330, 408
マガン　131, 138
ミサゴ　32
ミヤマカケス　188, 190
ヤマシギ　21
ヨシガモ　139
ヨシゴイ　177
ヨタカ類　16
ワシタカ類　16, 30, 33, 135
ワライフクロウ　473, 476

【魚類】

アメマス　134, 138, 140, 142, 226, 227, 233, 237, 238, 244, 246, 330
イトウ　98, 140, 144, 420
ウグイ　134, 137, 138, 140, 226, 233, 330
ウキゴリ　140
オショロコマ　85, 140, 219, 244
オニカジカ　140, 226
カワガレイ　140, 219, 226, 330
カワヤツメ　132, 140, 227, 228, 233, 330
カワマス　140, 219
キュウリウオ　137, 233, 394
ギンポ　138, 140, 226, 330
キンギョ　140
クロガレイ　140
スナヤツメ　137, 140, 226, 331
チカ　137, 330, 394
テラピア　141
ニジマス　140, 330
ハイギョ　54
ハナカジカ　140, 330
ヒメマス　140
フナ　140
フクドジョウ　140
ヤマメ　111, 140, 330

ワカサギ　140, 330

【甲殻類】
アメリカザリガニ　139, 219
ウチダザリガニ　136, 139, 142, 219
スジエビ　137, 139, 331
ニホンザリガニ　136, 139, 219
モクズガニ　139, 222, 224

【両生類】
アマガエル　139, 224
エゾアカガエル　136, 139, 143, 144, 219, 223-225, 229, 230
エゾサンショウウオ　139, 225
バンコロヒキガエル　142, 224
ヒキガエル　70, 98, 224

【植物】
アカエゾマツ　163
アキタブキ　92
イタヤカエデ　268
エゾノコリンゴ　315
エゾマツ　83
オオバヤナギ　92, 269
カツラ　268
寄生植物　70, 214
クルミ　98, 163, 368
コケ類　214, 215, 356
広葉樹　105, 114, 155, 158, 159, 161, 163, 269, 314, 384, 466
混交林　147, 159, 163, 462, 465
シダ類　98, 99
シナノキ　268
ダケカンバ　92, 163, 268, 271
チョウセングルミ　99
チョウセンゴヨウ　98
トドマツ　128, 163, 185, 257, 269, 401
ハルニレ　98, 101, 163, 268, 271, 272
ハンノキ　163, 271
ヒオウギアヤメ　322
フクジュソウ　284
ミズナラ　98, 163, 168, 268, 271, 272, 422
ミズバショウ　416

【ハ虫類】
アオダイショウ　132
シマヘビ　132
ジムグリ　132
マムシ　132
カナヘビ　132

【昆虫類】
ガ　455
ゲンゴロウ　140
ゲンゴロウモドキ　140
コガネムシ　139
チョウ　140
直翅目（バッタ類）　26, 467
トンボ　463
ヌカカ　372, 393
ハエ　331, 392, 393
ハチ　372, 393
ヒメギス　138, 140
ミヤマクワガタ　140, 141
モンシロチョウ　140
鱗翅目（ガ類）　26, 467

【哺乳類】
イタチ　138, 391, 473
イヌ　122, 138, 171, 177, 290, 318, 366, 391, 476
ウサギコウモリ　138, 230
エゾシカ　26, 132, 138, 165, 170
エゾシマリス　233
オオアシトガリネズミ　138, 229
オオカミ　40, 420
カワネズミ　463
キタリス　138, 232
キツネ　11, 122, 131, 138, 165, 177, 178, 180, 185, 290, 318, 392, 420, 429
クロテン　92, 131, 138, 216, 298, 318, 391, 392
タイリクヤチネズミ　138
タヌキ　122, 131, 138
テン　38, 177
トガリネズミ　138, 145, 229, 450
ドブネズミ　84, 138
ニホンシカ　138
ヒグマ　400, 420, 428-431, 433

ヒメヤチネズミ　138
マウス　359
モモンガ　133, 138, 230, 231
ライオン　352
ユキウサギ　30, 131, 138, 461

【環形類】
ミミズ　132, 137, 141, 143

【頭足類】
ドスイカ　137, 141

【貝類】
イガイ　54
カワシンジュガイ　98

【条虫】
堀田裂頭条虫　330

写真提供者一覧

＊角数字は写真通し番号（誌面登場順）、続く数字は掲載ページ

青木則幸　[27] [28] 97, [71] 458
小畑拓也　[31] 142, [32] 246
大石　亨　[67] 453
金丸　宗　[16] 70
小松　守　[73] [74] [75] 472
小西　敢　[72] 461
高田　勝　[41] 441, [66] 452
高田令子　[50] 445
高松宏行　[42] [43] 442, [46] 444, [59] [60] 450
田村康教　[29] 136, [30] 142, [33] 389
外山雅大　[68] [69] 455, [70] 456
中西将尚　[34] 389
中野雅友　[36] 418
早矢仕有子　[76] 476
涌坂周一　[37] 431

會　建偉　[17] 71
江　寧　[14] 70
謝　季恩　[11] [12] 69, [13] 70, [35] 390, [51] [52] 446
孫　元勲　[15] 70
陳　明徳　[3] 51, [53] 446

Brazil M.　[7] [8] [9] 65, [10] 68
Brady A.　[58] 449
Gutiérrez R.　[39] [40] 441, [57] 448, [78] 477
Hollands D.　[38] 440, [44] 442, [47] 444, [48] [49] 445, [62] 451, [63] [64] [65] 452
Hill A.　[45] 443, [54] 447, [61] 451
Liversedge T.　[24] [25] 80, [26] 81
Muzika Y.　[2] 49, [4] 63, [5] [6] 64
Rettig N.　[1] 29
Slaght J.　[18] 72, [20] [21] 73
Surmach S.　[19] 72, [22] [23] 74
Saurola P.　[55] [56] 448, [77] 476

上記番号が振られていない写真はすべて著者撮影

あとがき

　私が初めてフクロウに出合ってから、すでに60年余り。当時小学校1年生だった私は学校の帰り道、近道しようとお墓の中を歩いていた。大きなクスノキの木があってそこに止まっているフクロウを見つけた。翌日もそのフクロウは同じ場所にいた。それから毎日、学校が終わるとすぐにそのフクロウに会いに行った。ただ見るだけだったが、それでも会いに行くのが楽しみだった。3年後、開発のためにそのクスノキの木が切られ、そのフクロウと会えなくなってしまった。見られなくなった悔しさに、自然保護に対する考えがその頃に芽生えた。その後もフクロウに対する興味は尽きず、手に入る限りの鳥の図鑑を読み尽くした。もっとも、当時の子供の手に入るものなんて高が知れていた。同じ頃北海道だけに生息するシマフクロウの存在を知った。その頃の私には北海道は、とてつもなく遠い場所に思えた。

人工孵化のシマフクロウ
「ドン」と筆者＝2015年

　野生のシマフクロウに初めて出合ったのは、図鑑で見てから10年余り後である。それまでに、当時は大阪に住んでいたので近畿地方で見られるフクロウ類はすべて観察し、繁殖しているものについては自分なりの調査も行っていた。今思えば、その数々の観察を通じてフクロウ類との接し方の基礎を学ばせてもらったと思っている。

　シマフクロウに関わるようになって半世紀。最初は探すことに明け暮れた。その結果数々の疑問も生まれたが、一つずつ解消させた。いまだに疑問は多々あるが今は保護、増殖のための活動がメインの日々である。増えたといっても激減していた頃に比べてで、そんなシマフクロウに関わった以上、これは致し方ない。彼らの負担をできるだけ軽くしてやりたい、せめて自分が接している個体だけでもそうしてやりたい。今はそんな思いでいっぱいだ。

　シマフクロウは多くの人を魅了してやまない。私自身もシマフクロウに関わってきた中で多くの人に支えられてきた。その支えがあったから、私は今もこうしてシマフクロウと関わっていられるのだと思う。

　シマフクロウを調査するにあたっては、小林桂助・兵庫野鳥の会元

会長（故人）の助言をいただき、渡道してからは、北海道弟子屈在住のシマフクロウ保護増殖分科会検討員及びシマフクロウ研究の先駆者、故・永田洋平氏に教えを乞うた。永田先生にはフィールド調査までご一緒していただいた。居を根室に構えてからは、日本野鳥の会根室支部の方々、特に本書写真提供者の一人の故・高田勝氏にはお世話になった。根室のサケマス孵化場の皆さんにはフィールドを提供していただいた。また森林に入ることを快く承諾していただいた北海道森林管理局、北海道道有林、根室市および日本製紙、日本野鳥の会、根室無線の森林所有者の皆さん。資料提供については根室市歴史と自然の資料館、羅臼町郷土資料館、日本野鳥の会には多大なる協力を頂いた。

また本書でイオマンテについての知見を寄稿いただいたのは元羅臼町郷土資料館館長の涌坂周一氏。写真を提供していただいたのは青木則幸、大石亨、小畑拓也、金丸宗、小西敢、小松守、高田勝（故人）、高田令子、高松宏行、田村康教、外山雅大、中西将尚、涌坂周一の各氏。さらに画家中野雅友氏には絵画の使用を承諾していただきお礼申し上げる。

早矢仕有子北海学園大教授および小泉逸郎北大准教授、朝日健斗、高林紗弥香、田村康教、外山雅大の各氏からは貴重なデータを提供していただいた。海外からは Prof. Saurola P. Prof. Gutiérrez R. Dr. Brazil M. Dr. Slaght J. Dr. Surmach S. Dr. Hollands D. Mr. Brady A. Mr. Liversedge T. Mr. Hill A. Mr. Muzika Y. Mr. Rettig N. Mrs. Johnson L. 孫元勲、謝季恩、陳明徳、曾建偉、汪寧の各氏から貴重な写真の使用を快諾していただいた。この場を借りてお礼を申し上げます。Prof. Gutiérrez R. Dr. Brazil M. マユミ夫妻には論文作成などで多大な協力を頂き、ウオミミズクの現地調査では孫元勲教授、洪考宇、林麗貞夫妻及び金丸宗氏にフィールドを案内していただいた。さらに Prof. Saurola P. にはフィンランドでフィールド調査のご指導いただいた。

私の理想とする書、Mikkola H. 著『Owls of Europe』、Saurola P. 著『Suomen Pöllöt』と比べ本書は私の力不足でほど遠いものであるが、少しでもそれに近づけてくださった北海道新聞社出版センターの編集担当・三浦昌之氏および仮屋志郎氏、ブックデザイナーの須田照生氏にはお礼の言いようがない。また多忙にもかかわらず本書の初稿に目を通していただきアドバイスを頂いた元日本鳥学会会頭の藤巻裕蔵・帯広畜産大学名誉教授、Dr. Brazil M. マユミ夫妻、元環境省自然環境局局長の渡邉綱男・現シマフクロウ分科会座長にもお礼を申し上げます。

藤巻教授にはロシアにも連れて行っていただき、本稿を書くに当たって大変参考になった。標識調査においては山階鳥類研究所標識研究室の吉井正・前室長（故人）をはじめ研究員の各氏にご指導をいただいた。また数々のデータ使用を快諾していただいた環境省北海道地方環境事務所、釧路自然環境事務所、データの取り出しでお手を煩わせた佐野綾音氏にお礼申し上げます。

　民間のシマフクロウ保護の創始団体、シマフクロウを育てる会（代表・伊藤義郎、故・川村直子）、北日本石油株式会社（代表・渡邉勇人）、および根室市には継続的な支援をいただいている。またサントリー保護基金、NPO法人北海道シマフクロウの会（代表・村田正敏）、NPO法人シマフクロウ基金（代表・藤巻裕蔵）、そのほか世界自然保護基金をはじめ多くの団体、個人からも援助していただいているが、紙面の関係で割愛させていただいた。厚くお礼を申し上げます。

　日本を代表する動物保護団体である日本鳥類保護連盟（総裁・常陸宮殿下）から総裁賞2019を受賞、海外からはWorld Owl Hall of Fameで仮親を達成した人工孵化のシマフクロウ「ドン」にLady Glay'l Award 2015、未熟な私にSpecial Achievement Award 2017を頂き大きな励みになった。

　父が他界し二十数年になる。父は特別フクロウ類に興味があったわけではないが、渡道の折は背中を押してくれた。そして他界前には「お前は最良の人生を選択した。これからも励んでくれ」と言ってくれた。戦争で人生を変えざるを得なかったからこそ言えたのだろうが、そんな父がいたからこそ今の私がある。また妻明子、子供たちも積極的に調査に加わってくれた。さらに遠く離れていても私を常に励ましてくれた大阪の友、そして何よりも私を受け入れてくれたシマフクロウをはじめとする多くのフクロウたち、とりわけ私の手中で死んでいったフクロウたちには感謝すると共に、至らなかったことを詫びたい。

　　　　2024年12月　シマフクロウの声を聞きつつ　自宅にて

●著者略歴

山本　純郎 (やまもと　すみお)

1950年、京都府宮津市に生まれる。
1957年に大阪で初めてフクロウに出合う。
その後もフクロウ類に関心を持ち続け、京都市動物園、大阪で公務員生活をしながらフクロウ類を観察。
1982年、北海道根室市に移住。
以降、シマフクロウの保護・増殖活動に取り組む。

現在の役職など：
環境省野生生物保護対策検討会シマフクロウ分科会検討員
環境省希少野生動植物種保存推進員
林野庁北海道森林管理局・生物多様性保全アドバイザー
北海道鳥獣保護員、自然保護監視員、生物多様性保護監視員
根室市文化財調査委員、希少鳥類監視員
日本鳥学会会員
日本鳥類標識協会会員
NPO法人北海道シマフクロウの会顧問
NPO法人シマフクロウ基金副理事長

シマフクロウのすべて

2025年2月28日　初版第1刷発行

著　者　　山本純郎
　　　　　やまもとすみお
発行者　　惣田　浩
発行所　　北海道新聞社
　　　　　〒060-8711　札幌市中央区大通東4丁目1
　　　　　電話　011-210-5744（出版センター）
印　刷　　山藤三陽印刷株式会社

イラスト　　　　　熊八木ちさ
ブックデザイン　　須田照生

©YAMAMOTO Sumio 2025, Printed in Japan
乱丁・落丁本は出版センターにご連絡くださればお取り換えいたします。
ISBN978-4-86721-155-7